膳食纤维

[美]威尔·布尔西维茨 著　　赵弋 翻译

科学技术文献出版社
SCIENTIFIC AND TECHNICAL DOCUMENTATION PRESS
·北京·

图书在版编目 (CIP) 数据

膳食纤维 / (美) 威尔·布尔西维茨著 ; 赵弋翻译 . — 北京 : 科学技术文献出版社, 2022.2 (2024.5 重印)

书名原文 : FIBER FUELED : The Plant- Based Gut Health Program for Losing Weight, Restoring Your Health, and Optimizing Your Microbiome

ISBN 978-7-5189-8718-4

I. ①膳… II. ①威… ②赵… III. ①膳食—纤维—基本知识 IV. ① TS201.4

中国版本图书馆 CIP 数据核字 (2021) 第 254642 号

著作权合同登记号 图字 : 01-2021-4446

中文简体字版权专有权归北京紫图图书有限公司所有

Copyright © 2020 Will Bulsiewicz

All rights reserved including the right of reproduction in whole or in part in any form.

This edition published by arrangement with Avery, an imprint of Penguin Publishing Group, a division of Penguin Random House LLC.

膳食纤维

策划编辑 : 王黛君　责任编辑 : 张凤娇　责任校对 : 张　微　责任出版 : 张志平

出 版 者	科学技术文献出版社
地　　址	北京市复兴路 15 号　邮编 100038
编 务 部	(010) 58882938, 58882087 (传真)
发 行 部	(010) 58882868, 58882870 (传真)
邮 购 部	(010) 58882873
官方网址	www.stdp.com.cn
发 行 者	科学技术文献出版社发行　全国各地新华书店经销
印 刷 者	艺堂印刷 (天津) 有限公司
版　　次	2022 年 2 月第 1 版　2024 年 5 月第 4 次印刷
开　　本	710×1000　1/16
字　　数	340 千
印　　张	23.5
书　　号	ISBN 978-7-5189-8718-4
定　　价	79.90 元

在筹备这本书的途中，我永远失去了我的父亲。

突如其来的噩耗，让人始料未及。

我曾经迫不及待地想与他分享这本书。

虽然仅仅把电子版发过去的话是很容易的，

但我希望他在第一次阅读时手里拿着的是一本实体书，

一本精装书，有着厚厚的书页，

扉页上还有他儿子的名字。

在过去的几个月里，父亲总是反复对我说他有多为我感到骄傲。

他对我说，如果我的祖父母约翰和海伦看到我以我们家族的

名字在做着这样一份工作，

他们也会无比骄傲。

我无法用言语形容他的这句话对我来说有多重要。

我心碎的是他已经不在人世间。

因为他，我才成为今天的我。

我将永远感激我们共同度过的特别的时光。

父亲，我爱您。永远都会思念您。

谨以此书献给您。

威尔真乃"纤维博士"！快搭上这列纤维列车，让你的健康状况从里到外改善一番！让你排便变轻松，免疫系统强壮如堡垒，给大脑填满高级燃料。今天就买走这本《膳食纤维》吧！

—— 瑞普·艾索斯丁（Rip Esselstyn）

《纽约时报》畅销书《引擎 2 号饮食》（*The Engine 2 Diet*）的作者

这本书是一次围绕科学性证据进行的及时、权威的讨论，它论证了以植物为基础的饮食对身体的好处，聚焦于膳食纤维这一植物性饮食中的关键元素，它还从现代微生物学的角度展示了膳食纤维饮食的古老智慧。对于那些仍然不相信饮食是通往健康之路的人来说，是一本必读书。

—— 埃默伦·A. 梅耶（Emeran A. Mayer）

医学博士，加利福尼亚大学洛杉矶分校医学、生理学和精神病学教授，著有《思想与肠道的连接》（*The Mind-Gut Connection*）

肠道微生物是一台引擎，驱动着身体朝着健康迈进，然而当今的饮食却缺乏它们偏爱的燃料——膳食纤维，这是一种"长生不老药"。我们吃得太多、营养不足、用药过量。《膳食纤维》是一本你必须拥有的手册，它揭示了肠道和全身健康的秘密。今天就开始阅读威尔·布尔西维茨医生这本具有突破性意义的书吧！

—— 杰拉德·E. 穆林（Gerard E. Mulin）

医学博士，理学硕士，约翰·霍普金斯医学院综合胃肠营养服务项目主任
著有《肠道均衡革命》（The Gut Balance Revolution）

布尔西维茨医生帮我们处理、消化了大量复杂素材资料，就像我们肠道里的微生物一样。《膳食纤维》这本书把肠道微生物领域最新的科学研究，翻译成了贴近普通人的、可以实操的信息。如果你对健康肠道和健康体魄感兴趣，或者你想了解生物医学里最具变革性的领域，那么这就是一本必读书。

—— 贾斯汀·桑纳伯格（Justin Sonnenburg）

博士，斯坦福大学副教授，著有《好肠道》（The Good Gut）

希波克拉底说："所有疾病都源自肠道。"那么所有的健康也都源于此。布尔西维茨医生和他的 4 周纤维饮食计划无异于一次启动，让我们用优质且肠道偏爱的燃料来喂养我们的肠道。对于那些寻求更高水平健康状态的患者来说，这本书就是答案。

—— 乔尔·卡恩（Joel Kahn）

医学博士，美国心脏病学会成员，美国韦恩州立大学医学院临床教授，
著有《基于植物的答案》（The Plant-Based Solution）

作为一名执业的胃肠病学家，布尔西维茨医生基于他丰富的经验，为我们阐明了一条通往肠道健康的路径——那就是用"食物当药物"，来释放一种极其强大但又被严重低估的、迷人的后生元——短链脂肪酸。这对他管用，对他的患者管用，对你也会管用。

—— 穆罕默德·A. 甘农（Mahmoud A. Ghannoum）

博士，工商管理硕士，凯斯西储大学医学真菌中心主任，
著有《肠道全平衡》（Total Gut Balance）

尽管我在整个职业生涯中都在积极探索肠道细菌的功能，我仍旧叹服于布尔西维茨医生《膳食纤维》这本书的信息密度和给读者带来的启迪之感。这本书为棘手的临床问题带来了新鲜的观点和非常实用的解决方案，这些问题均可以通过这本变革性之书所描述的终生健康饮食方式来扭转和预防。

—— R. 贝尔福·萨尔托尔（R.Balfour Sartor）

医学博士，侏儒医学、微生物学及免疫学教授，
北卡罗莱纳大学医学院胃肠生物学和疾病中心联合主任

当布尔西维茨医生把近 20 年的医学实践，与他那份想帮助人们活得更健康的无与伦比的热情，以及将复杂的科学分解为易于理解的信息，以供所有人获取的不可思议的能力结合起来时，就得到了《膳食纤维》这本书。这不仅仅是一本饮食指导，更是一堂让人上了就不想下课的真正的肠道健康课。

—— 西蒙·希尔（Simon Hill）

营养学大师，播客"植物证据"的创始人，著有《证据就在植物中》（The proof Is in the Plants）

在这个许多"砖家"都在兜售最新流行饮食方法的时代，美国人变得对"该吃什么"而感到困惑。布尔西维茨医生用他非凡的技能为我们提供了一份引人入胜且基于科学数据的指南。他明确了一点：当你通过饮食和生活方式，优化了自己的肠道菌群后，你的健康状况也会得到改善。

—— 尼古拉斯·J. 沙辛（Nicholas J. Shaheen）
医学博士，公共卫生硕士，北卡罗莱纳大学医学院胃肠病学和肝脏病学主任，
"伯兹姆斯基-海兹尔"杰出教授称号获得者

胃肠病学家应该关注饮食和生活方式，来预防和逆转疾病，只有这些侵入性较小的干预失效时，才使用药物和手术。布尔西维茨医生在《膳食纤维》一书中提供了一个很好的蓝图，他倡导用一种更加以患者为中心的方法来改善整体健康状态。

—— 约翰·潘多尔菲诺（John Pandolfino）
医学博士，临床研究理学硕士，美国西北大学医学院胃肠病学和肝脏病学主任，
"汉斯·波普尔"教授称号获得者

过去数十年，生理学研究都在对胃肠道在健康和疾病中起到的作用进行着评估。直到最近十年，食物、膳食纤维、饮食和微生物群才找到了它适当的科学位置。布尔西维茨医生利用他丰富的经验，将这些新知识汇编成一本清晰简洁的书，不论是患有胃肠疾病的读者，还是身体健康的读者都能从中获益。

—— 道格拉斯·A. 德罗斯曼（Douglas A. Drossman）
医学博士，德罗斯曼胃肠科诊所创始人，
罗马基金会研究所（Rome Foundation）名誉主席和首席运营官，
北卡罗莱纳大学医学院医学和精神病学名誉教授

　　我们生活在这样一个国家：大多数人每天摄入的蛋白质是推荐摄入量的两倍，而膳食纤维摄入量几乎没有人能达到推荐值。许多人会觉得，反正我们人体吸收不了膳食纤维，所以膳食纤维没那么重要。布尔西维茨医生将他的一手学识与已有的科学研究相结合，对读者循循善诱，告诉他们食用不同种类的膳食纤维的重要性——膳食纤维可以喂养我们肠道中不同种类的细菌，从而改善和预防全身疾病和肠道疾病。如果你觉得自己的肠道无法耐受膳食纤维，别担心，这位优秀的医生写了整整一章文字，来帮你攻克腹胀和其他与高纤维饮食相关的常见症状。

——加斯·戴维斯（Garth Davis）

医学博士，北卡罗莱纳州阿什维尔市健康使命医院减肥外科医生及体重管理项目的医学指导，

著有《为蛋白质痴狂》（Proteinaholic）

　　简而言之，在这个大多数人都为摄入大量蛋白质而痴狂的时代，这本书将颠覆你看待营养的方式。在这本基于证据的书里，希尔西维茨医生描述了膳食纤维对肠道健康的重要性。我推荐所有人都来读一读这本书，因为健康始于我们的肠道。

——安吉·萨迪吉（Angie Sadeghi）

医学博士，著有《健康三连胜》（The Trifecta of Health）

FIBER
FUELED

AUTHOR'S NOTE
写给读者的话

亲爱的朋友们：

我写这本书的愿景，就是想带你走一次可以改变你生活的旅程。我希望你能更健康、更幸福，而且我发自内心地相信书里的每一页文字都能指引你到达更好的地方。

唯有一种方式能实现我这个目标，那就是用大量科学研究为这本书"支撑"。我们总归是希望自然法则为我们所用，而非与我们对着干。科学，就是那个指引我们去往更好彼岸的指南针。我之所以强调这一点，是因为你在读这本书的时候会是一种轻松愉悦的感受（希望你会这样觉得吧），但其背后其实有超过 600 个科学研究在支撑着每一个字。合法、有效的科学，是这本书之所以能获得有成就的科学家和医生们大力支持的原因。

　　纤维饮食法并非权宜之计，也不是一种节食方案，而是一种可以治愈你生活的方式。在某些情况下，当生活方式是根据你的需求和生物个性量身定制时，它就是你的最优解。因此，你在执行这本书里提到的实操部分时，应该要在有资质的健康专业人士的指导下进行，以确保你的特殊需求可以被一一满足。

　　此外，有些读者在读完本书后，可能会想继续获取更多资源，对此我是非常欢迎的。你可以在网上（www.theplantfedgut.com）找到我的在线课程、了解我用到的参考文献，它们会为你提供更多的信息。

　　让我们一起朝着健康和幸福进发吧！

威尔·布尔西维茨

INTRODUCTION
导言

　　莱斯利走进我的办公室时，疲惫不堪、满身伤痛。她 36 岁，但她总感觉自己快 80 岁了。她体重超标，这一趋势始于她快 30 岁服用抗生素米诺环素治疗痤疮时。她每天都在与疲劳、倦怠、失眠和缺乏动力做斗争。她的皮肤起痘，头发稀疏，而且还持续排稀便。除此之外，她还有一长串疾病：肠易激综合征、2 型糖尿病、高脂血症、自身免疫性甲状腺炎、抑郁和焦虑。

　　在看了其他几位胃肠道医生、一位脊椎按摩师、一位激素专家以及一位诊费昂贵、只收取现金的功能性医生后，她对这些医生给出的相互矛盾的建议感到困惑和沮丧。那时她 36 岁，服用四种不同的药物和十种补充剂。"这不是我设想的生活，"她第一次来见我时这样说道，"我还这么年轻，不应该觉得自己这么苍老。"

　　她的挫折感主要来自"不知道该吃什么"这件事。这本该很简单的一件事，对她来说变得非常复杂。她在快 30 岁时用原始人饮食法来对抗体重增长，很快她就换成了"30 天饮食计划"。这一饮食法短暂地让她自我感觉好转了一小段时间，但是当体重增加、疲惫感重新开始蔓延时，她绝望地寻找着新的饮食解法，并试着规避植酸和凝集素。她坚持无麸质饮食已经快 10 年了，她来我办公室找我问诊时，已经完全不吃谷物、豆类、乳制品和茄属植物了。她现在的饮食主要是芝麻菜、牛油果、草饲肉和骨汤这几样，几乎没有变化。有时她会用豆子或全麦面包来测试自己，但还是会出现胀气，她所关注的饮食专家警告说这就是炎症的表现。

"我严格按照所有专家的建议去做，结果却感觉比以往任何时候都糟糕，看着自己的体重像溜溜球一样上下波动，超级令人抓狂！"她大声说。每一次在逐步剔除某种食物后，她最多也只能看到短期的改善，最终还是会回归到之前的穷尽模式。后来她试着用生酮饮食来减肥，却致使她腹泻更严重，这成了压垮她的最后一根稻草。

就在我们对话的当下，她的身体呈现出前倾的姿势，手肘放在膝盖上，盯着地板，眼里全是泪水。我把自己的椅子拉到她旁边，向她靠过去，好让我们的视线在同一水平位置。

"莱斯利，一切都会变好的。我们会让你好起来的。"她抬起头看着我，眼里闪烁着希望的微光。"我完全理解你的沮丧和挫败感。对于那些想要变得更好的人来说，现在是人类历史上最令人感到困惑的时期。有太多专家，说了太多截然不同的话，但我需要你信任我。现在这一刻虽然是你人生的最低谷，但今天对你来说，就是一个全新的开始，因为这个新方法会让你感觉越来越棒，让你重新找回过去几年消失掉的自己。"

在接下来的几个月里，莱斯利和我密切合作，以期实现一些重大改变。我们让她停止服用大部分补充剂，慢慢地让她的饮食恢复多样性。那些她被告知禁止食用的食物，在正确的时间，以正确的数量回归了她的生活。这么多年来，她头一次开始真正享受食物。限制性饮食对她来说是充满挑战的、无聊且又徒劳的。她戒掉了骨汤，减少了动物制品的摄入量，与此同时增加了水果、蔬菜，甚至全谷物的摄入量。人工甜味剂和加工食物则被晾在一旁。而且菜单上又重新出现了豆子！虽然这个过程并不总是那么容易，但我们可以一起克服困难。

在她新的饮食方式中，最重要的就是富含膳食纤维的植物——水果、蔬菜、全谷物、豆类。为什么是膳食纤维呢？正如你将在本书中学到的，膳食纤维是治愈肠道的核心和灵魂，真正的肠道修复可以让你的循环系统、大脑及激素等各方面的健康状况得到改善。它就是这么强大。

当莱斯利适应了这一新方法后，她容光焕发，充满了活力。她很开心地尝试着所有之前被她淘汰掉的食物。如今，她准确地知道自己对哪种食物敏感，并且学会了在小心注意食物分量的前提下，将这些食物纳入她的日常饮食中。她减掉了 5.4 千克体重。与此同时，纤维饮食法逆转了她的糖尿病，还让她的胆固醇实现了大幅下降。她已经可以减少甲状腺药物的剂量了，她也回到了正常的排便状态。最好的一点是，她终于再一次成为了一个活着的、积极的、对未来的可能性充满期待的人。

采用纤维饮食法可以帮你解决那些你正费力与之做斗争的难题，无论是体重增长、激素不平衡、消化等问题，抑或是你只想让肌肤状态变得更好。我之所以了解这一点，是因为我不仅在莱斯利身上见证了，也在我无数患者身上见证了。现在，轮到你了。

众病之源——肠道

也许你是饱受消化问题困扰的众多人中的一员：胃灼热、腹痛、嗳气、腹胀、腹泻或便秘。据我所知这个群体至少有 7,000 万人，因为几年前我在美国胃肠病学领域顶尖杂志《胃肠病学》上发表过统计数据。毫无疑问，肠道健康始于你所吃下去的食物。不幸的是，那些受欢迎的"砖家"们提供的大多数意见都错得离谱。我已经厌倦了那些把骨汤和草饲肉吹捧为"治愈肠道"的声音了。压根就没有任何研究可以支撑这一说法，甚至连一份蹩脚的研究都没有。而纤维饮食这一项目会为你提供科学验证过的方法，通过重塑你肠道菌群的秩序来真正地帮你治愈肠道，而不是基于流行趋势和伪科学给出建议。

你的胃敏感吗？你在消化、处理某些特定食物时，比如，黄豆、西蓝花和含麸质的谷物，会出现问题吗？食物敏感越来越成为一个世界性的问题，世界总人口的 20% 都饱受食物不耐受的困扰。我每天都能在自己的诊所里见到类似案例，我会把我给患者设计的策略方法分享给你，帮你找出到底是哪些食物造成了你的敏感。我还会与你分享我那非常简单的、循序渐进的计划，帮你重新引入这些食物，消除对它的敏感性，重新开始享受它们。

如果你患有自身免疫性疾病，那么这本书也是为你而写的。人体 70% 的免疫系统都存在于肠道中，与肠道菌群仅以单层细胞相隔。我们很难把二者区分开——它们兴衰与共。通过优化肠道细菌，我们可以让你的免疫系统回到正轨。

你或你爱的人有心脏病、癌症、阿尔茨海默病或有中风病史吗？这些常见疾病可以通过该计划得到改善，而且只是其中的一小部分。纤维饮食法不仅仅能应对消化系统疾病，实际上，这是唯一一个经科学证明对扭转心脏病有效的饮食计划。

也许你觉得自己很健康，只需要保持就好。这也是我的现状，我的身材并非一直都保持得不错，但通过实践我一直在宣扬的方法，现在自我感觉非常好。我几乎减掉了 22.7 千克体重，重回了大学时代的体重，同时我感觉自己还扭转了衰老的过程。这种方法有科学依据的，这是唯一一种可以延长端粒的饮食方法，而变短的端粒是导致我们细胞衰老的原因。端粒越长意味着衰老速度越慢，得心脏病、癌症、阿尔茨海默病和帕金森病的风险越低。

你将在这本书中了解到，你是独一无二的，你的肠道菌群就像指纹一样独一无二。因此，并不存在一个通用的饮食方法。对有些人管用的，对你也许不管用，而这是由你的肠道菌群的个性决定的。如果你把我看作你的医生、导师和生活方式的教练，那么我将指导你完成这个项目，该项目将针对你的独特需求进行量身定制，并将最终引导你达到你应达到的健康状态。

这本书是我 20 年里习得的肠道健康知识的总结，在这 20 年里我一直在努力成为最好的医生。在纤维饮食 4 周计划里（见第 10 章），我将告诉你如何用一个健康的饮食、生活方式和高品质补充剂，来解决你问题的根源。这不仅仅是一个治疗计划，还是一种能帮你找到那个更健康的你自己的生活方式。你身上的症状将会消散，你的医生将会惊讶地看到，开给你的药都在角落里吃灰，并且你将体验到你一直想要的健康。

吃药就能好吗？

不幸的是，我必须承认我们的医疗保健系统令人失望。

在我还年轻的时候，当听到别人说美国的医疗保健系统很烂时，我会气疯。我显然是将其理解为针对我个人的污蔑了。希望你能理解我，因为在此前的 16 年时间里，我辛苦地工作，把我所有的精力都投入、奉献到那个"很烂"的医疗保健系统里了。为了能去范德堡大学读本科、去乔治敦大学读医学院，我借了巨额贷款。我一周工作 6 天，日出前就开工，日落后才回家，拿到的工资还不及医学院毕业后的最低工资水平。我的家人一起去度假了，而我还穿着前一天穿过的那件四角裤在医院里开着电话会议，因为我太累了根本顾不上洗衣服。（需要声明的是，我现在不会再这样邋遢了！）

但现在我能理解有些人为什么这么说了。美国之所以在预期寿命榜上排名全球第 43 是有原因的。我们的医疗保健系统非常善于发现已经存在的问题，并且善于用药物和治疗手段来解决它们。诚然，在某些情况下，这样的手段可以改善症状或减缓疾病的恶化，但这总归是要付出代价的。这分明是疾病护理，不是健康护理。我们的医疗系统焦点基本上就不在"预防"上。

我们缺乏的是一种认知，那就是几毫克药物永远也无法抵消我们吃下去的东西带来的影响。我们每个人每天平均摄入 1.4 千克食物。简单算来就是每年摄入约 500 千克的食物，也就是说我们一生中要摄入大约 36 吨食物。然而我们的医疗保健系统并不认为这 36 吨食物很重要，但我现在要告诉你：少数几毫克药物的重要性永不及 36 吨食物。当疾病已经显现出来的时候，那就意味着我们已经错过了最佳机会。正如本杰明·富兰克林所说："预防为主，治疗为辅。"

简单来说，对你这一生的健康起最大决定性作用的，是你选择吃的食物。事实证明，你的饮食也对你体内菌群的健康起决定性作用。换句话说，你可以用食物来滋养你的身体，并享受更好的健康状态所带给你的回报。反之，你也可以用伪装成食物的毒，来惩罚你的身体，每吃一口健康都会随之流逝。

忽视了"食物"的美国医疗

不幸的是，我们的医疗保健系统忽视了"营养"在健康和疾病中扮演的角色。就说美国的医学教育吧，医学生们花费数月时间学习药理学中的细微差别，但正式的营养培训却只有 2 周时间，甚至更短。拿我的经历来说吧，在我进入医学院的第二年，我参加了一次营养培训，但 10 多年后我才终于完成了全部的医学培训，成为了一名执业的胃肠病医师。在这 10 年里，那是唯一的一次营养培训。

你知道吗？即使我可以提供营养方面的咨询服务，作为一个胃肠病医师我也不可能花这么多时间来做这些事。我并不是想暗示你要付我更多的钱，我之所以说这件事，是想告诉你我们的系统是如何为难那些把时间花在讨论营养问题上的医生。就拿我的诊所来举例吧，我们目前有 3 位医生、15 位雇员。这意味着一位医生在一毛钱还没看到之前，就要负责支付 5 个人的工资。因此，时间变得非常昂贵。可悲的是，这对大多数将营养纳入其实践的医生造成了极大的阻碍。

就我个人而言，我把金钱和规则抛在脑后，只做对我的患者最有益的事情，在此基础上建立了成功的事业。当我结束医学训练、第一次进入实践时，我的患者们会问我一些非常直观的问题。比如，"B 医生，我应该吃些什么才不会总是出现胀气呢？""嗨，医生，预防腹泻最好的食物是什么？""我很好奇，饮食能帮我控制住我的溃疡性结肠炎吗？"我有一种强烈的内在动机，要为每一个走进我办公室的人提供最好的护理。我不能忍受一个患者问我这样的问题，而我却不给他一个答案。

当我在医学文献里搜寻这些问题的答案时，我个人生活中的一系列事件让我对"饮食"在健康中扮演的角色形成了一个结论，而这个结论深深震惊了我。我的发现让我大开眼界。因此，我有了动力去彻底改变我的医学方法，打破现状，肩负起传播真理的使命。我不会停止的。这件事至关重要，人们迫切需要听一听。

一个"糟糕"的我是怎么改变的？

我是那种永远都有 5 年计划和 10 年计划的人，而且相信这些计划会结出成果。但我从来没有想过有一天我会成为植物性肠道健康的倡导者。想知道这一切的缘由，你首先得了解我的背景。

我是吃着标准美国饮食长大的，跟我的父母没有任何区别，这也是大多数 20 世纪 80 年代早期孩子的成长环境。在我们家，每天吃多力多滋、喝紫色龙果味饮料是很正常的一件事，方便至上。还会吃很多肉丸意粉罐头、意式馄饨和冻墨西哥卷饼。

高中时，我父母离婚了。我妈妈做着全职工作，所以我们兄弟会在放学回家后点燃丙烷烤架，来点热狗。我成了热狗鉴赏家，我对好吃的热狗品牌了如指掌。

在我继续往下讲之前，我想先退一步，向我的母亲表示敬意，她是一位伟大的母亲，她不知疲倦地工作来供养我们。她非常勤快地提醒我们多吃水果和蔬菜，这一点真的得谢谢她。但作为一名典型的青少年，我不仅拒绝她这个想法，而且还为自己在另一个极端挑战了身体的极限而感到自豪。我有一种在那个年龄的大多数人都有的不可战胜的感觉。我感觉我可以随心所欲地吃，并且对任何后果免疫。

我继续着我糟糕的饮食习惯。我在范德堡大学里的饮食主要是快餐店的冷切三明治搭配汉堡、深夜饮品。我开始大量喝苏打水，最后养成了每天喝2升的习惯。在乔治敦大学读医学院的时候，我还迷上了一家熟食店，从我们学校步行过去只需要很短的时间。这两种潜水艇三明治面包当时非常火爆：

疯狂鸡肉：一堆烤鸡胸肉、洋葱、甜椒、大蒜、辣椒、波洛罗夫奶酪、培根、生菜、西红柿和蛋黄酱。哇！

疯狂汉堡：两份113克的美式芝士、培根、烤洋葱、生菜、西红柿和蛋黄酱。记得确保洗手间离你很近！

这两种三明治我每周至少吃3次。老实说，我那时候没有患上心脏病真是很幸运。

这种理直气壮的、糟糕的饮食模式可能看起来有些放肆或可爱，但它确实对我的身体造成了伤害。后来我的工作越来越忙，花在锻炼上的时间越来越少。接近30岁时，我的体重开始增加了，得靠大量的咖啡来撑过一天，而且总感觉身体不适。

在我到西北大学担任首席住院医师（这是一个巨大的荣誉）那一年，事情到了紧要关头。我所有的职业梦想都实现了。除了被选为首席住院医师外，我还获得了住院医师项目中所有其他主要奖项。我成了顶级胃肠病学期刊刊载的8篇科研论文的作者，我的导师、美国最有名的两位胃肠病学博士约翰·潘多尔菲诺（John Pandolfino）教授和皮特·卡里拉斯（John Peter Kahrilas）教授还说我是下一个伟大的临床研究者。美国西北大学为我支付了所有的费用，以便我能顺利获得临床研究的硕士学位，当时除了做这些外，我还在夜校学习。

在外人看来一切都很顺利，情况也确实比我最坏的预期要好得多。但我心里是很痛苦的。我精疲力竭，过度劳累。我的身体开始发生变化，年轻时那种不可战胜的感觉也消失了。我的体重越来越重，后来几乎超重20多千克。我不喜欢那时自己的样子，也不喜欢自己的感觉，但我太忙了，忙到没有时间去做出改变。

每周我都和医院里的大人物在芝加哥小餐馆吃两次干式熟成牛排，或在下班回家路上买辣芝士热狗和意大利牛肉三明治，我从未想过这些对我来说有任何不妥。我可是美国精英医疗机构里受尊敬的医生，那时我根本没有意识到我完全无法在营养上为我的患者提供建议，更别说给我自己建议了。当然，事后回想起来，我那时的饮食显然是不健康的。当时我并不觉得自己吃得有多不健康，而是那样吃对我来说是件很正常的事儿。我这么多年都是这样吃的，为什么现在要改变呢？

第二年我搬到了教堂山，继续在北卡罗莱纳大学进修胃肠病学，那里正是美国顶级胃肠病学部。我有 18 个月的时间没有继续出诊，而是作为一名癌症流行病学者，完完全全地沉浸在临床研究的世界里。这段时间里，我出席了超过 40 次全国性会议，在顶级同行评审期刊上发表了 20 多篇论文，甚至还被邀请参加最大的国际胃肠病学年度会议"美国消化疾病周"的主席全体会议。在我优秀的导师尼克·沙辛博士的指导下，我们正在做着转变的努力。

在教堂山的时候，我遇到了我的妻子瓦莱丽，自那时起一切都改变了。她吃东西的方式与我遇到的任何人都截然不同。我们会去不错的餐厅吃饭，菜单上有各种各样的牛排、排骨、禽肉和海鲜，但她总是会点蔬菜。"嗯？"我心想，在心里扬起了眉毛。说实话，我没有朋友是严格的素食主义者或一般素食主义者。这对我来说是一次难以置信的经历。

但结果真是让人无可奈何。瓦尔（瓦莱丽的昵称）吃起东西来毫无限制。她从不担心分量大小，也似乎从没烦恼过体重控制的问题。她无比性感！当然现在也是。与此同时，我每天都跑步 45 分钟，外加 30 分钟其他运动，整个人汗流浃背，虽然身体很强壮，但体重却仍然远远超过了我的承受范围。她吃东西的方式让我十分好奇，因此，在没有告诉她的情况下我开始在家做实验。一开始，我用羽衣甘蓝和浆果做大杯奶昔，用来代替快餐。很快我就注意到自己不再有餐后那种难受的感觉，那种会在两三小时内精疲力竭的症状。我喜欢那些日子的感觉，我变得更轻盈、更有活力、更强壮。我还注意到了身体的变化，我的皮肤开始发光，头发更加浓密了，脸也变瘦了。我的衣服开始不再合身。工作时，我的大脑更有耐力了。我的心情也被提升，变得积极起来。

这种感觉好极了，我开始思考为什么我在医学训练中从未听说过植物性饮食的好处。我的假设是，这不是来自研究，而是出自经验主义。拥有临床研究硕士学位、在排名第二的公共卫生学院做流行病学研究，并发表了20多篇科学论文的好处是，我不需要别人来为我解释这项研究，我有能力自己做研究。所以当我查阅医学文献时，我被自己的发现震惊了。有海量证据可以支持我的感受。我们说的不是那些夸大事实或者夸大其词的不入流研究，而是一个接一个的能提供一致结果的研究。

这些研究表明植物对我们的健康有好处。

植物性饮食有很多让人爱上它的理由。它们富含营养，热量还低，这简直是理想的减肥食物。它们含有维生素、矿物质、抗氧化化合物多酚，以及只存在于植物中的独特药用化学物质——植物营养素。但植物中特别的、完全偷走了我的心的是膳食纤维。我知道的关于膳食纤维的一切都被颠覆了，现在我有理由相信，膳食纤维是美国饮食中缺失的重要部分。你将在这本书里看到的膳食纤维，已经不是你祖母那辈的人以为的"纤维"了，它是真正的肠道健康变革者。

随着时间的推进，我继续改变着自己的生活。那并非一夜之间或激进的改变，而是一段时间里的许多小小选择的叠加——不喝苏打水，不吃快餐，加入植物性奶昔、汤和沙拉。探索我之前没有尝试过的不同口味的民族食物——印度的、泰国的、越南的和埃塞俄比亚的。一想到它们我就流口水了。当我身处探索阶段并做出一个个改变时，我的身体也在改变。我以前吃得很糟糕的时候，锻炼1小时也减不了肥，但我改变饮食后，虽然我的工作和个人生活仍旧忙到没有时间运动，但我的体重在下降。我并没有限制自己的饮食，我脸朝下一头扎进美味的植物性食物里，我吃起了真正意义上的食物，几乎不曾抬头喘气。与此同时，我瘦到了我大学时的体重。几年来我不得不从床上跳下来才能穿上的牛仔裤，现在都需要系腰带了，而且腰带还需要打新孔。我走到哪儿人们就问到哪儿，"你是不是瘦了？"我虽然年龄变大了，但外表上明显年轻了，因为越来越多的人质疑我是否真的到了能当医生的年龄。

每个人都应该知道的关于健康的真相

在我接受了 16 年的培训后（终于）第一次进入实践时，我拥有的那一套临床技能让我在住院医师和进修学习中都获得了最高奖项；我接受的精英研究培训让我可以自己解读别人的学术研究；基于我读过的学术研究和我的个人经验，我还建立了十足的信念——那就是饮食和生活方式是一切健康和疾病的根源。此外，我天生就有一种不顾金钱和规则也要为我的患者提供最好的护理的动力，从中生发出一种将最好的西医与科学验证过的营养及生活方式相结合的配方公式。

对我来说最惊讶的点是，它居然如此有效。其实我本不该如此惊讶，毕竟我个人已经亲身体验过它的益处，亲眼目睹了学术研究中强有力的科学在起作用。我发自内心地相信，只要我能让患者做出生活方式上的改变，那会比吃 1 个月的药要好得多。有件很疯狂的事是，我的好几百位患者都做出了生活方式的调整，即使只是做出了一些很小的调整，他们也看到了自身的变化。但真正让我兴奋的是那些做出根本性改变的人。当我看到他们转变成他们一直想成为的健康、有活力的人时，我跟他们一样激动。

当我一次又一次见证类似的情况时，我开始越来越迫切地想要分享肠道健康是基于植物的信息。关起诊室大门，把这件事只告诉我的患者是远远不够的，每个人都应该听到这个真相，每个人都应该有机会让自己的生活变得更好。世界需要这种治愈力！

我目睹了网络和那些所谓肠道专家制造的混乱，他们会宣传那些流行但完全缺乏科学依据的信息。我见过太多患者追捧那些最新的流行饮食法而伤害到自己的身体。这些人的初衷是好的，他们有动力去改善自己的健康，并愿意通过改变生活方式来实现这一点。但不幸的是，那些建议让他们失望了。他们被告知，"照这样做，你就能变好"，但他们没有变好，反而更差了。"用规避食物的方式来消除症状"的哲学，不仅让他们失望了，还让许多人出现了进食障碍。有些人只是患上了健康食物强迫症，但我见过很多神经性厌食症患者一开始都是坚持限制性饮食的。并且我观察到，关于肠道健康的热门讨论正在形成一个势头，但其却忽略了最重要的一点——饮食中的植物性食物，为健康的肠道提供能量。

因此，我决定创建一个照片墙（Instagram）账号，在更大范围内分享我的信息。但我是社交媒体新手，还不清楚怎么才能玩转。通过口口相传、几次在播客上的露面，以及我们当地报纸的一篇简介，我的账号开始有了稳定的新粉丝流。世界各地的人们纷纷发来信息，诉说着他们根据我的推荐做出调整后，见证了哪些提升和改变。我听到了许多故事，如体重下降了，摆脱药物治疗了，比过去几年的感觉都要好了。

很快我意识到这还不够。为了让人们有机会真正做出持久的改变并转变人生，我需要把我在诊所里用在患者身上的方法分享出去——那是一个循序渐进的、基于植物性食物的肠道健康项目，也就是此刻你手里捧着的这本书了，等等。

欢迎你来到这趟激动人心的、具有变革性的旅程的起点。我已经在经手的患者身上无数次见证了这个项目的成果，现在，你可以亲自来体验一下了。如果你遵循这个计划，你将优化你的微生物群，消除太旺盛的食欲，增强你的免疫系统，提高能量水平，并且解决消化问题。这并非一种短暂的狂热，也不仅仅是一种饮食法，这是一种能让你更健康的生活方式。有了"健康心态"，你将毫不费力地养成健康的习惯，你的肠道微生物们也会因为用了膳食纤维当养份，而兴盛，而鼓舞。

目录

CONTENTS

Part II

膳食纤维——健康驱动力

Part III

纤维饮食计划

PART 1

肠道如此重要，
你却不知道

1

你不能决定自己是否健康，它们才能

不计其数的"小家伙"在帮你

回想 2006 年我从医学院毕业的时候，在那之前，我们基本上对肠道微生物群一无所知。那个时候，60% 的肠道微生物不是从培养皿里培养出来的，所以我们根本没法去研究它们。尽管我们知道它们的存在，但没找到从它们身上提取有效信息的方式，更别说为了研究它们而废寝忘食了。毕竟，我们在说的可是我们粪便里的细菌！"屎虫"！在我们看来，这些家伙是肠道里的过客，只是来凑热闹而已，它们未必在人体健康中扮演着重要角色。

但 2006 年，实验室实现了一个巨大突破，此事突然有了翻天覆地的变化。这一突破让我们绕过了培养皿的限制，实现了对人体肠道微生物群复杂分层的剥离和研究。那个时候，我们已知的栖息于人体肠道的细菌只有 200 种。很快，我们又辨识出了 15,000 种细菌，还预估出细菌种类总量大概有 36,000 种。阻碍我们研究的限制不复存在了，接下来的一切都水到渠成。自那时算起，仅在 5 年之内就有 12,900 篇论文研究这个话题，这不亚于一次科学界的大爆发。这一数字等同于此前 40 年里，所有研究这个议题论文总数的 80%。

也许你对肠道微生物群略知一二，但请相信我，你之前了解的都只能算刚刚触及表面。这一学科的发现朝我们汹涌而来，对我们的医疗制度来说，这同样也是一个挑战。通常来说，一个新的医学发现从公开发表到进入临床阶段，最后成为医生的临床思维，需要 17 年之久。因此，大多数医生现在仍然处在培养皿时代。尽管大多数医生都听说过微生物群，但对于他们来说，尚不清楚如何把这一新知识贯彻到临床实践。但为什么要等呢？我已经着手研究这项足以惊呆众人的新兴研究，现在就迫不及待地想分享给你，不用等 17 年。

你以为有害的，反而对健康有益

我们在研究肠道细菌时，发现了一个宏大、广博到足以令人惊讶的微生物群，它们和谐地、平衡地、带着目的性地存在于我们体内。我们把这个群落称之为"肠道微生物群"。如果严格按基因序列来对这一群落进行归类，可以将其称之为"微生物组"。人体内总共寄居着五类微生物——细菌、酵母菌（真菌的一种）、寄生虫、病毒和古菌。

细菌是大多数人在成长过程中都惧怕的一种单细胞生物。不管你信不信，但我们真的搞错了害怕对象。细菌中有一些确实是有害的，比如大肠杆菌或假单胞菌，它们会致病。但大多数细菌实际上都是对人体有益的。它们就像狗狗一样，大部分都是人类最好的朋友，但有一些你最好还是别伸手去摸了。为了了解狗狗，你可能需要一位"狗语者"。同理，讲到肠道微生物群，你就需要我这样的"粪语者"。

与动物及植物相似，真菌是有细胞核和细胞器的真核生物。它们的构成比细菌更复杂，但有一点与细菌"同病相怜"——它们也总被误以为是有害的。其实，它们为人体提供了帮助。真菌和细菌之间存在竞争，一场非此即彼的博弈——如果一方蓬勃生长获得优势地位，另一方就会衰弱消弭下去。

病毒是由 DNA（或 RNA）组成的小微粒，它们根本没有细胞结构，甚至被认为是没有生命的，即使它们跟我们这样的生命体有某些共同特性。当我们提到病毒时，我们总是首先想到诸如流感、艾滋病和乙型肝炎这样的疾病，但并非所有的病毒都会攻击人类。事实上，它们中的大多数都是维持肠道微生物群平衡、确保细菌群体间和谐的重要组成部分。

寄生虫是自然界里的"小偷"。它们从宿主身上窃取能量，对宿主毫无益处，甚至还想尽办法隐藏自己不被发现。寄生虫也分很多类型，从鞭毛虫、毛滴虫，到 8 英尺（约 2.4 米）长、令人战栗、可怕的蠕虫。所幸大多数寄生虫（比如刚提到的蠕虫）在西方世界都是罕见的。然而某些寄生虫却比你预期的要常见。举个例子，有 6,000 万美国人感染了慢性弓形虫，而他们本人毫不知情，因为这种病是无症状的。

接下来就要说到我个人的"最爱"——古菌。早在 40 亿年前氧气出现前，这一古老微生物就已经存在于我们这个星球了。在深海裂谷或火山口内部这样的极端环境中，都能找到它们的身影。当然了，它们也会舒适地出现在你"宜居"的结肠里。也就是说，它们是适应力极强的微生物。我们对它们的研究还在起步阶段，但它们似乎不与细菌、真菌抢夺能量，因此它们不会像其他肠道微生物群一样容易受到饮食的调节。

肠道菌群的复杂程度令人难以捉摸，深不见底，就好像让你面对第二次世界大战中伤亡 200 万人的斯大林格勒战役的惨烈现场，你一时也难以理解和接受。这场战役的死伤数量太过巨大了，以至于你会忽略他们中的每一个都是独立的、真实存在的人这一点。

我们的结肠存活着 39 万亿微生物这一数字，就更加惊人了。这可是 39 万亿！其中大多数都是细菌。

请你不要因此觉得尴尬或者恶心……好吧，我承认这是有一点儿恶心，但是我写这本书就是要告诉你：你肠道里的细菌及之后要提到的粪便里的细菌，都是拥有神奇治愈力量、最奇妙的生物群落。毕竟就连瑞恩·高斯林

（Ryan Gosling，加拿大男演员）的肠道里也有细菌，这事儿能坏到哪儿去？

39万亿微生物是什么概念？想象在一个晴朗的夜晚，你身处加拿大北部，抬头一看，简直能把银河的每一颗星星都尽收眼底。把星星的个数乘以100之后就是你结肠里微生物的数量。这一数字显然超过了人体细胞数，因为有些人甚至得出"我们=10%的人+90%的微生物"这一结论。我们已经不再仅仅是个体，而是超有机体，像一个生态系统一样服务于生物分类六界学说中的四界（真细菌界、真菌界、古细菌界和原生生物界）。另外两界是动物界（我们）和植物界（我们的食物）。我们当然不仅仅是人类了，我们是生命的循环。

人体肠道体系以某种方式互相连接，其复杂程度足以与地球相提并论。你的肠道微生物群就像亚马孙雨林一样是一个生态系统，唯有平衡与和谐才能实现健康、可持续发展。在雨林里，所有动物、植物和微生物的存在都是有原因的，即使是蚊子和蛇。蚊子和蛇都为和谐平衡做出了贡献，尽管我本人讨厌它们，但如果它们不存在，那将会有意料之外的后果——削弱生态系统的健康。这就是为什么生物多样性对任一生态系统来说至关重要的原因。

人体肠道菌群也不例外，种类多样性对于它的"平衡"来说举足轻重。我们肠道内的任何一部分都存在有300~1,000种不同种类的细菌（细菌总共有15,000~36,000个菌种）。当这一切沿着既定轨道运行时，丰富多样的微生物群就会和谐地共生于人体结肠内。健康的结肠也会运用其完整的细胞结构让一切都各司其职，同时我们的微生物群也会尽职地扮演着它与生俱来的角色，为人体健康添砖加瓦。

肠道菌群——人类健康指挥中心

作为肠道"居民"，微生物群深度参与了消化功能。它们组团来分解食物，让你能够吸收人体需要的营养。你的每一顿饭都是由这些微生物解决，它们忙着分解食物、吸收营养。但多数情况下，这些单细胞其实比我们人类更擅长消化食物，虽然这一点有些令人难以接受。因此，我们养成了对它们的依赖。

你咬下的每一口粮食，你每天吃下去的 1.4 千克食物，都会一路下行直至与肠道微生物见面。微生物不是被动的旁观者，我们吃下去的东西也是它们的食物。没错，即使是这些肉眼看不见的单细胞生物也需要能量去驱动，但不是所有微生物都吃同一种食物。你做出的每一次饮食选择都会助长某个特定微生物群体，而其他的微生物则可能会消亡。如果你总是挑食，不吃某种食物，那么依赖于这种食物的微生物就会挨饿，直至灭绝。肠道微生物的繁殖速度非常快，以至于在饮食改变后的 24 小时内，会左右 50 代微生物产生进化过程。不需要几周，也不需要几天，只要一口，就能改变肠道菌群。但因为你能决定这一口吃下去的是什么，所以是你自己在控制着肠道菌群的组成。

最终的结果是形成一种独一无二的微生物混合物，就像指纹一样。这些微生物忙着处理你吃下去的食物，于是一切就跟初始状态不一样了。微生物的新陈代谢会最终导向食物的生物化学转化。在多数情况下，健康的细菌（不如叫它们益生菌吧）对宿主有益，它们通过重塑我们的食物，从而将食物代谢成某种能够减少炎症、促进健康和平衡的物质来奖励我们。我们将这种由微生物创造的、能促进健康的混合物称之为"后生元"。与之相反，不健康的食物会喂养不健康的微生物，它们会生产出让人体易发生炎症的混合物，以此来惩罚我们。在本书后面的章节里我们会谈到这些有害的微生物，比如 TMAO（氧化三甲胺）。

你吃到嘴里的任何一种东西都会被肠道内的微生物加工处理，包括药品。这也解释了为什么在一个人身上起到救命效果的药，到了另一个人身上却可能变成致命的毒。比如，化疗药物环磷酰胺实际上就很依赖肠道微生物去激活它。一篇 2013 年发表于《科学》杂志的研究指出，肠道越健康，用这种药击退癌症的可能性就越大。

消化、加工食物不是唯一一件人类需要仰仗微生物的事儿，它们对人体健康的影响范围远远超出了肠道本身。如果让我斗胆对人类的整体健康下一个总的定义，我觉得总共有五类必需元素：免疫力、新陈代谢、激素平衡、认知功能和基因表达，这些组成了人生存所需的基石。而最让人惊叹的是，肠道菌群与这五大元素都息息相关。我们后续会从更深的层次来分析这件事，但首先，我们得理解肠道微生物群在某种意义上扮演了"人体健康指挥中心"这一角色。人体各个部位的运转，包括心脏和大脑，都与肠道微生物工作模式有着相似性，它们以团队形式一起劳作，且通常是"术业有专攻的"。

把肠道想象成一间工厂，里面的"工人"身兼多种不同角色，每一位"工人"都为了宏伟的目标贡献着它的专长。当然，专长也是会重叠的。如果工程师莎莉不在，让工程师马克来顶替这个位置，也许你就会发现他们的工作方式是存在差异的，但他们具备相似的技能组合去完成指定任务。如果你缺的是工程师，却让一个传送带操作员来顶上，会有什么结果？或者说如果没有工程师、传送带操作员、木工、焊接工、机械师等一系列专职人员，每个岗位都是销售人员，那会发生什么呢？到那时，工厂无法正常运转，信号全乱，事情会一团糟。同样的，当肠道微生物群的多样性不足时，免疫力、新陈代谢、激素平衡、认知功能和基因表达这五大主要指标也会出问题。所有这些都是互相联结的，但其中的 C 位是你的肠道菌群。

稳定的肠道菌群是健康的基石

我们用"肠道菌群失调"这个词来指代肠道失去和谐与平衡。微生物的缺失和混乱会使肠道菌群多样性降低，而且在此过程中，引发炎症的有害微生物异常增加。换句话说，好的微生物被挤到了一边，腾出了空间给不好的微生物，让不好的微生物在你的肠道内圈地做主。这是会出问题的，因为结肠壁现在已经不再受抗炎的微生物小兵们保护，造成的损坏是让结肠壁紧密连接处松动，小肠渗透力增加，这会导致细菌内毒素溢出，进入血液循环（有人将其称之为肠漏症），细菌内毒素通过血管高速路走遍全身，它们所到之处，放火捣乱无恶不作（也就是导致炎症）。真是太糟糕了！

细菌内毒素是由诸如大肠杆菌和沙门氏菌这样的坏菌催生的，其导致的炎症从隐蔽发生转变为轻微炎症，最后可能发展到威胁生命的败血症、休克和多脏器功能衰竭。细菌导致的内毒素血症与无数疾病相关，包括自身免疫性疾病、肥胖、冠心病、充血性心力衰竭、2型糖尿病、阿尔茨海默病、酒精性肝炎、非酒精性脂肪肝、骨关节炎……你不喊停，我还能继续往下说。

这听起来很吓人，但别害怕。光明永远会划破黑暗而来。让我给你举个例子吧。有一种叫"艰难梭菌"（Clostridiodes difficile，简称为C.diff）的细菌，之前叫作"Clostridium difficile"（没错，就像普林斯·罗杰斯·内尔森叫"王子"，肖恩·约翰·科姆斯叫自己"吹牛老爹"，显然细菌也是会改名的）。艰难梭菌是一种存在于结肠里的致病菌，即使那些非常健康的人也有。在正常情况下，健康的肠道细菌的数目多于令人厌恶的艰难梭菌，并且能够压制住后者，一如光明会战胜黑暗。

但如果肠道受损，没有足够多的有益菌时，那么艰难梭菌就会大量繁殖，变得强大，最终导致严重的结肠炎症，并且伴随有腹痛、发烧、便血、腹泻。这可一点儿都不乐观。感染会变本加厉地升级为威胁生命的败血症，它甚至能迅速夺去身强力壮之人的性命。出现这种危急情况时，切除整个结肠的紧急手术也许是最后的放手一搏了。

粪便能治病？

21世纪初，当我还在医学院的时候，我只在服用抗生素的住院患者体内见过艰难梭菌。回想起来，当时我们只知道抗生素治疗会"轰炸"肠道，大批量杀死有益菌，使具有抗生素耐药性的艰难梭菌迅速繁殖、占据主导。但那时人们并不全然了解事情的全貌，因此我们试着用另一种抗生素去治疗艰难梭菌感染。这个方法奏效过一段时间，但在 2010 年左右，我们看到了越来越多例抗生素治疗失效的案例，并且还目睹了新型艰难梭菌的出现——在从没服用过抗生素、从没住过院的年轻人身上。现实情况的发展、变化太快了，以至于我在医学院学的大多数东西在短短几年后就过时了。因为抗生素的效力降低了，医学界开始越来越绝望。有些人是需要长期进行抗生素治疗的，所以他们中那些运气差的人要么最后失去了结肠，要么断送了性命。

但请记住，光明会战胜黑暗。因此，当我们绝望的时候，现代医学转到了一个最奇怪、最让人尴尬的方向去寻求解法——人类的粪便。咳咳，这真不是打错字了！我们真的把粪便视作治疗方法，这叫"粪便移植"，而且它也没有看上去那么新奇。有关此事的最早记载来自 1500 年前的古代中国。结果就是，当你把健康人的粪便微生物群移植到一位病得很严重的患者的结肠里，坏细菌就会像西方女巫被多萝西用水泼死时一样。我们可以举个具体例子，当你用健康的粪便浇灭了艰难梭菌这一凶险、具有耐药性的细菌，艰难梭菌会哭着说："我熔化了，我熔化了。"与此同时，患者也被治愈了，不仅仅是情况好转，而是在一两天内彻底治愈。我说过，光明会战胜黑暗。我将这个治疗方法称为奇迹，虽然奇迹一般都是不能复制的。

粪便移植为什么会如此特别呢？

其实原因很简单：恢复肠道微生物群的平衡，让有益的细菌回到岗位工作。移植后，这些细菌会马上开工，迅速压制致病的艰难梭菌并占据主导地位，回到我们之前提到过的正常状态——人体内虽有这种病菌，但不会发生感染。

你也许想问："我的粪便不是食物消化后的残渣吗？"不是这样的！粪便重量的 60% 实际上是细菌，其中有好也有坏。60%！这比例，称得上是肠道微生物群的合影了。虽然不是完美的集体照，但也实打实的是肠道菌群混合物了。即使禁食也会产生粪便，因为肠道微生物群持续地在自我复制和更新。

我们都喜欢令人愉悦的故事对吧？世纪大逆转，甚至千年大逆转，形容的就是粪便。10年前，粪便是这个星球上最没价值的东西，如今变成了现代医学的救世主。人们常说"食物即药物"，此话不假，粪便也是药物！一代又一代的人以轻蔑的语气开着粪便的玩笑，然而实际上我们应该赞美它，至少也要向它脱帽致敬吧。我们之前没意识到粪便是载着肠道菌群角斗士的二轮战车。我可真没夸大其词，体温、脉搏、呼吸、血压、血氧是五大生命体征，我打心眼里觉得排便质量应该成为第六项生命体征，且与其他五项同样重要。它真的是反映健康状况的一个强有力的窗口。

我的观点是，平衡对于肠道菌群，以及与之相关的身体每一部位来说都至关重要。这些年来我们一直试着去消灭坏菌，但也许我们真正该做的是赋予好菌力量。当平衡归位，肠道菌群就会非常悉心地照料你。这些存活于肠道的微生物是如此强大，即使它们是以"废物"的形式存在，也能帮助生命垂危的人。

有了这本指引你走向光明的书，就没必要再活在对黑暗的恐惧中了。与其费力去消灭坏菌，不如一起努力，赋予好菌力量，让我们的"指挥中心"恢复平衡，让这39万亿勤勤恳恳的"老黄牛"来加固我们的免疫系统、新陈代谢、激素平衡、认知水平和基因表达。

肠道微生物拥有你想象不到的神奇力量

一个健康、多样的肠道微生物群发挥着许多作用，远不止抑制致病菌、消化药物、处理食物这么简单。它像一个掌管着人体健康五大轴线的指挥中心一样，持续运转着。听着有点儿像科幻小说，但这真的千真万确。几乎所有健康和疾病都始于肠道，我对此深信不疑（表1-1）。肠道菌群这令人惊叹的力量让我开始思考人类在这个星球上的地位。我们人类也是自然界生态平衡的一部分，我们需要栖息于体内的这个群落，就像它们也需要我们一样——我们在一起，才是真的好！我们只有照顾好自己的肠道和肠道菌群，它们才会好好地关照我们。

表 1-1　与肠道微生物群紊乱（微生态失调）相关的症状

疾病名称	
肠道内症状	肠道外症状
腹痛或痉挛	体重增加
嗳气	疲劳
腹胀	脑雾
食物过敏	心态失衡
腹泻	焦虑
便秘	爆痘
黏液便	关节痛或肌肉痛
恶心	虚弱
消化不良	口臭
胃灼热 / 反流	鼻窦充血
打嗝	气短 / 气喘

荣辱与共的肠道微生物和免疫系统

当绝大多数人因"人体排泄物是药物"这个观点的出现而震惊时，有些人也许并不会如此惊讶，这个人就是伦敦卫生与热带医学院的流行病学专家大卫·斯特拉坎（David Strachan）教授。1989 年的时候，斯特拉坎提出了卫生假说，他通过观察发现，出生于兄弟姐妹较多家庭的婴儿，不容易患湿疹和过敏性鼻炎。你也许也听过他的假设——过度讲究卫生实际上是引发过敏和自身免疫性疾病的导火索。这也是为什么有些家庭鼓励孩子去泥地里摸爬滚打的原因——为了增强孩子的免疫力！

斯特拉坎教授的观察是一个好的开端。但现代科学要求我们再进一步探索。其实真正的问题不是过度追求清洁，而是健康的肠道微生物群被破坏。如前文所述，人体 70% 的免疫力来自肠道，免疫系统与微生物群由一层薄薄的单层细胞分隔开，这层屏障比发丝更加细小，肉眼根本看不到。这一单层细胞就像一排东倒西歪的木栅栏一样，杵在两个举办家庭聚会的房子中间——一家是免疫系统，另一家住着微生物群。派对虽然是分开举行的，但它们实际上不是没有关联的。它们深度联结，互相取食，分享美味，开怀大笑，二者总是保持着联系。有证据表明，肠道菌群有助于促进免疫细胞的正常发育，识别入侵者，将其引导至身体需要的地方，还强化它们的抗感染能力。健康的肠道微生物群可以转化为一个强大的免疫系统来识别威胁（包括感染甚至恶性肿瘤），然后消灭它。肠道微生物群和免疫系统密不可分，二者的关系一损俱损。

佐证这一关系的证据来自自身免疫性疾病和过敏性疾病的流行。世界各个角落都是这些疾病爆发的温床。哮喘、过敏性鼻炎和湿疹就是过敏性疾病的例子。这些疾病发生时，免疫系统会错误地攻击不构成威胁的外部刺激。从 1960 到 2000 年，西方国家的哮喘发病率提高了至少 10 倍。与之相似的上升曲线出现在自身免疫性疾病上，如 1 型糖尿病、多发性硬化症及克罗恩病等自身免疫性疾病。发病时免疫系统错误地把我们身体的健康组织视作敌对方，并且发起进攻。自 20 世纪 50 年代以来，1 型糖尿病、多发性硬化症和克罗恩病的患病率均上升了超过 300%。

比起农业化国家，工业化国家的人们诱发过敏性疾病和自身免疫性疾病更为常见。比方说，每年芬兰每 10 万名儿童里新确诊患有 1 型糖尿病的儿童有 62.3 人，而墨西哥是 6.2 人，巴基斯坦是 0.5 人。你也许会反驳说这是基因差别导致的。但是随着一个国家工业化程度提高，患病率也提高了。再比如，克罗地亚的克罗恩病从 10 万分之 0.7（1989 年）攀升至 10 万分之 6.5（2004年），这与该国现代化的步调一致；1988 年到 2012 年期间，巴西克罗恩病和溃疡性结肠炎的发病率也分别以每年 11% 和 15% 增长着。这些国家的医生不得不寻求美国的帮助，因为这些问题直到最近才在他们的国家发生，他们不知道该如何照料患者。

证据显示，我们的肠道微生物群不仅能随着过敏性疾病和自身免疫性疾病的变化而变化，它甚至能导致这些免疫系统疾病（表 1-2），因此我们可以通过肠道菌群预测疾病的发生。研究人员分析了 300 名 3 个月大的婴儿用过的尿布后发现，即使是根据如此幼年时期的肠道细菌的特定变化，也可以推

表 1-2　与微生态失调相关的免疫介导性疾病

疾病名称	
1 型糖尿病	类风湿性关节炎
乳糜泻	溃疡性结肠炎
多发性硬化	克罗恩病
哮喘	显微镜下结肠炎
食物过敏	强直性脊柱炎
湿疹	红斑狼疮
季节性变态反应	间质性膀胱炎
嗜酸细胞性食管炎	自身免疫性肝炎
疱疹样皮炎	原发性胆汁性胆管炎
银屑病 / 银屑病关节炎	原发性硬化性胆管炎
硬皮病	结节病
慢性疲劳综合征	纤维肌痛症
抗磷脂综合征	格林 - 巴利综合征
不宁腿综合征	白塞病
	川崎病
干燥综合征	抗中性粒细胞胞浆抗体（ANCA）相关性血管炎

测出哪个孩子日后会得哮喘。但为了证明肠道微生物会引起哮喘，研究人员把尿布上的粪便移植给了无菌小鼠。你没有看错，他们把人类的粪便移植到了老鼠身上。需要澄清的是，此处使用的粪便并不是来自哮喘患者，而是来自有潜在风险患上哮喘的 3 个月大的宝宝。实验结果如何？所有小鼠的肺部都发炎了，而这正是哮喘的风向标。

人类进化出免疫系统以保护自我免受感染，而感染正是一个世纪前最主要的致死原因。从一开始，肠道微生物就参与了进化过程，因此，它们在免疫功能里发挥着至关重要的作用。这意味着破坏肠道菌群，等同于让我们自身暴露在免疫失调的风险中，这一异常外显为自身免疫性疾病和过敏性疾病。另一方面，强大健康的肠道菌群会赋能于它周围 70% 的免疫细胞，使其以最佳状态帮助人体抵御感染和恶性肿瘤。当我们照顾微生物的时候，它们反过来也会照顾我们。

减不下来的肥和降不下来的血糖

减肥饮食行业一贯告诉我们说，只有做了足量的运动，并配合合理的饮食，我们才能控制住体重不往上涨。运动包括 CrossFit、尊巴和瑜伽训练；饮食方法包括原始人饮食法、瘦得快代餐、慧俪轻体饮食法、生酮饮食或排毒果汁。但如果说这一切归根结底都与肠道细菌有关呢？一份粪便移植报告中提到：有一位 32 岁的年轻女性因慢性艰难梭菌感染而做了粪便移植。接下来事情的走向让科学家和媒体都陷入了混乱。在粪便移植手术后的 16 个月里，她明显增重，从 62 千克涨到了 77 千克，且这一切并非她主观刻意为之。她的身体质量指数从非常接近正常的水平（BMI 指数 26）上涨到了明显肥胖（BMI 指数 33）。除了粪便移植这一个变量外，她生活中没有任何改变，饮食、压力水平、体育锻炼都没变过。

通常这类增重不是什么大问题。而这是人类第一次发现，在动物身上反复出现过的现象竟也出现在了我们身上：人体肠道微生物群在处理食物和新陈代谢方面拥有绝对控制权。实际上它们的掌控力度很大，同样的食物能产生出全然不同的效果，而这全看肠道微生物群如何"开始它的表演"。

有一个研究选取了基因完全相同的一对双胞胎，但其中的一位肥胖，另一位苗条。研究人员对双胞胎的粪便进行取样，然后把它移植给无菌小鼠，接收了苗条那一位粪便的老鼠保持着苗条的状态，而接收肥胖那一位粪便的老鼠也变胖了。尽管两只老鼠都被投喂相同的食谱，摄入同等热量，然而体型却完全不同。

许多人花了大量的时间来努力减肥，健身、少吃、照专家（以及不那么专业的"砖家"）说的做，现在我们终于知道这些为啥都没用了，因为我们还需要肠道菌群小伙伴的帮助。因为即使是让两个不同的人吃同样的东西，最终也是由肠道微生物群的差异来决定他们最终从食物中得到什么。这点让人大开眼界对不对？

肠道微生物群的力量远远不止这些呢！肠道微生物群不仅仅是从热量摄入和热量消耗的角度来调节人体新陈代谢，它还与我们的内分泌系统紧密相连，影响着人体对胰岛素的反应。进食后，人体的血糖水平升高，胰腺里的细胞会向血液里释放胰岛素，以降低我们的血糖水平。如果你患有糖尿病，那你的胰岛素供给量不足以控制血糖，因此血糖数值会持续升高。1型糖尿病是一种自身免疫性疾病，免疫系统错误地攻击产生胰岛素的胰腺，这与我们的肠道健康有关。而2型糖尿病患者的胰腺可以产生胰岛素，有的患者甚至可以产生过多的胰岛素，但胰岛素的作-用效果较差，造成患者体内胰岛素跟不上身体的需求。这就是胰岛素抵抗的结果，也就是说为了达到同样的维持血糖稳定的效果，这类糖尿病患者需要生产出更多的胰岛素。胰岛素是一种生长因子，你觉得如果你体内有过多胰岛素会发生什么？2型糖尿病与食管、结肠、直肠、胰腺、肝脏、肾脏、乳腺、子宫内膜及泌尿系统的恶性肿瘤都有相关性。

请注意！肠道细菌与癌症息息相关

你知道狗狗能嗅出结直肠癌吗？靠闻粪便样本，它们识别出结直肠癌的准确度有 98%。你是不是还以为它们只是到处嗅嗅取乐？狗是人类最好的朋友，值得夸赞！结直肠癌在美国是第二大致死癌症。有越来越多的研究显示，结肠里的特定细菌在致病过程中很重要，这也许能解释它们是怎么做到的。肠道细菌的改变与许多癌症相关，包括乳腺癌、胃癌、食管癌、胰腺癌、喉癌、肝癌及胆囊癌。正在进行的研究就是要探究细菌作为致病因素，究竟要负几成责任。

我们知道肠道细菌会有区别地调节我们对食物的反应，而且能影响体重的增加。那么肠道细菌是否会影响我们身体对胰岛素的反应呢？有一个非常有趣的研究，科研人员选择了有代谢综合征和胰岛素抵抗的成年男性，让他们从身型消瘦的供体那里接受粪便移植。这导致了实验对象肠道微生物群发生变化，并伴随有胰岛素敏感性的改善和血糖水平的降低。不幸的是，效果只持续了短短几周，因为他们的饮食习惯没变，所以新的肠道菌群无法维持。

当然不是只患上糖尿病才能表现出肠道菌群带来的影响（表 1-3）。另一项研究发现，同一种食物对每个人的血糖产生的影响非常不同，而这种独特影响正是因为肠道菌群。仅仅根据一个人肠道菌群的组成，研究员们就能预测出到底哪一种食物会控制血糖飙升。每个人情况都不一样，换句话说，你拥有独一无二、完全个人化的对食物的反应，这正是你体内肠道微生物群的反射。朋友们，生物个体性真是太棒了！

表 1-3　与生态失调相关的新陈代谢疾病

疾病名称	
肥胖	非酒精性脂肪性肝病
2 型糖尿病	酒精性脂肪肝
冠心病	急性酒精性肝炎
高脂血症	酒精性肝硬变
慢性肾病	急性胰腺炎
痛风	慢性胰腺炎

现在，把你之前知道的所有（或者大部分）关于新陈代谢、糖尿病和减肥的知识抛之脑后。记住：肠道微生物群多样性的缺失、致病菌的增多及细菌内毒素引发的轻微炎症都与糖尿病、体重增长、肥胖相关。也有证据显示，我们的肠道微生物也控制着调节食欲和能量平衡的激素的释放，比如瘦蛋白、胃饥饿素、胰高血糖素样肽 -1（GLP-1）、酪酪肽。增加肠道微生物的多样性，等于改善新陈代谢和胰岛素敏感性。

当我们用正确的方式壮大肠道微生物群，就能得到它们的报恩：它们会从食物中汲取人体所需的一切营养，不摄取那些人体不需要的东西；为了防止我们吃多，它们还会适时向我们传达停止进食的指令；它们还会帮助我们提高自身新陈代谢的平衡，因此在保持健康体重时，我们也不必总是埋头计算热量。健康的肠道微生物能让一切都来得毫不费力。

是激素的"锅"，不是你的错！

肠道微生物群对内分泌系统，或者说激素系统的影响，远远不止糖尿病。肠道是人体最大的内分泌器官，它深深影响着激素平衡。就拿雌激素来举例吧！肠道微生物会分泌出 β - 葡萄糖醛酸苷酶，后者能激活雌激素，使其在其位，谋其职。如果把雌激素的流动想象成一条流经水坝的河流，那么肠道微生物的手里就握着闸门的控制杆。正常情况下，雌激素不急不缓地流动着，它还为我们带来了好东西：更强壮的骨骼、更低的胆固醇、干净的皮肤、健康的卵巢、旺盛的性欲。这都是健康的肠道微生物群能为我们带来的。

如果肠道微生物对"水闸"把控过于松懈会发生什么？体内将产生过多雌激素，导致子宫内膜异位、子宫内膜增生、乳腺癌和子宫内膜癌。肠道菌群的破坏与这些疾病有关也就不足为奇了。

相反，如果肠道微生物群对"水闸"的控制太紧，人体就会经历一场雌激素"干旱"。多囊卵巢综合征（PCOS）是一种以雌激素失调为特征的病，常表现为月经失调、毛发异常增多、体重增长、痤疮和胰岛素抵抗。但实际上，PCOS患者除了雌激素水平改变外，还会出现雄激素（或睾酮）升高。事实上，雄激素的分泌在某种程度上也受肠道微生物的影响。我们知道，梭状芽孢杆菌是一种能把糖皮质激素（想象一下皮质醇）转化为雄激素的肠道细菌。当体内梭状芽孢杆菌过多时，就会导致雄性激素过多。健康的肠道微生物群能让雌激素和雄性激素维持平衡，而肠道菌群失调已被发现与PCOS有关。

很明显，我们可以得到一条名为"肠道-激素"的轴，不如让我们再往前探究看看。也许还有一条"肠道-睾丸"的轴。朋友们听好了！还记得肠道菌群失调会发生什么吗？肠道微生物群的破坏会导致肠道通透性增加（肠漏），还会让细菌内毒素进入血管内。细菌内毒素会离开肠道，随着血液的流动进入睾丸，带来大肆破坏。科学研究表明，这会导致雄激素和精子数量降低。这有点像肠道健康引起的"缩水"（如果引起了你的联想，我很抱歉）。还会对心理健康产生影响，削弱你的自尊和自信。

肠道健康和激素之间的联系还不止于此（表1-4）。你有没有过，在某次约会中特别受到对方身上气味的吸引，或者因为对方的气味对其彻底失去兴趣的经历？动物研究表明，细菌控制着愈创木酚和其他酚类物质的释放，这些化合物决定了我们身上的气味。这些物质实际上是在性吸引和交配行为中发挥着作用的信息素。换句话说，我们的肠道微生物是我们的"媒人"。不同的微生物通常会释放出不同的气味分子。健康的肠道微生物会散发出令人愉悦的芬芳，如爱与美之女神阿佛洛狄忒一般吸引人，而致病菌则会投掷一枚臭气弹，让别人与之保持距离。不是每一种微生物都能当好帮你脱单的"僚机"！

既然我们都说到这儿了，你知道为什么人们要接吻吗？这意味着与另一个人分享你的肠道菌群，所以这实际上是一种爱的表达。每次接吻，我们都会与对方交换 8,000 万个微生物。有一种"脑洞"甚至说，接吻也许可以发展成一种对肠道微生物进行抽样的方法，来检测你与潜在恋人之间的兼容性。没错，我们是人类，但我们做的每件事，甚至包括恋爱，微生物都以这样或那样的方式参与其中。

表 1-4　与肠道菌群失调相关的内分泌和激素疾病

疾病名称	
子宫内膜异位症	甲状腺功能减退
多囊卵巢综合征	乳腺癌
子宫内膜增生	子宫内膜癌
女性不孕	前列腺癌
性功能障碍	勃起功能障碍

权力凌驾于第一大脑的第二大脑

大脑和肠道，一个在上，一个在下。大多数人都觉得这两个器官是八竿子打不着的彼此独立的个体，大脑是我们的指挥中心，而肠道只会让你排便。如果用等级来划分的话，显然大脑占据上风。但最近大脑和肠道之间的界限开始变得有点模糊了，因为研究发现，肠道是一个独立的神经系统，被称为"第二大脑"或"肠道神经系统"。

也许这是你第一次尝试思考大脑和肠道间的联系，但实际上大脑健康始于肠道，这是因为二者在不断地相互沟通、交流。就在这一秒，在我们的肠道里就有超过5亿神经细胞通过迷走神经向大脑发送反馈信号。这比我们在脊髓中发现的神经还要多5倍。信息量太大了！

这还只是开始。肠道微生物能通过免疫系统和释放神经递质、激素和信号分子，与我们的大脑沟通交流。血清素、多巴胺等神经递质，对我们的情绪、能量水平、动力和成就感可以产生巨大影响。肠道微生物既能生产血清素、多巴胺、伽马氨基丁酸（GABA）、去甲肾上腺素等神经激素，也能对它们做出反应。实际上，90%的血清素和50%的多巴胺都是在我们的肠道中产生的。血清素和多巴胺的前体物质能够穿过血脑屏障，改变我们的情绪或行为。综合来看，肠道血清素能够影响肠道运动、情绪、食欲、睡眠和大脑机能。

我们才仅仅说了血清素和多巴胺，你的肠道可是生产了超过30种神经递质呢！在本书第3章我们将会探讨肠道改善大脑健康的一种重要物质——短链脂肪酸。健康肠道菌群的影响力能够穿过我们的血脑屏障，帮助我们保持思维敏捷、精力充沛、心情愉悦。相反，肠道菌群的破坏与阿尔茨海默病、帕金森病、偏头痛、慢性疲劳、自闭症及多动症有关。

因为肠道是神经递质的大本营，我们可以看到，当肠道出现问题时，诸如抑郁和焦虑这样的心理状况也会随之出现（表1-5）。这一现象我每天都会在诊所里看到，例如，肠易激综合征和抑郁、焦虑之间就存在着大量的重叠。然而很长一段时间里，我们都错误地引导了那些病患。我们那时并不知道他们焦虑或情绪剧烈变化的根源竟是肠胃问题。现在问题已经很明确了，如果我们的肠道细菌改变或受损时，我们的血清素平衡也会随之改变，从而改变了情绪和肠道运动。最终的结果是肠易激综合征患者出现了焦虑问题。道格拉斯·德罗斯曼（Douglas Drossman）是我的导师之一，他花费多年去钻研这一重要连接关系。

表 1-5   与肠道菌群失调相关的神经精神性病症

疾病名称	
阿尔茨海默病	焦虑
帕金森病	抑郁
精神分裂症	自闭症
多动症	双相情感障碍
肌萎缩性脊髓侧索硬化症	偏头痛
慢性疲劳综合征	纤维肌痛症
不宁腿综合征	肝性脑病

其实，肠易激综合征患者的 5 亿肠道神经的功能也发生了改变。患者会因大多数觉察不到的触发因素而产生肠道不适、恶心或腹痛的反应，这就是所谓的"内脏高敏感性"。比方说，肠易激综合征患者通常自认为他们的肠道会比一般人产生更多的气，但实际上没有。他们的肠道的产气量与常人一致，但由于内脏的敏感性提高，他们才有了截然不同的反应。

我们的行为甚至也会被肠道影响。已有证据表明，肠道菌群控制着我们的食欲。你有没有去外地旅游三五天后，迫不及待想回家吃一口你最爱的菜的经历？这就是你肠道菌群的心声。实际上，肠道微生物可能通过控制人的饮食嗜好，来把它们的幸福和利益置于我们之上——有些肠道菌群想让我们吃糖和脂肪，这些对它们有益却对我们有害！以牺牲我们的健康为代价，它们的健康才得到了提升。你知道的，有些人非常爱吃巧克力（我缓缓举起手），而另一些人完全对它不感冒。我们发现，即使是吃一模一样的食谱，"巧克力党"尿液里的微生物代谢物也与"非巧克力党"完全不一样。这些微生物代谢物也许就是使你为巧克力疯狂的原因。这也引出了一个问题：难道我们仅仅是听从"霸王"细菌发号施令的僵尸？难道我们被肠道里的恶魔细菌控制了？哈哈哈！（想象一下大魔王的经典笑声。）

现在你大概瞪大了眼，觉得有点害怕了，但请记住，你是拥有自由意志的生灵。记住，是你选择了要吃哪种东西，这一选择最终会决定我们肠道菌群和身体健康与否。更重要的是，我们的味蕾和对食物的渴望是可以改变的。你可以训练你的肠道细菌，让它爱上对你健康有益的食物。后文提到的计划能让你彻底冲破藩篱，就像做了一场驱魔仪式一样，把肠道菌群里的捣蛋鬼替换成守护健康的小天使。

肠道菌群是这样改变基因游戏的

从 1953 年詹姆斯·沃森（James Watson）教授和弗朗西斯·克里克（Francis Crick）教授提出 DNA 结构以来，遗传学似乎是人类了解健康和疾病的关键。之后的几十年，经过来自 20 个机构的 1,000 名科学家的大量国际间的通力合作，人类基因组计划于 2000 年进入高潮，人类遗传密码第一次被破解。这从科学的角度上看，是非常重大的事件。

但期望越大，失望越大，这一突破并没给我们带来什么回报。你应该注意到了，自 2000 年以来，我们并没有解决所有的医学难题。为什么单靠遗传学并不能解决问题呢？通过研究同卵双胞胎我们发现，只有不到 20% 的疾病是与基因有关的。没错，有一些疾病是只要你有相关基因问题，你就一定会得这种病，比如囊性纤维化和唐氏综合征。但纵观所有已知的慢性疾病，超过 80% 的患病风险是由你所处的环境决定的。这说明我们还是有一线希望的。也许你有某种疾病的遗传易感性（每个人都有），但你并不是这些与生俱来的基因的受害者。我们的健康命运最终掌握在自己手里，而很大程度上是通过我们的饮食和生活方式去影响肠道菌群。

　　在 2001 年写给《科学》杂志的一封信里，朱利安·戴维斯（Julian Davies）教授提醒说，解码人类的基因组不足以弄清楚人体生物学，因为在人体内和体表有超过 1,000 种细菌，它们都深刻影响着人的生命。我们已经知道细菌的数量比人体细胞数还多，不如再往前走一步，一起聊聊遗传学吧。你的 DNA 有超过 99% 都来自微生物。没错，属于自己的基因还不到 1%！实际上，我们自身的基因组内部几乎都是一模一样的——高达 99.9% 都是一样的。但是不同人之间肠道菌群的差异性却高达 90%。

　　在现实情况中，对身体实施独裁统治的不是基因，反倒是我们的肠道微生物通过一种叫"表观遗传"的方式，对我们的基因表达施加极大影响。如果把肠道菌群想象成电灯开关，那么遗传密码就是墙里的电线。肠道菌群无法改变墙内的电线，但它可以控制电灯的开或关。仔细想想，肠道菌群的权力是不是还挺大的？

　　就拿乳糜泻的例子来解释表观遗传学吧。乳糜泻是一种免疫系统把麸质看作"敌人"来攻击的病症。麸质是小麦、大麦和黑麦中常见的蛋白质。每次乳糜泻患者摄入麸质，免疫系统都会猛烈攻击他们的肠道，引起炎症，并表现为腹泻、体重减轻和腹痛。如果乳糜泻患者继续摄入麸质，情况会恶化为小肠淋巴瘤，这几乎是致命的。

　　乳糜泻是一种基因导致的疾病。这意味着患者体内一定携带了导致乳糜泻的基因。如果你没有携带这种基因，你就不会得乳糜泻。大约有 35% 的美国人携带导致乳糜泻的基因，但只有 1% 的人会显现出这一病症。在过去的 50 年里，我们见证了乳糜泻的发生率出现了 500% 的涨幅。这该做何解释呢？在如此短的时间里，显然不可能是我们基因发生了改变。所以是什么决定着某一基因会表达出来呢？来自加拿大麦克马斯特大学的埃琳娜·贝尔杜（Elena Verdú）博士通过一系列很有说服力的研究发现，乳糜泻的发生必须满足三个条件：存在此种基因、摄入了麸质，以及肠道菌群的改变或破坏。

　　我们之前以为破译人类基因组就会带来医学大突破，这是因为我们过去认为，人类的健康是由基因组成决定的。大错特错！我们是一个超有机体，而我们的基因构成是由我们体内看不见的微生物决定的。这实际上是一件好事！与其担心我们无法改变那0.5%的DNA，不如通过饮食和生活方式来优化我们的肠道菌群，以享受它对我们体内超过99.5%的DNA和表观遗传所带来的积极影响。

是时候彻底改变你的健康状态了！

曾被众人忽视的粪便，现在是人体健康领域的明星四分卫了。大多数现代疾病都与肠道菌群被破坏有关，这一点确实让人不安。但请记住，我们不是被疾病折磨的无助的受害者。科学跟我们站在同一边，而且我们对肠道菌群已经了解甚多，也开始尝试利用它来造福我们自己，这是人类史上的第一次。在这本书里，我将用饮食和生活方式来帮助你重塑肠道菌群的平衡。你将见证你的消化、免疫系统、新陈代谢、激素水平、认知水平和基因表达进入更好的状态，你也会变成一个被微生物赋能的超人。

2

这个时代的我们，为什么越来越不健康？

现代生活方式在破坏我们的肠道和健康

当我第一次见到克里斯汀的时候，她好像被什么压垮了，皱着的眉间充满着忧虑。她是来找我看病的，希望我能帮她解决困扰她多年的慢性腹痛和腹泻，但当我问她详细情况时，她开始了一段冗长而枯燥的诉说，是有关其他忧心之事的陈述："B医生，我总是觉得不舒服，我超重、焦虑、抑郁。我有非常严重的偏头痛和季节性过敏，有时候甚至一年要服用三四次抗生素来治疗鼻窦炎。我近期还确诊了多囊卵巢综合征。"她深吸了一口气后说，"这个真的吓到我了"。她跟我说她服用过大量不同医生开具的药物，还说她觉得自己有麸质、豆类过敏，所以在执行原始人饮食法时把这两种食物划掉了。然而她的状态并没有变好，所以她打算尝试生酮饮食法，因为她有几个朋友试过且真的减了些体重。

克里斯汀需要一个真正能起作用的计划。她知道她需要解决肠道出现的问题，但试图用"避免引起症状的食物来彻底消除症状"的这种方法对她根本不起作用。多位专家告诉她，麸质、谷粒、植酸钠、凝集素、碳水化合物这些"每日特色菜"对她来说是有毒的。从那之后克里斯汀开始怀念简简单单享受一顿饭的滋味了。她就想吃她爱吃的食物，不受剂量，也不受种类的限制，不用再逃离食物恶魔的魔爪。有个好消息要告诉克里斯汀和正在读本书的人——我非常清楚治愈你的肠道的方法。

健康状况日益恶化的现代人

像克里斯汀这样的患者，在我的肠胃诊所是非常常见的。每天我都会遇到与她有着相似复杂医学问题的人，有些人年纪还很小，他们因为消化问题来我的诊所看病，像肠易激综合征、胃酸反流、慢性腹泻、腹痛、嗳气或便秘，通常还被几种问题同时困扰。更令人惊讶的是，许多人还同时患有免疫介导性失调疾病，如 1 型糖尿病、乳糜泻、多发性硬化、克罗恩病、溃疡性结肠炎、类风湿性关节炎，而且还通常要应对抑郁、焦虑、激素失衡和体重增加的问题。

统计数据证明，不仅仅在我的诊所，全世界都是如此。从整体层面上看，我们的国民变得比人类历史上其他时期的人更胖、更容易生病、更依赖药物了。超过 72% 的美国人是超重的，也就是说 4 个人里大约有 3 个超重；40% 的人的腰间和臀部囤积了 13.6 千克甚至更多赘肉。美国人的平均寿命已经连续 3 年下降，这还是 100 多年来的第一次。上一次出现这个情况是 1915—1918 年，美国当时深陷第一次世界大战，再加上那场近代史上最严重的流感大流行，二者合力杀死了将近 100 万美国人。现在既没有全球化战争，也没有瘟疫肆虐横行，我们还能为自己找什么借口呢？

尽管我们在医学上取得了巨大进步，在医疗保健上比其他任何国家都投入了更多经费，但我们的预期寿命却反倒变短了。20 岁及以上的美国人里有60% 的人都在服用处方药。事实上，在过去 12 年里，服用 5 种及以上药物的人数比例翻了一倍。现代药物确实给了我们很有效的治疗方案（相信我，如果我生病了，我也会向我的同僚寻求帮助），但我们不能无视对特效药的狂热和对药物的过度依赖带来的负面影响。仅 2014 年就有将近 130 万美国人因药物的不良反应进过抢救室，有 12.4 万人因此丧命。

对我来说，这不仅仅是印在纸上的几个数字而已，我想对你来说也不是。这些数字背后是活生生的人——比如克里斯汀这样的人。他们需要的不仅仅是再做一次诊断，也不仅仅是再填一次诊断书，更不是再一次效仿基于伪科学的流行饮食减肥法。如果你也为消化问题、自身免疫性疾病、心理健康、心脏健康、激素失衡、体重增长、糖尿病或任何相关问题而苦恼，甚至苦于服药后出现的不良反应，别担心，我懂你。许多来我诊所的患者总是眼中带泪坐在我对面，他们非常痛苦，非常需要帮助。我胸腔里有一把火，我想找到治愈这些疾病的方法，而不仅仅是把出现问题的洞遮掩住。我们需要找出根源、扭转病情、防微杜渐。

预期寿命表现出的缩短趋势不是因为运气差，也不是纯属巧合。你知道吗？在十大死亡原因里（也就是缩短我们预期寿命的元凶），至少有七个都是生活方式造成的。按顺序排列，它们是：心脏病、癌症、慢性阻塞性肺病（COPD）、中风、阿尔茨海默病、糖尿病和肾病。这些疾病主要是由生活方式引起的，但我们完全忽视了生活方式其实也可以成为一种治疗方法，而把药物当作主要的治疗方式，这一点同时也是令人费解的。如果忽视问题的根源，我们就永远无法从根本上解决这个问题。

遗憾的是，制药业劫持了我们的医疗体系。大型制药公司在开展研究的同时也操控着研究，于是就出现了每 5 个成年美国人里有 3 个人在服用处方药的情况。美国每年开出 2.69 亿份抗生素、1.15 亿份质子泵抑制剂和 300 亿剂量的非甾体抗炎药（NSAID），如布洛芬和萘普生。与此同时，肥胖及其他所有由肥胖导致的健康问题，似乎正在成为一种新常态。

在很多方面，不正常的状态变得越来越常态化，如人体健康、饮食，甚至我们排便的次数等方面。

药物是治疗症状的。它可以支撑那些出现裂痕的地方，但无法预防裂痕的发生，也无法彻底根除原因。既然我们的健康在恶化，我们迫切需要"照料疾病",那么就别等到炸弹掉下来了才行动,我们需要用真正"照料健康"的方式——生活方式这一味药来预防健康问题。

当像克里斯汀这样有一长串症状的患者问我"为什么这一切会发生在我身上"时,我看到的不仅仅是他们咨询的消化系统问题,还有一张连接不同症状的网。我看到消化问题与体内多个系统纠缠在一起,如泌尿系统、内分泌系统、神经系统、免疫系统,甚至情绪。问题的答案绝不是不再吃麸质和豆类食物,也不是简单地再开一种治疗肠易激综合征的药,这些都仅仅能掩盖症状而已。答案就在一切问题的根源处——那个连接一切的肠道。

人类的发展导致了现代流行疾病越来越多?

在 19 世纪末,人类的平均预期寿命只有 47 岁,当时最主要的死亡原因是感染,诸如天花、霍乱、白喉、肺炎、伤寒症、肺结核、斑疹伤寒症和梅毒等传染病非常猖獗。比起传染病,心脏病和癌症在当时都算是小巫见大巫了。多亏路易斯·巴斯德(Louis Pasteur)的发现,我们终于搞明白在主流致死原因传染病的背后原来躲着细菌。因此,细菌也成了头号全民公敌,二号、三号敌人也是它。我们该怎么办呢?就如人类历史上每个阶段的人都会做的那样,我们试图为眼前的难题找到一个革新的解决方法。自人类进入 20 世纪,我们开始往饮用水里加氯消毒,研发疫苗,改善卫生,也开始制作金属罐和早期防腐剂。好消息是,这些是有用的:小儿麻痹症几乎灭绝了,包括天花在内的其他许多感染性疾病也在减少。1928 年亚历山大·弗莱明(Alexander Fleming)发现了青霉素,青霉素于 1945 年开始流通于市面上。因此,人类的预期寿命在接下来的几年里迅速延长。1969 年,美国卫生局局长威廉·斯图尔特(William Stewart)自信地向国会宣称是时候"合上传染病这本书"了。

任何好东西总是会被滥用。我们人类还总是在这条歧路上走得特别坚定。1928 年来苏尔的广告鼓励女性使用来苏水清洁剂进行个人清洁——没错,就是现在我们拿来刷马桶、洗地板的来苏水。二战后，我们生产出了合成除草剂、杀菌剂和杀虫剂。我们在水中加入了氟化物。我们发现抗生素和合成激素可以加速牲畜的生长，因此，我们开始大量给牲畜们使用这两样东西。我们开发出了抗菌性药皂、收敛剂和许多工业清洁用品。如果细菌是敌人的话，我们基本算是用核武器把它们炸了个屁滚尿流。毫无疑问，我们是这场战争的赢家。

接下来，心脏病和癌症一窝蜂地全来了。

◎ 食品添加剂、转基因食物与有机食物

这一时期，无论是好是坏，各个方面的技术都在发展。食物添加剂的数量仿佛坐上了火箭，激增至 10,000 多种，并且由于《公认安全使用物质法规》①（GRAS）的漏洞，这些食物添加剂中的绝大多数都没有进行过人体试验。记住 GRAS 这个缩写，我马上会再谈到它。此外，制药行业也爆发式发展，现在有超过 1,500 种药品得到了美国食物药品监督管理局（FDA）的批准，这也能解释为什么医学院里没有营养学培训，因为我们所有的时间都用来学药品及其用途和副作用了。塑料发明出来后被广泛使用，从食物贮存到牙线，从衣服到玩具，它的身影无处不在。但人们忽视了塑料里含有的双酚 A（BPA）具有类似雌激素的效果。我们发明出飞机、火车、汽车和摩托车，这大大减少了人的移动性。电视、电脑、智能手机和电子与游戏的发展让我们轻易放弃了锻炼身体，也劫持了我们的大脑和睡眠周期。既然看一部电影只需 90 分钟，谁还会去看书？既然可以在电子游戏里玩转各种起重姿势，谁还会去真正建造起一座堡垒？既然推特能刷一晚上，谁还会在太阳落山时进入梦乡？

1994 年，转基因生物首次出现在商场里。现如今，在全世界范围内种植的所有转基因作物中，有超过 80% 都被编辑成了具有除草剂耐性的基因。这

---

① 美国食物药品监督管理局评价食物添加剂安全性指标的法规。

意味着，在被喷洒了除草剂后，转基因作物还能活下来，而它周围的植物和其他生物会全部死亡。就拿转基因生物领域的主要开发者孟山都（Monsanto）公司举例吧，它改造出了一系列不受草甘膦除草剂影响的农作物，特别是大豆和玉米。美国畜牧业对大豆和玉米的需求量很高。通过基因工程，玉米、棉花和大豆的产量预计能激增20%~30%，这对转基因农业来说是不折不扣的福音。与此同时，自转基因生物首次出现以来，农达牌草甘膦等有毒除草剂的使用量已经增长了15倍。这对商人来说是利好，毕竟他们的底线就是提高利润。到了2015年3月，世界卫生组织把草甘膦除草剂定性为"可能对人类致癌"。近期的一个研究发现，在那些大量接触草甘膦的人里，非霍奇金淋巴瘤的发病率上升了41%。一项超过68,000名法国志愿者参与的队列研究也为这一关联提供了更多证据。研究发现，比起从不吃或很少吃有机食物的人来说，那些原本就吃有机食物的人患非霍奇金淋巴瘤和绝经后乳腺癌的可能性更小。

为什么我一有机会就买有机食物？

按定义来说，如果某种食物是有机的，那么它的基因就没有被修改过，也没有被草甘膦喷洒过。然而这并不是我买有机产品唯一的理由。我将其视为对我和家人的健康及对地球环境的一种投资。现代农业中使用的化学制品不仅仅影响了人类，还影响着土壤的健康。如果没有健康的土壤，就种不出营养丰富的食物。

人类健康始于这些泥土，我们需要保护这个珍贵的东西。你花出去的钱，就是某种形式的选票。你的选择能繁荣一个行业，而我选择为种植有机农作物的农民和可再生农业投票。

这些种植有机作物的农民跟医生一样是疗伤者。有他们在，我们才能使土壤肥沃、增加生物多样性、治愈大的生态系统（我们的星球）和小的生态系统（你的肠道）。让我们在他们身后集结，给予他们应得的支持。

◎ 生活方式决定微生物是健康的杀手还是帮手

让我们暂时后退一步，从人类进化这一广义语境来思考一下我们的现代生活。从第一个人类出现伊始，微生物就已经成了人类故事中的一部分。每个人的故事就是我们和我们体内微生物之间的故事。我们和微生物一起起起落落，一起进化。在这 300 万年的大部分时间里，我们都生活在一个容易挨饿、经历暴力，与自然做着斗争，只是为了活下去。过去，有很大一部分人在很小的年纪就死于感染、饥饿和身体伤害。但只有活得更久才有机会繁衍、延续人类这个物种。如果做不到的话，人类就会走向灭绝。微生物帮助我们的免疫系统成长为可对抗感染，帮助凝血因子的发育来阻止出血，帮助我们有效地从食物中获取和储存能量。举例来说，2 型糖尿患者表现出的胰岛素抵抗实际上是一种保护机制，这一机制在饥饿时为大脑提供能量。出于物种保护的原因，我们进化出了对盐、糖和脂肪的喜好，因为在饥荒中这些能提高生存率。因此，我们渐渐变得沉迷、渴望这些东西。

然而现在，常见的画面是一个普通的美国人终日躺在沙发上玩电子游戏、喝汽水、吃外卖送来的比萨。在短短的 100 年里，人类的生活习惯已经变得截然不同。我们待在室内，习惯久坐不动，痴迷电子产品，向一切东西（包括我们自己）喷洒化学制品，还享受着无限量的食物供给，助长着我们对盐、糖、脂肪的爱。而现在，让我们这个物种得以生存下去的炎症、凝血功能和能量储存，正是造成癌症、心血管疾病、肥胖和糖尿病的元凶。曾经帮助了我们这个物种的东西，如今成了我们的致命弱点[①]。

而此刻，就在我们说话的时候，我们的微生物正在持续进化着，以适应新的环境。考虑到它们在人体健康中担任重要角色，我们要么用破坏性的生活方式逼得它们迅速失控，要么让它们成为我们长寿和健康老去的"秘密武器"。我这本书就是想通过精心调整、优化你的肠道菌群的方式，帮你

---

① 这是指"拮抗性多效"假说，意思是说，在某种特定环境下有益的特性，到了其他情况下被证明是有害的。

免受 21 世纪生活方式的损害，以达到健康和长寿的目的。为了实现这一目标，我们需要对任何破坏肠道菌群的东西加以警惕。接下来让我们仔细探究一下我们放进嘴里、吞进肚里的东西（包括药品和食物），是如何影响我们的肠道健康的。

◎ 现代医疗保健药品带来的健康大麻烦

　　抗生素会杀死大批肠道菌群是我们意料之中的事。吃 5 天环丙沙星就能彻底摧毁肠道三分之一的细菌，并且你的肠道菌群从此再也不会跟从前一样了。大多数物种会在 4 周内恢复，但有些物种在 6 个月后依旧是缺席状态。至于克拉霉素和甲硝唑，在服药 4 年后它们对肠道的影响仍旧明显。使用 3 种广谱抗生素 4 天，就能永久摧毁 9 种有益菌。使用这些抗生素之后的结果就是产生了一种新的常态化的肠道微生物群，其中包含具有抗生素耐药性的微生物，这使得我们更易感染、过敏、骨质疏松和肥胖。相信你还记得抗生素和艰难梭菌感染带来的所有问题，直到我们开始使用粪便移植才得以解决这些问题。每年美国会开出 2.69 亿个抗生素处方，而近期一份研究显示，23% 的抗生素处方是完全不恰当的，另外有 36% 是有问题的，一想到这些数字就让人觉得忧心。

　　抗生素不是唯一一种正在带来麻烦的药物。一份研究显示，被测试的药物中有 24% 都会改变肠道细菌。举例来说，质子泵抑制剂增加了小肠细菌过度生长和艰难梭菌感染的风险。非甾体抗炎药（如布洛芬和萘普生）也会改变肠道菌群，破坏肠道内壁致使溃疡，还会增加患炎症性肠病和显微镜下结肠炎的可能性。口服避孕药与克罗恩病、溃疡性结肠炎的发生有关。老实说，这还仅仅是冰山一角。对许多其他药品我都持疑虑态度，但目前还尚无相关研究。

◎ 标准美国饮食正在谋杀你的肠道

药物的影响很大，但我们也不能忽视过去百年里最重要的一个变化——饮食。

根据美国农业部的预估数据，我们摄入的卡路里有 32% 来自动物性食物，57% 来自加工过的植物性食物，只有 11% 来自全谷物、豆类、水果、蔬菜和坚果。美国人每年人均吃掉 10.4 千克比萨、10.9 千克人工甜味剂、13.2 千克薯条和 14.1 千克奶酪。美国也是全世界肉类消费量最大的国家，每人每年大约消费 99.8 千克肉。印度人吃一次肉的工夫，美国人已经吃了 32 次了。但有一些时下流行的饮食方法还在试图让你更加坚定不移地追随这个趋势。这还不够，我们需要更多。

标准美国饮食（SAD）与丹·比特纳（Dan Buettner）描述的住在"蓝色区域"人的饮食方式形成了鲜明的对比。这些"蓝色区域"人的寿命比其他地方的人长多了。这 5 个"蓝色区域"是日本冲绳、意大利撒丁岛、哥斯达黎加尼科亚、希腊伊卡里亚岛和加利福尼亚的罗马琳达。等等，加利福尼亚？没错，美国的确生活着这样一群人，他们跟我们享用同样的医疗保险、同样的食物系统，却比大多数美国人平均多活十年。他们活到一百岁的可能性也高了 10 倍！这些人非常看重健康和自我护理。他们的例子充分证明了美国人也是可以变得健康。

也就是说，全世界有 5 个地缘上分散的区域，它们在文化上截然不同，却有着相同的饮食特征。这 5 个区域的人的饮食中至少有 90% 都是植物性的。他们非常看重时令水果、蔬菜、豆类、全谷物和坚果。牛乳不在他们的饮食列表里，肉也吃得非常节制，仅仅将其作为庆祝节日的食物、用作点缀或者给菜增味罢了。而标准美国饮食则恰恰相反，它一日三顿严重依赖加工食物、肉、乳制品、零食和甜品这些会重锤我们脆弱的肠道微生物的食物。它对我们造成了什么影响？让我们一起来分析藏在这些成分背后的科学道理。

糖和高度精制碳水化合物

美国每年人均摄入 69 千克糖和 54 千克谷物，而且大多数谷物都会经过高度精制以去掉纤维，这使得它们能被小肠迅速吸收而非缓慢消化。比如，白面包、大米、意大利面和含糖谷物，这些都不是健康的碳水化合物！这会导致肠道微生物多样性显著降低，以及喜欢简单碳水化合物的炎症细菌的大量增加。所以我们对糖的热爱到底来自哪里呢？

盐

加工食物里有满满当当的盐分。美国每年人均摄入的盐远超人体所需的量。任何东西过量都会带来影响，包括对肠道微生物群的影响，过量的盐分会通过诱导辅助性 T 细胞来驱动自身免疫性，而这会导致高血压。

化学防腐剂、添加剂和着色剂

在我们的食物供应中有 10,000 种可能会破坏肠道菌群的食物添加剂，这一数字让你觉得意外吗？许多食物添加剂都表现出了对肠道菌群的损坏，而且超过 99% 的食物添加剂都没被仔细研究过。例如，两种被广泛使用的乳化剂——羧甲基纤维素钠和聚山梨酯 -80，它们会降低微生物的多样性，诱发炎症，促使小鼠变肥胖，得结肠炎。在 900 多种食物中，被发现的二氧化钛（TiO）纳米粒子会导致肠道炎症加剧。

像二氧化钛这样的添加剂会顺着 GRAS 法规的漏洞进入我们的饮食中。它们"公认安全"地进入了我们的日常饮食。这点准确地表现出我们的管理机构对于能被添加进食物的化学物的标准是多么宽松。

有些人可能会反驳说，根据一些动物模型研究来看，如果在限定剂量内摄入这些化学制品，是安全的。我非常不认同这个观点。因为 GRAS 法规就是遵循着假定安全的前提，除非真的有证据证明情况是相反的。这真是一

个不甚严谨的假定，因为动物模型研究的结果常常无法适用于人类。10,000
种添加剂中的大部分都没有做过人体试验，更别说长期研究了。谁敢充满自
信地断言人类长期摄入这些添加剂是绝对安全的，谁就是在没有人体试验
背书的情况下下结论。在有关安全性的假设中我们可以犯 10,000 次错误，
但每错一次都会带来实实在在的伤害。与其抱着乐观的态度让这些东西
"公认安全"地进入我们的食物，我觉得在没有证据证实前，还是保持怀疑
态度为好。

人工甜味剂

"这些人工甜味剂真的太棒了！所有口味都有，还没有热量！"

——2013 年的 B 医生

"让这个垃圾离我远点！"

——现在的 B 医生

在无糖汽水饮料和无数其他食物里无处不在的人工甜味剂怎么样呢？它
们刚上市的时候我们觉得"它们零热量，肯定比糖好多了"，对吧？很多人的
直觉可能都是这样认为的，但事实是它们比糖更糟糕，因为它们能诱发肠道
菌群的改变，致使炎症、胰岛素抵抗和肝损伤。使用人工甜味剂实际上还会
降低你对糖的耐受性。

还有一件非常可怕的事情，还记得第 1 章里我提到的在近 20 年激增的
艰难梭菌感染吗？艰难梭菌在 21 世纪早期时非常罕见，人们只在服用了抗生
素的住院患者身上见过。仅仅 10 年之后，我们就见证了每年 50 万例感染和
3 万例死亡，其中甚至还有从没进过医院或近期没用过抗生素的大学生。抗生
素不起作用了，因此，我们绝望地向人体排泄物寻求帮助，将其用作药物来
救我们的小命。但这一略显荒诞的事情需要有个合理的解释，对吧？有一种
你从未听过的叫海藻糖的食物添加剂，分别于 2000 年、2001 年和 2005 年被

批准进入美国、欧洲和加拿大的食物供应里。海藻糖是食物工业非常喜欢的一种甜味剂，因为它能改善食物的稳定性和质地。意大利面、冰淇淋甚至牛肉里都被添加了这一成分。你可以在亚马逊网站上论千克买到它，然后加到咖啡里。但 2018 年《自然》杂志的一篇论文显示：海藻糖在动物模型中会促进恶性艰难梭菌毒株的增长；海藻糖获准进入食物供应的时间与世界范围内艰难梭菌感染大流行的出现时间一致。我们花了 18 年时间才找出问题所在，那么，海藻糖会因为这些安全隐患而被撤市吗？不幸的是，答案是否定的。"所有你看到的都只是关联而已，并没有证据证明它真的对人体造成了伤害。"看出来了吗？想要把已有的 10,000 种已经被 GRAS 承认的食物添加剂剔除出去，真的太难了。

合上加工食物这本书

加工食物的原材料在最初的自然状态下是很健康的，但经过了人工处理后，越是加工得多，它的营养价值就越少。到了某个临界点，原本健康的食物还可能变成毒药。

如果回看 100 年前，加工食物甚至都不在我们的日常饮食里。花点时间想想这个逻辑：我们一边吃下大量人造化学制品，一边抱着不切实际的幻想，期待我们的肠道菌群能帮我们处理和消灭它们，不对身体造成任何伤害。令人震惊的是，我们还没有因人工化学制品死去。即使在有大规模细菌灭绝的风险下，肠道菌群依旧充分证明了它的适应能力。

超加工食物的摄入量每上升 10%，致癌风险至少会提升 10%，早逝风险也提高 14%，这一关联的出现并不让人感觉意外。那么当你吃的超加工食物达到美国的消耗量水平——50% 或 60%，会发生什么呢？

我并不认为每一种食物添加剂从长远来看都是有害的，但我们目前不知道哪种是无害的，也可能永远找不出答案。只有一种万无一失的方法可以保护自己不受饮食中潜在危害影响的方式——不吃它们！

不健康脂肪

不是所有的脂肪都是不健康的，但很不幸的是，大多数出现在美国人饮食里的脂肪都是不健康的。一次次的动物模型研究也显示，高脂肪饮食会导致肠道菌群进入不健康的状态，削弱肠道的屏障功能，并导致细菌内毒素的释放。细菌内毒素与自身免疫性疾病、肥胖、冠心病、充血性心力衰竭、2型糖尿病、阿尔茨海默病、酒精性肝炎、非酒精性脂肪性肝病、骨关节炎，甚至男性睾酮低都有关系，这就是我们在第1章里提到过的肠道菌群失衡模型。

动物模型中的这些发现能适用于人类吗？答案是肯定的。在近期一项基于人类的试验中，每个试验对象的膳食纤维摄入量保持不变，饮食中的脂肪含量则有20%、30%或40%的区别。6个月后，在高脂饮食的人群中，他们的肠道渐渐转成炎症状态，还表现出更明显的系统性炎症。摄入脂肪含量越高，问题就越多。

那么哪些脂肪是好的，哪些是坏的呢？以上研究使用的是经部分氢化的植物油，反式脂肪酸含量较高。其他反式脂肪酸的来源有烘焙食物、油炸食物、灌装饼干、植脂末和人造黄油。"反式脂肪酸不健康"这一观点已经是全球共识了。所以记得要检查一下食物标签上有没有反式脂肪酸，如果有，千万别买！

主要存在于植物性食物中的单不饱和脂肪酸和多不饱和脂肪酸则被广泛认为是健康的！肠道菌群研究也证实了这一点：油酸（存在于橄榄油里的一种单不饱和脂肪酸）和ω-3脂肪酸（一种多不饱和脂肪酸）促进了肠道有益微生物的生长，校准了肠道菌群失衡，还减轻了细菌内毒素的释放，甚至还增加了肠道微生物的多样性。这些脂肪实际上可以保护肠道菌群。

接下来是多存在于动物性食物和热带植物油（如椰子油和棕榈油）中的饱和脂肪酸。心脏病学专家一直在大声疾呼，"控诉"饱和脂肪酸会导致肥胖、心脏病和糖尿病。低碳水化合物饮食者对此并不赞同，《时代周刊》还说："黄油可以归属到健康饮食的范畴"①。肠道菌群会对饱和脂肪酸有怎样的反应呢？饱和脂肪酸对肠道微生物群造成的影响始终如一，它会刺激促炎症微生物的生长，如沃氏嗜胆菌，还会改变肠道通透性，导致细菌内毒素的释放。也就是说，饱和脂肪酸会导致肠道菌群失调，甚至还会扰乱我们正常的生物节律，导致肥胖。如果你关心自己肠道菌群的健康，那么就别呼吁黄油回归，在追随往咖啡里加酥油和椰子油的风潮前，记得三思而后行。

动物蛋白

"那你是从哪摄取蛋白质呢？"在和患者讨论植物性饮食时，我经常被问到这个问题。我们都知道蛋白质是营养成分中最重要的部分。我们对蛋白质的痴迷推动了全球最多的肉类消费。但有意思的是，"从哪儿获取蛋白质"这个问题对肠道健康而言至关重要。

来自植物和动物的蛋白质，会对肠道菌群产生不一样的影响。比方说，植物蛋白能促使抗炎症细菌双歧杆菌和乳酸菌的生长，同时抑制坏菌，如脆弱拟杆菌和产气荚膜梭菌，最终能达到把肠漏症给纠正回来的效果。

高动物蛋白的饮食方式一直都与促炎症微生物的增加有关联，如沃氏嗜胆菌、别样杆菌属和拟杆菌属。这些细菌会产生胺、硫化物和次级胆汁盐等毒素。胺会导致食物敏感性提升，当烤肉被烤焦后，胺会转化为致癌的杂环胺；硫化氢与溃疡性结肠炎有关；次级胆汁盐则与结肠癌、食管癌、胃癌、小肠癌、肝癌、胰腺癌和胆管癌有关。毫无意外的是，摄入动物蛋白会导致肠道通透性和炎症的增加。

动物蛋白和氧化三甲胺之间的关联，也重新定义了我们对美国头号杀手心血管疾病的理解。当我们摄入左旋肉碱（主要来源于红肉、一些能量饮料

---

① 《时代周刊》网站发布的一篇名为《吃黄油的正当理由越来越多了》(The Case for Eating Butter Just Got Stronger) 的文章说黄油被污名化了，食用黄油并未证实与更高的心脏病致病风险相关，甚至还可能发挥预防 2 型糖尿病的作用。

和补充剂）或某些胆碱（主要来源于红肉、肝脏、蛋黄和乳制品）时，肠道细菌会产生氧化三甲胺。氧化三甲胺的增加意味着患心脏病、中风、阿尔茨海默病、2 型糖尿病、慢性肾病、外周动脉疾病、充血性心力衰竭和心房颤动等疾病的风险提升。不健康的食物会喂养不健康的微生物，并产生不健康的化合物。只有用健康食物来取代不健康食物，才能打破这个恶性循环。

好消息是，植物性饮食能促进那些压根不知道如何产生氧化三甲胺的肠道菌群生长。研究显示，不吃红肉 4 周后，人体的氧化三甲胺的水平会显著下降。这就解释了为什么在生活方式与心脏病的关联试验中，迪恩·奥尼什（Dean Ornish）能通过低脂素食、戒烟、压力管理和适度训练，帮助患者逆转冠心病的病情。与此同时，实验对照组的情况则变得越来越差。

有趣的是，多多摄入动物蛋白短期能让体重减轻，但长期来看则会导致肠道菌群的改变，而这有损肠道健康。我觉得现在是时候谈一谈这些通过控制肉类摄入量来减肥的流行食疗法了。

流行饮食法

我先声明一点，我并没有瞧不起那些追随流行饮食法的人。实际上，我还想为他们点赞，点赞他们拥有为了健康而彻底改变饮食的勇气。但关键问题是，这些饮食方法对我们的肠道微生物有益吗？

先来聊聊原始人饮食法吧，它是现在最流行、最常被推荐的饮食方法。它提出的概念是我们应该吃得像我们的祖先一样，因为现代农业与我们祖先时期的不一样了。这意味着肉、蛋、蔬菜、水果、坚果和种子能放进食谱里，而乳制品、糖、谷物、豆类、加工油、盐、酒精和咖啡都不行。这里面有些食物我喜欢吃，有些我不爱吃。

但谁在乎我怎么想呢？看看科学怎么说吧。近期一份研究显示，长期采用原始人饮食法与氧化三甲胺水平的显著提高、罗氏菌属（可预防炎症性肠病）的减少、双歧杆菌（可预防肠易激和肥胖）的减少及产生氧化三甲胺的菌属（Hungatella）的增加有关。换句话说，原始人饮食法会让肠道菌群从健康状态，转变为疾病状态。虽然该研究里的所有组别都摄入相同量的肉，他们体内的氧化三甲胺水平却表现出了非常大的差异，其中尤以严格遵循原始人饮食法的人群最高。不吃全谷类食物是造成 Hungatella 增加和氧化三甲胺水平升高的主要原因，这意味着坚决不吃某种食物会有意料之外的严重结果。

有人想猜猜更为严格的生酮饮食会对肠道菌群带来什么影响吗？在一个由劳伦斯·大卫（Lawrence David）教授和彼得·特恩博（Peter Turnbaugh）教授做的开创性研究里，实验对象们执行着"植物性饮食"和"动物性饮食"的循环，前者多由谷物、豆类、水果和蔬菜组成，后者则由肉、蛋和奶酪组成。这种"动物性饮食"也被称为"生酮饮食"，也就是吃含极度低碳水化合物和极度高脂肪的食物，它也被称为"纯肉饮食"——100% 动物产品，0%植物性食物。

实验发生了什么？在不到 24 小时的时间里，实验参与者的肠道菌群就发生了显著变化。完全不需要多久就能观察到这种变化：动物性饮食法导致了促炎症细菌的出现，如沃氏嗜胆菌、腐败别样杆菌和拟杆菌属。一般摄入大量饱和脂肪酸和动物蛋白的结果就是这样。记住，这些正是会产生胺、硫化物和次级胆汁盐等内毒素的细菌。与此同时，罗氏菌属、直肠真杆菌和普氏栖粪杆菌等治愈性微生物却经历着饥饿和衰退。与原始人饮食法带来的结果相似，生酮饮食践行者的肠道菌群也从健康态向不好的方向转变。也许最让人不安的就是沃氏嗜胆菌的迅速出现，它会制造出硫化氢，而硫化氢会导致炎症性肠病。值得警惕的是，在使用这一饮食法不到 5 天的时间里，患克罗恩病和溃疡性结肠炎的"地基"就被打好了。

但这些低碳水化合物、高脂肪的饮食方法确实帮人们减轻了体重，对吗？朋友们，你必须知道的一点是，通过这种方式你确实可以减肥，从外形上看似乎变得更好了，但实际上你的身体内部情况却在恶化。这也就是短期收益和长期痛苦的关系。你知道健美运动员的平均寿命是多长吗？只有47岁。减轻体重并不能总是带来更健康的身体。

3

藉藉无名的健康制胜法宝——短链脂肪酸

我们的肠道太需要膳食纤维了

为了重建肠道菌群的秩序并使其保持最好的状态，我们应该做些什么呢？如果想要挽救肠道，让它扭转颓势或预防疾病，我们应该从哪儿入手呢？是要找益生菌帮忙，还是骨头汤？

如果你坐在我对面，我会直接亮出我的秘密武器——膳食纤维。我知道你会想什么，"膳食纤维？认真的吗？膳食纤维应该是这个星球上最无聊的一种东西了吧"，或者"你是指我奶奶每天早上为了顺利排便而泡在水杯里的那些恶心的白色粉末吗？"

对此我只能说："说得没错。"纤维之所以名声不太好，一定程度上得怪这些无味的纤维补充剂。就在不久之前，我们还完全没意识到膳食纤维对肠道菌群是多么有益，这也是事实。因为你对它有先入为主的观念，所以我很难让它听起来能酷炫一点。曾经有那么一段时间，饮食方法都是围绕蛋白质做文章，而最近的都是围绕脂肪。没人讨论无聊、过时的膳食纤维。我现在就是想告诉你，膳食纤维是第一个，同时也可能是最强有力的，能帮你恢复肠道菌群健康和整体健康的解决方法。

但为了让这个方案奏效，我需要你先把自认为了解的东西都忘掉。我们现在讨论的"膳食纤维"，并不是你过去以为的那个纤维。是时候来一次重新启动、复兴和重塑了。是时候停止把纤维与香草、无聊等词汇联系到一起了，要以一种全新的眼光去认识它了。纤维比你曾经以为的要丰富太多。朋友们，膳食纤维真的值得你去好好了解。如果到了本节结尾你下意识地把它叫成了"FIRE（火）"，我一点都不惊讶。其实我写整本书的过程都在遏制这种冲动，但如果我们私下见了面，我希望你在跟我握手时能对上那个暗号——"膳食纤维就是火"。

97%的人实际上摄入了过多的蛋白质，但我们还是会不停地问："我该从哪儿获取蛋白质？"我们生活在一个病态般迷恋蛋白质的国家。但与此同时，我们却严重缺乏膳食纤维。"严重缺乏？"你可能会反问道，"在我们国家？在这个几乎四分之三的人都超重的国家？"答案是肯定的。你的肠道已经对膳食纤维"如饥似渴"了。想象你的肠道是一个干涸、历经浩劫的荒芜之地，只有一团孤独的风滚草滚过。那一团风滚草就代表着膳食纤维！只有不到3%的美国人达到了每日膳食纤维推荐摄入量的最小值。也就是说，97%的美国人的膳食纤维每日摄入量都没有达到推荐值的下限，更别说达到理想摄入量了。在所有必需营养素里，也许膳食纤维是人体普遍最缺乏的那个了。然而我们根本没关注过它，似乎无人在意。对蛋白质的迷恋可以到此为止了，是时候把注意力转到这个至关重要的问题了——我该从哪儿获取膳食纤维？

是时候重新了解膳食纤维了

让我们从这个问题开始：什么是膳食纤维？从本质上说，膳食纤维是植物细胞结构的一部分。植物对这一营养素拥有绝对垄断。所以，如果你想要获取膳食纤维，唯一一种天然的获取方式就是从植物入手！

从营养的角度来看，膳食纤维是碳水化合物——一种被称作"复合碳水化合物"的东西。如果把多个糖分子组合在一起，你就得到了膳食纤维。但这并不意味着它与糖有任何的相似，二者一点都不像。消化精制糖的过程是从口腔里开始的，大约 20 分钟后它就已经被小肠吸收了。但膳食纤维一直是以完好的状态从你的口腔、胃直至小肠的 4.5 米至 26.1 米经过，因此，当它抵达结肠的时候，它仍旧还保持着刚刚入口时的分子结构。

有关膳食纤维的谣言有二：一是，所有纤维都是一样的；二是，它从一端进去，又会像鱼雷一样从另一端发射出去。接下来让我们一起来深挖一下它。

你有碳水化合物恐惧症吗？

如果一看到"碳水化合物"这个词，你就会心跳加速、面色通红，那就是有碳水化合物恐惧症没跑儿了。别担心，这不是你的错。碳水化合物背负着太多负面传闻。它们一点儿都不入时，甚至还过时很久了。你总是会听到碳水化合物对人体无益的说法：它们会让你血糖飙升、食欲增加，如果想要减肥的话就得避免碳水化合物摄入。这是真的吗？看似答案是肯定的，但站在所有食物形态的高度来看，答案就不一样了。

没错，经过处理的精制碳水化合物，如蔗糖或高果糖玉米糖浆、白面包或白面，会让你的血糖飙升，带来食物成瘾、体重增加和持续饥饿的恶性循环。这是因为它们被剥离了膳食纤维。你在后文中会了解到，膳食纤维直接对平衡血糖、激发饱腹激素负责，因此，我们才知道什么时候该说"够了够了，吃不下了，谢谢"。

植物性食物里的复合非精制碳水化合物满是纤维、维生素和矿物质，与上面提到的恶性循环形成对比的是，复合碳水化合物可以降低血糖，甚至预防糖尿病、减轻体重和降低体重指数。

关键点在于我们不该基于宏量营养素或微量营养素，去对我们的食物做出预设，而应该站在食物这一整体的高度上来看。人们对碳水化合物的恐惧，其实是对加工食物里精制碳水化合物的恐惧，但这种恐惧却总是被错误地加在了全植物食物里的非精制碳水化合物上。说真的，水果作为非精制碳水化合物食物之一，它也挺冤的！

◎ 谣言一：所有的膳食纤维都是一样的

你过去接收的信息是"所有的膳食纤维都是一样的"，不管是在早餐谷物食物里、你奶奶喝的奶粉里，或是燕麦能量棒里，膳食纤维的形式都是可以互相转化的，所以你只需要算算摄入的克重就万事大吉。然而，你所知的这些信息错得离谱。

你吃进去的膳食纤维是从哪儿来的，这一点非常重要。谷物和早餐饼干里的纤维与藜麦里的膳食纤维可不一样。从概念上说，这与"来源不同的脂肪和蛋白质，对肠道菌群造成的影响也不同"有相似之处。如果只把摄入膳食纤维这件事理解为数数克重，以为吃下去的所有膳食纤维都一样，那显然把事实过分简单化了。在第 4 章里，我将告诉你获取膳食纤维的更好方式。

我们以前计算膳食纤维的克重主要出于两个理由：一是，这样算起来很简单，而我们天生喜欢干简单的事；二是，我们不知道自然界到底存在着多少种膳食纤维，分析膳食纤维的化学结构是件非常困难的事。我们这个星球上有 40 万种植物，其中有 30 万种是可食用的。自然界里存在着成千上万膳食纤维的种类，但我们没有足够的时间把它们全部分析明白。

考虑到分析膳食纤维的复杂性，我们将其简单地分为两种基础的类型：可溶性膳食纤维和不可溶性膳食纤维。把膳食纤维没入水里，就能判断了：如果它溶解了，就是可溶性膳食纤维；如果没有溶解于水，那就是不可溶性膳食纤维。后文中我会不定期地再提到可溶性膳食纤维和不可溶性膳食纤维的区别，你只需要知道，其实膳食纤维的种类非常庞大，而且大多数植物同时包含这两种。

◎ 谣言二：膳食纤维只是单纯地从人体内走了一遭

如果在网上搜索"膳食纤维"，你能查到它对人体健康的好处：它能改善腹泻和便秘、增加排便量，还能降低胆固醇、控制血糖。我们真的应该感谢膳食纤维能为人体健康带来这么多好处。但与此同时，我们却一直在廉价贩卖膳食纤维的好处。

过去，我们以为膳食纤维就是从口入，然后排出……（你懂的）当然这一路上它也会帮我们扫除掉一些东西。这个说法只能算部分正确，我们真的把这一复杂的营养素想得过分简单了。所以接下来，让我们一起仔细认识一下它。

人类自身缺乏处理膳食纤维的能力。糖苷水解酶能帮我们分解复合碳水化合物，但它们总共才17种！而且没有一种酶的初始用途是用作分解膳食纤维这种大分子的。换句话说，强大如我们人类也无法只靠我们自己来处理膳食纤维。

如果我们生活在一个密封的无菌罩里，那我们就永远见识不到膳食纤维的真正实力。好在我们的老朋友向我们伸出了援手。猜猜你能在哪儿找到大量处理膳食纤维和复合碳水化合物的酶？没错，就在我们的肠道菌群里。与那严重不够的17种酶相比，我们的肠道菌群里有多达6万种能帮上忙的酶。

"我们的肠道菌群容纳了大量消化酶"，这一事实非常有意义。特别是联想到自然界有30万种可食用的植物，我们的饮食中也有成千上万种膳食纤维。通过把消化分解膳食纤维这件事"外包"给肠道微生物，我们得以充分对它们的适应性加以利用。每一种植物、每一种膳食纤维都需要某一特定微生物组成的团队，齐心协力来分解它们，这是份劳神费力的工作。但接下来发生的更像是一场魔术。由肠道细菌完成的膳食纤维分解，释放出了我认为自然界里最治愈的营养素（此处应有击鼓声）——短链脂肪酸（SCFA）。

疾病的克星——短链脂肪酸

我们之前已经知道了什么是有益菌。这些强有力的微生物是怎样完成自己的工作的呢？有益菌拥有把特定种类的膳食纤维转化成有机物质（即短链脂肪酸）的能力。

短链脂肪酸有三种主要类型：醋酸盐、丙酸盐和丁酸盐。它们就像字面意思上说的那样：短链（意思就是由 2~6 个碳原子组成），并分别以醋酸盐、丙酸盐、丁酸盐化合物的形式连接在一起。这三种短链脂肪酸在我们体内以互补小组的形式工作着。为了能更好地了解它们，我们需要分别对它们进行研究。但研究是研究，现实生活是现实生活。在现实生活里，为了你的身体健康和平衡，这些分子注定是要一起工作的。

　　我们摄入的每一种膳食纤维在被有益菌处理后，都会产生不同的短链脂肪酸的混合物。但别总想着获取某种特定短链脂肪酸来对症解决特定问题或疾病，此处的关键点（你会在本章第 4 节看到所有相关知识）应该是从多种多样的植物中摄取多种多样的膳食纤维，以此来获得它们的所有益处。

与肠道健康息息相关的益生元、益生菌和后生元

　　在我们详细探讨短链脂肪酸之前，我还想解释一些概念。你肯定听说过"益生菌"，毕竟我们都看过那些酸奶广告。益生菌一直都非常流行，而且已经受欢迎很久了。但你听说过益生元和后生元吗？简单来说，益生菌是一种已经被证实对我们人类有益的活的细菌。而益生元能促进益生菌的生长，并诱导益生菌发挥作用，它们是益生菌的食物。后生元则是细菌代谢产生的一种健康的化合物。

　　换句话说：

　　益生菌 = 有益于身体的微生物

　　益生元 = 健康肠道微生物的食物

　　后生元 = 肠道微生物产生的化合物

　　再推导一下就是：

　　益生元 + 益生菌 = 后生元

Prebiotics（益生元）这个词直到 1995 年才出现，但现在已经渐渐成为了美国本土词汇的一部分。它被定义为，一种寄生的微生物有选择性地利用的基质，可用以提高人体健康水平。换句话说，微生物（益生菌）利用益生元（基质）来促进宿主健康，这一过程中产生了后生元。其实这就是"益生元 + 益生菌 = 后生元"公式的书面表达。

不是所有的膳食纤维都是益生元。大多数可溶性膳食纤维是益生元，而大部分不可溶性膳食纤维不是。我们经常说不可溶性膳食纤维是粗纤维。粗纤维是不会被我们的消化系统或肠道微生物影响、改变的，因此，它最终会从人体消化系统的末端排出。

但膳食纤维并不是唯一一种益生元。在燕麦、稻米、番茄和豆类等食物里发现的抗性淀粉从理论上说不是膳食纤维，但它各方面的表现却与可溶性膳食纤维存在相似之处。它也会完好无损地经过小肠，也会经肠道微生物完成发酵。人类的母乳里包含了一种叫作人乳低聚糖（HMO）的物质，它的功能很像可溶性膳食纤维，它会喂养宝宝还在生长发育中的肠道菌群。因此，如果我们想要获得后生元短链脂肪酸，那我们就应该想办法从饮食中获取可溶性膳食纤维这种益生元和抗性淀粉，并且用母乳喂养下一代。

所有信息都指明了短链脂肪酸对人体健康的重要性。它们是肠道健康的主导性驱动程序，并且对全身上下都有益处。

在膳食纤维以外的渠道获取另一种益生元

膳食纤维是获取益生元的可靠来源，同时，健康的益生元也存在于其他植物化合物中。许多植物，如可可豆、绿茶、红茶、石榴、苹果和蓝莓，都拥有治疗属性，这归因于它们包含的植物化学性多酚，这是一种复合抗氧化剂。90%~95% 的多酚在抵达结肠后会被我们的微生物转化，并被激活至促进人体健康的形态。相似的是，胡桃木里的 ω-3 脂肪酸也被证明是益生元。这太棒了！健康的脂肪！尽管多酚和ω-3脂肪酸不像膳食纤维那样能产生短链脂肪酸，但它们仍旧对我们的肠道微生物有影响，并且能释放出有益健康的化合物，也就是我们所说的后生元。

你的肠道菌群吃什么，你就是什么

现在让我们回到短链脂肪酸、肠道好菌及膳食纤维的话题。健康的细菌离了膳食纤维存活不下去。实际上已有研究表明，摄入膳食纤维能促进健康细菌的生长，比如乳酸杆菌、双歧杆菌和普氏菌属。多吃膳食纤维还能丰富肠道菌群的多样性。这些好处就是膳食纤维"够格儿"成为益生元的原因。膳食纤维的益生元效应，喂养并滋养着我们肠道里的健康微生物。你的肠道细菌因此得以从瘫软、疲惫的状态，转变成有活力、有能力的状态。

这些重新焕发活力的微生物在处理膳食纤维后会释放短链脂肪酸，以此来治疗结肠。第一步，短链脂肪酸会像它名字里说的那样，让整个结肠呈酸性。这一变化能防止促炎症细菌和致病菌成长、壮大。第二步，短链脂肪酸能直接抑制危险菌株，如大肠杆菌和沙门氏菌。从第1章我们已经知道，肠道菌群失衡的特征就是健康微生物和促炎症微生物之间失去平衡。

短链脂肪酸能压制促炎症微生物，起到恢复肠道微生物平衡的作用。

现在是时候为了追求更健康的肠道去营造一个良好势头了。有了膳食纤维负责喂养健康的微生物，微生物才得以不断繁殖。即使你摄入的膳食纤维总量保持不变，由于微生物的数量在增加，它们生产的短链脂肪酸也会不断增加。至此，你的肠道已经完成了生产短链脂肪酸的训练项目，整个过程也变得越来越高效。这些短链脂肪酸能够压制促炎症细菌，并给予有益细菌更多的决定性优势条件。这就是一种积极势头，即一旦我们有了越来越多能生产短链脂肪酸的有益肠道细菌，它就能不断地完成自我强化。但请记住，这里的关键仍旧是膳食纤维，因为以上描述的所有过程，都要依赖益生元纤维来驱动你的肠道菌群。

正如你所见，经常摄入膳食纤维不仅能培养肠道菌群处理膳食纤维的能力，还能因此产生更多有益的后生元！用运动术语来说这叫肌肉记忆。在实际生活中我们称其为实践。随便用哪种说法，我们的肠道微生物都是在兢兢业业地干实事。如果你的肠道菌群能定期接触到膳食纤维，它们就能让自己适应这种定期接触，变得越来越擅长为你提供短链脂肪酸。这能带来许多好处，接下来我会一一告诉你。

但这里有一个问题——从反面来看这个逻辑也成立：缺乏膳食纤维摄入的饮食会让你的肠道菌群失去提取膳食纤维的能力，还会降低产生后生元的能力。如果不多多练习，技能是会荒废掉的，对吧？只消短短两周低膳食纤维饮食，就会导致肠道菌群的改变，不健康的菌种会开始侵蚀肠道内壁，导致防护屏障的瓦解和对疾病的易感，这样的情况就不太妙。还记得我说过有97%的人连膳食纤维每日推荐摄入量的最小值都达不到吗？记得美国十大致死原因里的前6个都跟营养素有关，并且大多数又与肠道菌群失衡有关吗？你现在开始有点期待膳食纤维带来的那团火了对不对？

我很想详细阐述一下这个重点。你可以称其为营养学里的因果报应，做好事，你会得到回报。但并不是"你吃什么，你就是什么"，而是"你的肠道菌群吃什么，你就是什么"。你对食物的选择，会给肠道菌群留下影响，这些选择要么会训练肠道细菌让它具有保护你的能力，要么会纵容作恶者伤害你的健康。成也选择，败也选择。

短链脂肪酸还能做什么呢？它们还能修复结肠上皮细胞，也就是结肠的那层内壁细胞。也许你之前觉得膳食纤维无法被吸收，那么它是不提供任何热量的。不管你信不信，我们日常热量需求量的10%，其实来源于膳食纤维导出的短链脂肪酸。事实上，短链脂肪酸是我们结肠上皮细胞主要的热量来源，占比高达70%。结肠上皮似乎很喜欢以短链脂肪酸丁酸盐为食，因此大部分丁酸盐都会被结肠上皮吸收，以保证结肠健康。就像让一座曾经美丽，现在衰败的历史建筑重新找回往日辉煌一样，丁酸盐做的就是修复肠道内壁。

◎ 去吃膳食纤维，就现在

在第一节里我们谈到过肠道菌群失调，就是指肠道菌群失衡后导致的肠道通透性增加，而这又会导致有害的细菌内毒素的释放。肠壁本来是应该作为物理障碍，对那些进入血液的东西加以控制。毕竟，肠道内部是你身体里接触外界最多的地方了。肠屏障本该起保护作用，可一旦这堵墙出现孔洞，细菌、抗原和诸如细菌内毒素这样的有毒物质就会穿过肠壁，刺激免疫系统。当细胞结构中本应一个个相连的紧密连接蛋白遭到破坏的时候，肠道高渗透性（也有人叫它"肠漏症"）就会发生，由此导致细胞与细胞之间产生空隙。好消息是：短链脂肪酸这种丁酸盐能通过增加紧密连接蛋白的表达来修复肠漏症，并且它还被证实能减少细菌内毒素的释放。

由肠道高渗透性导致的炎症会影响肠壁的功能，包括它的神经和肌肉功能，这会引起腹泻或便秘、腹胀和腹痛。不幸的是，即使是短暂的肠道炎症和肠道高渗透性，也依旧会导致敏化作用和肠动力的改变，就算炎症治好了，这些影响也会继续存在。你也许还记得在第 1 章里提过的，肠易激综合征的特点是肠道动力的改变和内脏高敏感性的增加。短链脂肪酸已被证实能增加结肠运动，减轻内脏高敏感性。所以，如果你患有肠易激综合征，你可以试试这个。

朋友们，让我们再后退一步审视问题。我想告诉你的是，短链脂肪酸对肠道健康来说是一种非常重要的营养素。它们是人体结肠的主要能量来源，可以维持肠道菌群健康运行，还能修复肠漏症、减少细菌内毒素的释放、增加肠动力，并降低内脏高敏感性。再重申一遍：请花点时间完全理解这段话。我刚刚说的，就是治疗肠道菌群失衡的办法。我坚信肠道菌群失衡是大多数现代疾病的根源所在。短链脂肪酸能改善肠道菌群失衡，而这还只是它们能为健康带来的诸多好处之一。

如果你觉得调节肠道菌群失衡、确保健康肠道菌群运行、修复结肠和扭转肠漏症这些好处还不够多，短链脂肪酸这一超级英雄式的能量其实还能游走全身，施展它的治愈魔法。接下来让我们看看，短链脂肪酸在肠道之外究竟还拥有哪些让人印象深刻的能力。

免疫系统和炎症

人体免疫系统的 70% 分布在肠道内，就像一支小小的军队。当发生感染或出现癌细胞的时候，你的免疫系统就会承担起清除它们的责任。听起来容易，但实操起来并不简单。考虑到肠道里有多达 39 万亿微生物，人体内有多达 30 万亿人体细胞，而且宿主还在以每天 1.4 千克的进度进食，吃下去的大多数还是加工食物。综合这些难点来看，对免疫系统来说，区分敌我真不是一件易事，简直是生命中不可承受之责任。但凡免疫系统出现一点点小小的混乱，就会导致大问题。若免疫系统反应过度，你就会出现过敏或自身免疫疾病。如果它未做出应有的反应，你有可能会被感染甚至得癌症。所以，怎样才能达到刚刚好的那个状态呢？

短链脂肪酸就是连接肠道菌群和免疫系统的那条路。通过它，肠道菌群和免疫系统才能交流。短链脂肪酸扮演着危机谈判员的角色，在免疫系统过热的时候让它恢复冷静。

肠道菌群失衡和细菌内毒素的释放会带来炎症，在你被感染或者受伤的时候，炎症并非是件坏事。但如果经常出现不必要的炎症，情况可就不太妙了。好在短链脂肪酸能同时解决肠道菌群失衡和细菌内毒素的释放两个问题，这无疑是解决所有炎症性疾病根源的良好开端。

除此之外，短链脂肪酸也已被证实能抑制三种炎症指标：核转录因子（NF-κB）、γ 干扰素（IFN-γ）和肿瘤坏死因子 - α（TNF-α）。我听别人说过一句这样的话："你的基因负责上膛，你的生活方式负责扣动扳机。"如果情况真是这样，那么短链脂肪酸所做的就是从你手中收缴这杆枪。短链脂肪酸能提高免疫细胞对肠道细菌的耐受度，还能减少肠道炎症的"制造者"。信不信由你，它们甚至能提高免疫细胞对你吃下去的食物的耐受度，有效防止食物过敏和食物敏感。短链脂肪酸还能直接与我们免疫系统里一个很重要的部分——调节性 T 细胞联系，你可以将其理解为一种"抑制器"，它可以让免疫系统平静下来避免反应过度，可以提高你自身细胞的耐受度，还能预防自身免疫性疾病的发生。我们很快会再详细聊回这个话题。

在对克罗恩患者（一种肠易激综合征的形式）的研究中，我们见识了由膳食纤维供能的短链脂肪酸在对抗炎症时展现的力量。克罗恩病意味着免疫系统会攻击肠道，导致炎症。它能影响消化道的任一组成部分，上至嘴唇，下至肛门。克罗恩病导致的炎症能严重到侵蚀肠壁、引起脓肿，甚至达到关联本不该出现在一起的两个部分的地步，后者就是我们所说的瘘管。可以说克罗恩病是一种很可怕的能致人虚弱的疾病，并且这种病症正在西方世界里变得越来越普遍。

让我们先来看看克罗恩病是怎样发生的，之后你就能明白短链脂肪酸是怎样发挥扭转乾坤的作用了。在克罗恩病患者身上，我们观察到细菌多样性的衰减，生产丁酸盐的微生物的减少（特别是普氏栖粪杆菌），以及致病菌的过度繁殖，特别是大肠杆菌。但这不是普通的大肠杆菌，而是一种毒性很强的类别，叫黏附侵袭性大肠杆菌。我现在把它的名字打出来都感觉不寒而栗，足以见得它的可怕程度。这种大肠杆菌表现得就像一个刚刚越狱出来的反社会者，像个喷火器似的疯狂释放促炎症蛋白质，而且它们的数量还在激增，这又进一步加剧了肠道菌群失衡和更多大肠杆菌的出现。肠道平衡被打破、有益菌势力的削弱、大肠杆菌的激增共同影响着细胞间的紧密连接，导致肠道通透性的增加。普拉梭菌的损耗殆尽和免疫系统不再耐受肠道菌群之间，存在着强关联，这种关联意味着免疫系统开始变得不受控制。与此同时，肠道屏障功能的缺席会使得大肠杆菌侵入肠壁，刺激免疫系统去攻击大肠杆菌。接下来会发生什么你应该也猜到了——炎症性肠病。

如你所见，当不好的状况在体内出现的时候，其背后是有一系列原因的。如果是在商业领域，我们会做一个根本原因分析，找出问题的源头并加以解决。极度缺乏膳食纤维摄入的肠道会是发生克罗恩病的根本原因吗？

答案是肯定的。从机理层次来说，短链脂肪酸与预防克罗恩病有关，因为短链脂肪酸能提高免疫细胞对肠道细菌的耐受度，帮助调节过度反应的免疫系统、修复肠漏症，并带来具有保护功能的细菌以守护肠道健康。近期一份研究对比了半素食高膳食纤维饮食法和杂食性饮食，研究了二者在帮助克罗恩病患者免受疾病的困扰和缓解病情上的表现。在这一前瞻性研究中，那些半素食主义饮食者表现出了 92% 的缓解率，而杂食者只有 33%。

如果高膳食纤维、植物性为主的饮食被证实对其他自身免疫性疾病、炎症性疾病有益会怎么样呢？事实的确如此，对人类来说，素食已经被反复证明能有效缓解类风湿性关节炎。举例来说，在一个随机对照试验里，有 41%吃素食的类风湿性关节炎患者表现出了临床的改善，而这一数字在"均衡"饮食的非素食者那里只有 3%。

因此，短链脂肪酸不仅能改善肠道菌群失衡和治愈肠漏症，它们还能在肠道菌群和免疫系统之间搭建起强有力的桥梁，让免疫系统正常运转。有了短链脂肪酸恰到好处地供能，免疫系统就能自信且高效地完成工作了。如果没有短链脂肪酸，免疫系统会变得不稳定、混乱、多疑和虚弱。换句话说，免疫系统依赖于肠道细菌来确保短链脂肪酸的持续供给。肠道细菌则依赖着你来提供"纤维燃料"，毕竟以纤维为基础才能生产短链脂肪酸。所以说，这些肠道细菌并非被动地从人体走了一遭，而是在我们的人体健康里扮演着非常积极、主要的角色。

癌症

我们已经知道了短链脂肪酸能改善肠道菌群失衡、肠漏症，减少细菌内毒素释放并优化免疫系统。这些影响为预防癌症打下了良好的基础。从第一节里我们得知，肠道菌群失衡与多种癌症有关：结直肠癌、胃癌、食管癌、胰腺癌、喉癌、胆囊癌，甚至乳腺癌。短链脂肪酸除了治疗肠道疾病之外，能帮我们对抗癌症吗？

首先搞清一个基础前提：癌症的发展离不开不受约束的细胞增殖和生长。为了做到这一点，恶性肿瘤细胞里的 DNA 会在分裂成两个细胞前，先自我复制一次。这一过程需要组蛋白去乙酰化酶（HDAC）的参与。所以，如果你能通过阻断组蛋白去乙酰化酶来切断 DNA 的复制过程，你就能有效地阻止癌症这趟暴走列车。

20 世纪 70 年代，我们知道了丁酸盐能抑制组蛋白去乙酰化酶，并能改变恶性肿瘤细胞的基因表达，因此，它能阻止癌症形成过程中的根源——无限制地增殖扩散。但一旦人体内出现了这些危险细胞后，仅仅减缓它们的生长是远远不够的。你需要的是立即阻止它们，阻止方式就是制造细胞凋亡或者细胞程序性死亡。听起来很暴力，但实际上这是细胞调控的一个正常部分，而且一点都不罕见。每天都有 500 亿~700 亿个细胞因整个有机体的利益而牺牲小我。短链脂肪酸通过消除那些会转变为癌症的细胞，来帮我们对抗癌症。

围绕"摄取高膳食纤维、植物性饮食的人，以及他们患癌风险降低"这一现象的研究证明了一件事，饮食上遵循的原则会对我们的实际生活产生影响。让我们直奔这个话题，从安德鲁·雷诺兹（Andrew Reynolds）教授发表于《柳叶刀》的一篇最具影响力、备受尊重的研究说起。他从 243 份前瞻性调查中获取了海量信息。这种规模在临床研究里是很少见的，与此同时他还把他的数据限制成了符合高质量研究的程度：前瞻性群组和介入随机试验。最后，全食物中的膳食纤维被证实能预防结直肠癌、乳腺癌和食管癌。而且对高膳食纤维的摄入量要求并不多——每天 25~29 克就行。在西方国家，人们的膳食纤维摄入量真的太少了，即使是高膳食纤维饮食人群的摄入量也是低于目标值的。

实验结果依旧显示，只要你扩大膳食纤维的摄入量，就能提升对结直肠癌和乳腺癌的防护力。

结肠癌现如今是美国第二大致死癌症。排名第二！而且是在我们已经花了数十亿美元在结肠癌筛查项目的情况下。膳食纤维多次被证实能帮助我们远离结肠癌。例如，一份对 1,575 名患有非转移性结直肠癌患者的前瞻性研究中显示，那些摄入了更多膳食纤维的人能活得更久。膳食纤维摄入量每提高 5 克，死于结直肠癌的风险就会下降 18%，并且死于后几种癌症的风险下降 14%。

2017 年的一项大型荟萃分析、欧洲癌症和营养前瞻性研究调查牛津专项项目（EPIC-Oxford）等健康研究，得出了关于饮食和癌症风险的一致结论：以植物性和纤维为主的饮食能降低得癌症的风险。

心脏病、中风、糖尿病和减肥

短链脂肪酸和膳食纤维能为我们提供保护，让我们远离美国第二大致死原因癌症。那排名第一的心脏病和第五的中风呢？刊登于《柳叶刀》的那篇关于膳食纤维的大型荟萃分析中，雷诺兹教授和他的科研团队还发现，适量膳食纤维的摄取与更轻的体重、更低的 2 型糖尿病发病率、更低的总胆固醇水平和更低的收缩压有关。而这些正好就是与冠心病和中风相关的危险因素。

短链脂肪酸能通过协同作用影响多个组织，从而改善血糖调节。它们能帮人们预防葡萄糖耐受不良，改善胰腺的胰岛素反应，并抑制肝脏和外周组织里的脂肪酸增长。这并不是一个革命性的概念，早在 20 世纪 80 年代就已经有一些研究认为，可溶性膳食纤维可有效预防 2 型糖尿病。在现代研究中，如赵立平教授在《科学》上发表的文章对这一问题挖掘得更深了，文章说："采用高膳食纤维饮食法有利于那些可生成短链脂肪酸的肠道细菌的生长，而这些细菌能改善血糖调节功能。"

不仅仅是你吃了什么决定了患糖尿病风险的高低，还得看吃下去的东西对你的肠道菌群造成了什么影响。"第二餐效应"（原本被称为小扁豆效应）

的概念能解释这句话：如果你让两个人分别吃下同等热量的面包或小扁豆作为午餐，你将会在吃小扁豆的那个人身上看到更缓慢的血糖上升情况。这个结果一点儿都不意外。如果让这两个人晚餐都吃白面包，那个中午吃了小扁豆的人的血糖上升情况还是会更缓。明明晚餐吃得一样，却因为午餐吃得不同而有了差异化的结果。现在我们能理解为什么了，因为通过那顿午餐，被赋能的肠道菌群施展着短链脂肪酸魔法，来保护吃下晚餐的我们。给豆类食物加一分。

通过直接控制胆固醇形成过程中的关键酶，以及增加胆汁中胆固醇的排泄，短链脂肪酸得以实现有效降低胆固醇水平的作用。

更厉害的是，短链脂肪酸能直接激活脂肪细胞中的感受器，以减少脂肪酸的摄取，从而抑制脂肪的堆积。

这些机制都在帮你远离肥胖。除此之外，短链脂肪酸能促进饱腹激素的释放，后者可以适时告诉你什么时候不需要再进食，这是一种被严重低估的好处。它能让你感觉很精神并有饱足感，这样你就不会越界，就不需要运动裤、3小时小睡和功能饮料才能把这天拉回正轨（没有说运动裤不好的意思）。当你吃东西的时候，自然会遵循既定的方式，然后你就会在恰当的时候停止进食，整个过程既不用计算热量，也不会出现吃得过多的现象。一份随机交叉试验证实了这一概念，试验显示，吃植物性汉堡和豆腐的人比那些吃猪肉和芝士汉堡的人，体验到了更强的饱腹感，而且有更多的饱腹激素，即便这两种餐食的热量和宏量营养素都是一样的。一样的热量，一样的宏量营养素，但植物性饮食却能指向更好的食欲控制。非常令人震惊的结果，不是吗？

在那些有症状的冠心病患者体内，能产生丁酸盐的肠道菌群达到了枯竭水平。在动物模型中，短链脂肪酸被证实能预防充血性心力衰竭和高血压。近期又有发现表明，短链脂肪酸能通过维护肠道屏障功能和限制细菌内毒素释放，来预防动脉粥样硬化。如此一来，患上血管炎症的可能性也降低了。

近期一份针对充血性心力衰竭患者的研究发现，他们体内没有可生成短链脂肪酸的微生物，但可生成氧化三甲胺的微生物数量在增加。这些患者的血液里丁酸盐很少，而氧化三甲胺很多。现在我们终于能部分了解为什么植物性饮食对心脏有益了，因为短链脂肪酸就处在氧化三甲胺的对立面。

认知

就像一名罗马战士投掷出长矛一样，我们肠道里的超级英雄细菌也会释放短链脂肪酸，然后短链脂肪酸一路上行到达脑部。有意思的是，由于一种叫血脑屏障的防护墙，许多分子无法到达脑部，大多数分子会停在那里，就像被拦在纽约最顶级的私人俱乐部的 VIP 入口处一样（我当然不知道这情景是啥样了，我是一个书呆子，从来没去过那里，但至少我看了足够多集《明星伙伴》，装也能装出像去过一样）。所以想象一下这幅场景：当短链脂肪酸出现的时候，天鹅绒绳为它而撤下，好让它们能自由出入那个最顶级的俱乐部，也就是我们最宝贵的器官——大脑。

在天鹅绒绳的另一边，短链脂肪酸继续施展着它们的魔法。这个能扭转肠道菌群失衡、治愈肠漏症、强化肠道菌群、优化免疫系统、调节食欲和新陈代谢的化学物质，还能把肠道菌群和大脑功能连接在一起。其产生的影响仍旧是广泛而强有力的。

你知道有多少患肠漏症的人同时在抱怨着脑雾吗？你知道我们在围绕短链脂肪酸，讨论着它激活紧密连接蛋白以修复肠道高渗透性一事吗？短链脂肪酸的这一魔法，似乎能在血脑屏障上继续施展。

短链脂肪酸丁酸盐已经被证明在提高学习和记忆上具有深刻的影响。在阿尔茨海默病、重金属中毒、创伤性脑血管损伤，甚至神经系统感染（这个听起来有点吓人）的模型中，都得到过验证。我本人就能提供第一手的信息：自从我改变自己的饮食后，我的头脑变得更清晰了，而这对我来说是改变人生的一件事。要不是得益于它，我根本不可能写书。以前的我没有毅力、专注力和神经可塑性。

　　说到阿尔茨海默病，它的一个特点就是在患者大脑的神经细胞间隙会积累淀粉样蛋白斑。研究人员目前正在寻找治疗阿尔茨海默病的方法，以阻断淀粉样蛋白的生成。为了做这项研究，已经花费数百万甚至数十亿美元。在研究人员继续追寻答案的时候，我想告诉你的是，实验室研究表明，短链脂肪酸正好能妨碍这一淀粉样蛋白的形成。

　　实验室研究还显示，在帕金森病模型中，丁酸盐能起到保护大脑的作用。当你把这个结果与以人类为对象的研究做对比就很有意思了。研究中发现，帕金森病患者体内能生产短链脂肪酸的细菌数量较少，这一点并不出人意料，他们粪便里的短链脂肪酸也较少。帕金森病患者几乎都有消化问题，其中尤以便秘最为普遍。

　　吃高膳食纤维饮食的孩子也比吃低膳食纤维饮食的孩子拥有更好的认知控制能力（包括多任务处理、工作记忆和保持专注）。也许短链脂肪酸能改善多动症也说不定。比起让孩子吃利他林，我更愿意让他吃沙拉。

◎ 让膳食纤维回归饮食

　　贾斯汀·桑纳伯格（Justin Sonnenburg）教授在他的研究中对比了坦桑尼亚的哈扎人和美国人，以此展示了西化饮食导致的肠道菌群多样性的丧失。哈扎人是地球上仅存的最后一个狩猎、采集部落，他们能让我们窥见原始时代的人类生活和肠道菌群是什么样子的。他们每天的饮食都会摄入不少于100克膳食纤维，一年下来能吃掉超过600种植物。而美国人均每天仅摄入区区15克膳食纤维，饮食中也只包含50种甚至更少的植物种类。在肠道菌群上拉开的差距就更大了，哈扎人的肠道菌群多样性比普通美国人丰富40%，比普通英国人多30%。

　　想想非裔美国人，他们得结肠癌的概率比非洲农村地区的人高了65倍。整整65倍！有一项很有意思的研究：让一组非裔美国人和非洲原住民互换2

周饮食。让非洲当地人吃高脂肪、低膳食纤维饮食，而让非裔美国人吃高膳食纤维、低脂肪饮食。你猜发生了什么？

当非洲当地人开始采用我们的美国式饮食后，他们的短链脂肪酸丁酸盐水平出现了下降，而氧化三甲胺水平上升了。在非裔美国人身上则发生着正好相反的变化。"非洲化"饮食使他们的丁酸盐增长了 2.5 倍，而西化饮食直接让丁酸盐数量减半。还记得前文说过次级胆汁盐能引发结肠癌吗？典型的非洲饮食能减少 70% 结肠内的次级胆汁酸，而西化饮食会促使它们激增 400%。

还有一个能让人大开眼界的知识点。桑纳伯格教授所做的小鼠研究显示，西化饮食诱发的微生物多样性丧失，会持续好几代。如果你外婆在孩童时期有 1,200 种肠道细菌，但生你妈妈时只有 900 种了，那么你妈妈就只能获取900 种。接下来如果你妈妈也丧失了 300 种，那你的起始点就只有 600 种了，这基本上是你外婆孩童时代数量的一半。能起到防止代际性多样性损失的主要因素，正是恰当的益生元纤维摄取，也许这一实验结果已经无法让你感到意外了。诚然这只是一项动物实验，想在人体内实验一遍是不可能的，但还是有参考价值的。

◎ 科学告诉你，短链脂肪酸就是这么厉害

也许后生元短链脂肪酸的好处看起来有些太好了，以至于显得不真实，但科学不会撒谎。短链脂肪酸不仅仅是重要而已，而是对肠道健康至关重要。它们通过纠正肠道高渗透性和减少细菌内毒素，来应对肠道菌群失衡。它们喂养并赋能健康的肠道细菌，使后者能在其位，谋其职。它们游走全身，在人体健康中扮演着重要角色，并帮助人们预防美国最致命的疾病。以上这些足以让它们成为街谈巷议的话题，成为全国性大讨论的焦点所在。然而目前这个超级明星还处在籍籍无名的状态。是时候改变现状了。我想制造一场膳食纤维风潮。谁愿意加入？邀请你的朋友，带上你的家人。让我们大声且自豪地呼喊，让人们听到我们的声音。是时候让所有人都注满纤维燃料了。

PART II

[THE FIBER FUELED APPROACH]

膳食纤维——
健康驱动力

4

一定要时刻牢记的黄金饮食法则
每次进食都应将植物多样性牢记心间

既然我们已经知道膳食纤维能为健康提供极大益处，那么是时候计算每日膳食纤维摄入量，并开始吃早餐麦片、谷物棒和纤维粉了对不对？朋友，别这么急！

2017 年，我在芝加哥参加了一场拥挤得只有站票的讲座，我当时在第一排。那是美国消化疾病周，是全球最大的肠胃病学家、外科医生、营养学家和研究学者参加的会议，吸引了来自 150 个国家的近 2 万名"书呆子"（比如我）参加。我当时听了罗布·奈特（Rob Knight）教授的分享。在我看来，奈特教授就是肠道健康领域的神。他于 2012 年建立了美国肠道计划（American Gut Project），这是工业化世界里最大的且最具多样性的对肠道细菌和菌群的研究。基于这一美国肠道数据库无可比拟的数据支持，奈特教授在演讲台上介绍了那个最重要的菌群健康预测器。这一公开宣告是根据人类已有的最高质量信源推导而来的，所以必将重新定义我们对肠道健康的认知。他的发现有哪些呢？

那个最重要且唯一的肠道菌群健康预测器就是人们饮食里的植物多样性。

没错。不是纤维粉，也不是计算膳食纤维摄入量，而是你饮食里植物的多样性。更具体来说，他发现在一周内吃下多种植物最能预测肠道微生物的多样性。信不信由你，这可远比你把自己归类为"严格素食主义者""素食主义者"或"杂食者"要有用得多。理由是什么呢？一个"严格素食主义者"也可能吃着垃圾食物且摄入植物很少，而一个采用原始人饮食法的人也可能看重植物多样性，只需要适当地调整，它就能变成健康的饮食。所以这就回到了植物性饮食多样化的问题上。

如果你认真看了本书，我猜你接下来一点儿都不会感到惊讶。在第2章里我们提到了短短5天植物性饮食对肠道健康带来的巨大好处。在第3章里我们也看到了植物富含的膳食纤维对于肠道健康来说有多重要，特别是益生元纤维的重要性，因为它能被我们的益生菌肠道微生物转化成后生元短链脂肪酸。我们还知道在自然界有无数种膳食纤维，每一种植物都可以提供混合性纤维，因此需要多种微生物来出面进行处理。包含种类丰富的膳食纤维和抗性淀粉的饮食，才有利于肠道菌群的多样性，而多样性的肠道菌群反过来又是处理分解食物的必需品。在哈扎人身上已经得到证实的是，膳食纤维和植物多样性程度越高，肠道菌群的多样性也越丰富。为什么多样性如此重要呢？因为我们肠道微生物群的适应性，能让我们解锁短链脂肪酸的治愈力量。因此，我们需要一支微生物队伍来攫取所有益处。

奈特教授的美国肠道计划中还发现，在那些摄入了多种植物的人体内，负责生产短链脂肪酸的细菌也处于更好的形态。还记得第3章我们讨论了用膳食纤维来训练你的肠道吗？定期锻炼能强迫你的肌肉适应训练，并变得更强壮。与之相似的是，如果你愿意的话，你完全可以用膳食纤维来定期锻炼你的肠道，这可以增加膳食纤维新陈代谢的能力，增加能生成短链脂肪酸的细菌的数量，它们能为你高效提取短链脂肪酸，也就等于让你拥有一个适应力强且更强大的肠道。练得越多，就能做得越好，不是吗？此话放在你的肠道上同样适用。

我们从第 2 章了解到，我们肠道微生物的组成在很大程度上是由我们吃的食物决定的。对饮食的选择每分每秒都在影响着肠道微生物的起落兴亡。每一类植物都对应着某一群肠道微生物，当对应的食物出现的时候，肠道细菌就会繁荣蓬勃；当那种食物不在的时候，它们就会失去活力。因此，肠道菌群的多样性与饮食中植物多样性成正比一事，也就说得通了。吃更多种类的植物性 = 更强大、更健康的肠道菌群 = 更强大、更健康的你。

尽管我们的食物技术一直在快速进步，食物的可利用性也一直在提高，但我们饮食里的多样性却在直线下降。地球上大约有 40 万种植物种类，其中 30 万种可食用。但全球加一起，我们人类也才消费了 200 种植物。朋友们，这意味着我们才利用了 1/1500 可食用的植物。

仅仅是米饭、玉米和小麦这三种农作物就占到人类从植物中能获取的卡路里和蛋白质的 60%。对食物生产系统来说，投入到高产农作物的生产可比关注多样性简单多了。仅在 20 世纪，我们的农业实践中就放弃了 75% 的植物多样性，因为全球范围内的农民都被迫去种基因一致的、高产的品种。换句话说，我们的现代食物系统正在以牺牲营养素和生物多样性为代价，高效生产着卡路里。

这意味着，你饮食中的植物多样性是无法靠偶然发生来获得的。唯有当你把它当作你的核心膳食哲学，并避开我们的食物系统诱导你走的那条弯路，才能确保饮食中的植物多样性。好消息是，在接下来的内容里我会帮你扩大植物性饮食多样性，这样才不会辜负大自然的馈赠。

植物性饮食多样性是黄金法则

饮食里植物性饮食多样性实际上是非常强有力的，能改变生活和健康状况的一个因素，它理应成为我们吃东西时的黄金法则。执行这一法则，你能获得你爱吃食物的风味、香味和质地，以及能为你带来健康活力，而不是让你失去健康活力的食物。有能让你活得更久、看起来更棒和自我感觉更好的食物，也有能治愈和改善你肠道菌群状况的食物。我已经亲身体会到了，而且也见证了它在我的患者身上起效。

当你想办法尽量丰富饮食中的植物性食物时，就等于你做出了追求健康的选择，你选择了那些能提供营养和维持理想健康状况的食物，而不是选择那些会影响你的精力、暴击你的肠道菌群使其失衡的食物，更没有选择让疾病的根源就这样入侵。通过聚焦植物的多样性，你从食物中获取的营养变多了，从而可以扭转一些健康问题，甚至治好你根本没发现的疾病。通过对植物多样性的坚持，你的肠道会被持续供能，而且这一能量是有科学背书的，是对肠道健康起头号决定性作用的。通过对植物多样性的坚持，短链脂肪酸的治愈力量才得以游走全身。

我们把健康这件事弄得太复杂了，那长长的饮食禁忌列表、复杂的"脂肪∶蛋白质∶碳水"比例、排除饮食法、热量计算，甚至给食物称重，尽管我们遵循了这么多法则，依然没有变得更健康。这件事本就没有这么复杂，关键就是植物的多样性，仅此而已。你需要记住的就这么多，记住就搞定了，根本没有什么恼人的食物列表。如果你遵循这一黄金法则，它将会引导你走向健康。不管发生什么，它都是一条颠扑不破的真理。无论这个星球或者我们的生活方式发生了什么改变，健康的核心信条永远都是不变的。

听到"植物性饮食多样性"这个词，你也许会好奇："难道严格素食主义者（那些坚持只吃植物性蛋白质和豆类的人）不会出现营养不足吗？"人们对严格素食主义或植物性饮食的一大担心是，它们会漏掉许多关键性的微量营养素。但请放心，一份2014年的研究表明，严格素食主义饮食从营养的角度来看也是完整的。

这种饮食方法总能带来预期之外的效果，比如，它对治疗糖尿病有好处，与此同时也能治疗其他病症，甚至还包括那些暂时没发展成疾病的问题。多样性植物饮食这一黄金法则能同时展现治愈能力和预防作用。它真的非常强大。

如果你把它作为日常进食的核心理念，那么这一简单的法则将为你打开一个充满可能性的世界。不需要再计算卡路里，不需要吃没滋没味的减肥食物，也不需要限制食物分量。你可以想吃多少吃多少，而且与此同时还能保持理想的体重和健康的身体状态。我想再强调一遍，你可以想吃多少吃多少，并保持着理想体重和健康的身体状态。没错，我把话放在这儿了。我知道这听上去有点儿疯狂，因为它挑战了长久以来我们在健康和饮食方面的主流文化，但它确实是真实有用的。想想你可以无限制地吃这些对你的健康有好处的植物性食物，想想它们极其丰富的风味、质地和种类。想想都令人激动！

每一种植物都包含独特的治愈肠道的纤维混合物

- 大麦含有一种益生元纤维叫葡聚糖，它能促进健康微生物的生长，降低总胆固醇和低密度脂蛋白胆固醇，还能调节血糖。而且大麦富含硒，硒对甲状腺健康来说很重要，能有效预防自身免疫性甲状腺疾病。

- 燕麦也富含葡聚糖。除此之外，燕麦里还含有酚酸，它能额外提供抗氧化剂和抗炎症保护。

- 亚麻籽含有黏液，其中可溶性益生元纤维占20%~40%，有改善排便的功效。亚麻籽还能催促你的肠道细菌开足马力。我是真的很爱亚麻籽，后文我们会再谈到它。

- 麦麸是由阿糖基木聚糖寡糖组成的一种特殊类型的膳食纤维，它能使双歧杆菌等健康肠道微生物变得更强大，也能减轻消化性疾病的症状，如肠胃胀气和腹痛。它还有抗氧化和抗癌的功效。来自北卡罗来纳大学的贝尔福·萨尔托尔（Balfour Sartor）教授是我们这一代人里最伟大的科学家之一，当其他人在批评、看低小麦时，他多年来一直都在宣传麸的益处。麸就是保护籽的那层坚硬外皮，在食物加工中常常被剥去。所以如果你选择精制谷物或无麸质食物，那就享受不到这些好处了。在本节中我们会继续聊麸质。我想你应该也很好奇吧！

● 白马铃薯是获取抗性淀粉的绝佳来源。没错，白马铃薯。薯条和薯片显然是不健康的，但我体内那些有爱尔兰基因的微生物喜欢吃土豆泥。它们是获取益生元抗性淀粉的重要渠道！一项研究发现，白马铃薯比菊苣根里的菊粉更擅长提高短链脂肪酸的水平。这里有一个小贴士：如果你把白马铃薯放凉，放凉过程会产生更多的抗性淀粉。如果不断重复加热—放凉这一过程，产生的抗性淀粉也会越多。我这儿有剩下的土豆泥，谁想吃？

● 海藻！海藻的膳食纤维含量高达 50%~85%，且都是可溶性益生元。这也许能解释为什么在日本这种经常消费海藻的地方，会有这么多长寿老人。我会在第 8 章里再详细聊到海藻。它是纤维饮食方法的有益补充。

◎ "一天一个苹果，医生远离我"，科学吗？

每一种植物都能为你提供独特的营养素混合物：膳食纤维、植物蛋白、碳水化合物、健康脂肪、维生素、矿物质等。关于膳食纤维我们已经聊了许多，但植物化学物质（phytochemicals，"Phyto" 是一个前缀，意思是植物性的）的益处不该被忽视。植物化学物质是一类只能在植物性食物中找到的营养素，总量至少有 8,000 种，但对其中的大多数，我们都知之甚少。我们只对其中的 150 种做过研究。这些一个接一个的研究能证明同一件事，植物化学物质于我们人类有益。

让我来给你举个例子，人们常说："一天一个苹果，医生远离我"。这句古老的格言是真的吗？近期的研究能给你个斩钉截铁的回答："没错！"毫无疑问，苹果就是我们获取膳食纤维的一种很好的来源。一个中等大小的苹果含膳食纤维 4.4 克，其中⅔是不可溶性膳食纤维，⅓是可溶性膳食纤维。还有更多的惊喜！苹果还富含大量植物化学物质：槲皮素 -3- 半乳糖苷、槲皮素 -3- 葡萄糖苷、槲皮苷、儿茶素、表儿茶素、原花青素、矢车菊素半乳糖苷、香豆酸、绿原酸、没食子酸和根皮苷，这还仅仅只是其中一小部分。苹果的每个部分都有不同的植物化学物质的混合物，包括皮、果肉，甚至果核。

每一种植物化学物质都有着独特的治愈属性。比如，槲皮素能帮助人们免受肝癌和结肠癌、冠心病、2型糖尿病、哮喘和肝损伤的侵扰；儿茶素则有利于预防肝癌、冠心病、中风和慢性阻塞性肺病。

你知道苹果也富含益生菌吗？不如把药片放下，拿起苹果吧，因为一个苹果就包含多达1亿个细菌。植物也是有微生物的！跟人体内悄然发生着的故事一样，微生物也对苹果的健康以及从花到果的生长过程起到巨大作用。苹果的种类多样。实际上，有机苹果不仅有更丰富的微生物多样性，对人体健康有益的高阶微生物的数量也更多，比如益生菌乳酸杆菌。科学家们认为，植物的菌群和人类肠道菌群之间的交换，可能不仅对人体健康来说很重要，同时也成为了人体肠道细菌的重要来源。这也许就是"我们都是生命循环中的一部分"的又一佐证，宇宙间万物互联。

不是每一个苹果都一样。每一个品种都包含其独特的有益于健康的东西。但无论何种情况，膳食纤维、植物化学物质和微生物都会以某种形式为人类健康添砖加瓦。这也就解释了为什么苹果能降低得癌症、心脏病、哮喘和2型糖尿病的风险。

那我们应该每天狂吃超多的苹果吗？当然不了。苹果就是一扇窗，让你见微知著，想象水果和蔬菜会有多么大的魔力。我接下来分享的这个案例研究，将向你展示苹果的惊人功效。当然，每一种水果、蔬菜、全谷物、豆类、种子和坚果都蕴含独特的膳食纤维、植物化学物质和微生物的有益混合物。

许多植物的颜色都与植物化学物质脱不开干系。这也是为什么有种说法叫"吃下彩虹"（表4-1）。这就是"植物性饮食多样性"的绝密代码。

表 4-1　吃下彩虹的好处

颜色	植物	植物化学物质	好处
红色	西红柿、西瓜	番茄红素	提供抗氧化剂；预防前列腺癌
橙红色	胡萝卜、红薯、南瓜	β-胡萝卜素	对皮肤、免疫系统和眼睛有益
橙黄色	橙子、柠檬、桃子	柠檬苦素类似物、类黄酮	预防癌症和心脏病
绿色	菠菜、羽衣甘蓝	叶绿素、叶黄素	预防癌症，护眼
浅绿色	西兰花、球芽甘蓝、卷心菜、花菜	吲哚、异硫氰酸酯	强抗癌功能
白中透绿	大蒜、洋葱、小葱、芦笋	烯丙基硫醚	降低胆固醇和血压，减少胃癌和心脏病风险
蓝色	蓝莓、黑莓	花青素	提供抗氧化剂，改善记忆力，预防癌症
紫色	葡萄、李子	白藜芦醇	降低胆固醇，防止血液凝块
棕色	全谷类、豆类	膳食纤维	参见第三章

两种不同的植物还能发挥协同作用——就像自然界里的天作之合。例如：

• **西红柿和牛油果**：西红柿富含番茄红素，有助于减少患癌症和心血管疾病的风险。牛油果的健康脂肪能让番茄红素的生物利用率更高。为健康脂肪点赞！

• **一碗混合水果**：康奈尔大学的一份研究发现，多种水果的组合能带来更强的抗氧化活性。基于这一点，该研究的作者推荐：为了增加营养摄取和促进健康，人们应该从多样化的饮食中获取抗氧化剂。

• **羽衣甘蓝和柠檬**：羽衣甘蓝是铁元素的植物性来源，但这是一种非血红素铁，生物利用率低。虽然来源于动物性产品的血红素铁的生物利用率更高，但炎症性也更高，它与冠心病、结肠癌和2型糖尿病都有关联。而柠檬中的维生素C能促进铁元素的吸收，帮你从非诱导心脏病、结肠癌、糖尿病的来源（也就是植物性来源）中，获取你想要的东西。

- **姜黄和黑胡椒：** 姜黄里的活性成分是姜黄素，是一种强有力的抗炎症成分，对有关节痛的人来说有奇效。只需撒点黑胡椒在含有姜黄的咖喱上，你就能极大增加姜黄素的生物利用率。

想象你坐下来，一日三餐吃着自己爱吃的东西。你的碟子里满是色彩——鲜亮的绿色和红色，柔和的蓝色和紫色，以及阳光般的黄色和橙色。各种风味俱在——甜的、咸的、酸的、鲜的（非常可口）。它散发的气味简直好极了，让人不禁想起记忆中那些你曾做过的好吃的家常菜，你的胃因此开始变得暖暖的，忍不住流口水。食物的质地差别非常大，咀嚼口感从软嫩到耐嚼都有。你吃完后，整个人都舒坦了，不需要额外补充带咖啡因的食物来抵消宿醉的影响。你感觉自己元气满满，一身轻松，这是你最好的状态。单纯被食物的颜色、风味和质地吸引，而不是总想着遵守复杂规则或沿袭食物列表，这样自如地享受一顿美食是多么舒坦的一件事。

这就是我为你构想的生活，多姿又多彩，有趣又新鲜，毫不费力就能变得健康。植物性饮食多样性的对立面就是范围性食物限制。现在有种流行趋势是越来越强调对食物的严格限制，但这种方法根本没用，因为真正的解决方案应该是尽可能地追求丰富和充裕，而不是陷入极端匮乏。记住这一点，接下来我会带你了解饮食控制目标背后的科学知识，好让你知道，我们的生活里最好还是要有这些食物在。

要学会区分不好的精致谷物和有益的全谷物

许多人都被引导着相信全谷物的炎症性，它是现代农业的一种不健康产物，我讨厌这个想法。我们不该把全谷物和糖这样的精制谷物混为一谈，它们是截然不同的东西。全谷物是获取益生元纤维很好的来源，而且它绝对能被归到富含植物多样性的那一类食物里。如果你还持有怀疑态度的话，不妨让我来跟你分享一些研究结果。

一份基于 45 项研究的系统综述和荟萃分析发现，每日增加 2 片全谷物面包的摄入就能降低患冠心病、心血管疾病、癌症的风险，还能降低因各种原因，如呼吸疾病、传染病、糖尿病、非心血管疾病、非癌症而死亡的可能性。我是否已经说服你了？

如果不够，还有：

- 在关于护士健康研究和健康专业人员随访研究的荟萃分析中，研究人员发现，每天吃全谷物食物能降低 5% 的死亡风险，并降低 9% 死于心血管疾病的风险。

- 在另一份囊括了 25 万研究对象的荟萃分析里，那些摄入全谷物最多的人的中风风险，比摄入全谷物最少的人少 14%。

- 2011 年一份基于前瞻研究的荟萃分析发现，每天吃 3 份全谷物食物的人患结直肠癌的风险降低了 20%。摄入更多，患病风险就更小。

- 另一个基于 15 项研究和 12 万研究对象的荟萃分析发现，每天吃 3 份全谷物食物与降低身体质量指数、减少腹部脂肪正相关。

- 基于 16 份队列研究的系统综述和荟萃分析发现，每日吃不少于 3 份全谷物食物，患糖尿病的风险能降低约 33%！吃精制谷物可没这么多益处。事实上，亚分析发现全谷物面包、全谷物麦片、麦麸和糙米都是对身体有保护作用的，而精米则会增加患病风险。

如果不提全谷物食物会如何影响肠道微生物，这本关于肠道健康的书都写不下去。在随机对照试验中，在那些用全谷物食物取代精制谷物食物的试验对象体内，生产短链脂肪酸的细菌（如毛螺菌属）不断成长，带来了短链脂肪酸水平的升高和促炎性肠杆菌科的减少。研究人员还注意到了免疫系统的改善，并且毫无得肠道炎症之虞。换句话说，全谷物食物对肠道有益。你可能还记得本书第 2 章里提到的，长期遵守原始人饮食法会让肠道菌群越来越不健康，因为肠道内氧化三甲胺会越来越多，而短链脂肪酸会越来越少，该研究的作者将这一现象归因于饮食中缺乏全谷物食物。

炎症呢？全谷物食物会导致炎症吗？在一项随机对照交叉试验中，那些摄入了全谷物食物的人的炎性指标——C 反应蛋白下降了 21%；而那些不吃全谷物食物的人的炎性指标上升了 12%。一项为期 10 年的饮食模式研究发现，全谷物摄入这一模式在 37 种饮食组别中，具有最强的抗炎性效果。证据已经很明晰了：全谷物食物具有抗炎性效果。

当我们讨论碳水化合物的时候，记得要把不好的精制谷物与有益健康的全谷物区分开来。我们在第三节里说到，全谷物是一种获取膳食纤维的绝佳来源，它可以赋能肠道微生物，释放出帮我们对抗肥胖、心脏病、中风和 2型糖尿病的短链脂肪酸。全谷物没有致炎性，甚至还具备抗炎性。如果你想"妖魔化"碳水化合物，大可以炮轰精制谷物，放过能支援肠道菌群、有益健康的全谷物吧！

◎ 麸质如何？

近年来关于麸质的讨论很多，接下来让我们也来聊聊它。麸质是小麦、大麦、黑麦这三种全谷物中存在的一种蛋白质。当然，麸质也存在于任何一种含小麦、大麦、黑麦的食物里。无麸质的食物确实对人更加友好。大多数人从没见过生小麦，必须得承认的一点是，几乎所有含麸质的食物都是加工食物，比如，面包、意大利面、比萨和早餐麦片。我虽然 100% 认同应该避免吃包括精制谷物在内的超加工食物，当人们放弃这些加工食物时，他们会感觉良好。但直接放弃所有含麸质的食物真的有道理吗？如果我们放弃含麸质的非加工食品是不是不分良莠，好坏一起扔了？

对于乳糜泻患者来说，麸质确实是个大问题。他们的饮食需要做到完全无麸质，在这一点上毫无讨价还价的余地。但有一种观点说麸质是炎症性的，会导致肠漏症和自身免疫性疾病，因此，我们都应该采用无麸质饮食。这是由一系列试管研究带起来的流行趋势，甚至一度滚雪球般地发展到了三分之一美国人都在主动限制麸质摄入的程度。如果这些试管研究所说的麸质能导致肠漏症是真的，那我们采用无麸质饮食后，理应能看到肠道健康状况的改善，对不对？

但现实并非如此，情况恰恰相反。在健康的试验对象（没有乳糜泻）吃了1个月无麸质食物后，普拉梭菌、乳酸菌和双歧杆菌等健康细菌的总数下降了，而作恶的大肠杆菌和肠杆菌科细菌反倒增加了。

在一个随机对照交叉试验中，低麸质饮食导致了有益的双歧杆菌和丁酸盐产生革兰氏阳性菌、霍氏真杆菌的减少。我知道你还在好奇麸质是否真的会导致炎症、影响免疫系统，甚至导致肠道通透性的增加。研究人员在受试者身上找不出任何与麸质摄入相关联的炎症、免疫激活或肠道通透性增加的迹象。这就是我之前提到过的，实验室里的测试结果并不是总适用于人体研究。

在另一项研究中，全麦能增加有益健康的双歧杆菌的数量，还能生产出提升肠道完整性、降低肠道通透性的代谢物。再重复一遍——全麦能提升肠道完整性，降低肠道通透性（也就是肠漏症）。

这就是实验室测试和人体试验之间的差异。在实验室里，你能提取出自己感兴趣的分子，然后在试管里单独研究它的高度浓缩状态。显然，这与一个人在实际生活中吃下含麸质食物的场景是截然不同的。我个人对实验室研究持保留态度，我更相信在自然环境下发生的以人类为对象的研究。如你所见，当健康的人吃下小麦或其他含麸质食物后，他们的肠道状况会变得更加健康。而无麸质饮食或有限制性饮食则会减少产生短链脂肪酸菌的数量，并且还会强化那些炎症性细菌。

不吃麸质食物还会带来更多后果。低麸质饮食会造成碳水化合物代谢的基因缺失。在第三节里我们提到过，人类只有 17 种糖苷水解酶，这是我们用来处理复合碳水化合物的消化酶。与此同时，我们的肠道微生物里却至少有 6 万种酶。如果不吃麸质食物，我们将失去一部分处理碳水化合物的功能。虚弱的肠道，将会变得更加无法适应处理和分解复合碳水化合物，到时候遭罪的是你自己。食物敏感也会找上门！

最后同样重要的一点是，当我们彻底消除饮食里的麸质后，该用什么来替代它呢？我们已经讨论了全谷物的重要性，而在美国人的饮食中，含麸质的食物正是全谷物的主要来源。一项覆盖 110,017 人、共计 2,273,931 人年[①]的前瞻性队列研究中，研究人员发现，其中有 6,500 人呈现出随着摄入麸质的增多，局部缺血性心脏病的风险随之降低的态势，研究人员把这一现象归因于含麸质食物中的全谷物。也就是说，如果你彻底避免摄入麸质，那么患局部缺血性心脏病的风险就会增加，而局部缺血性心脏病正是全球头号健康杀手。值得注意的是，如果对有乳糜泻的人来说，情况就完全相反了，摄入麸质会引发炎症级联反应，带来患心脏病的风险。

我承认，麸质并不是一个简单的话题。这也是为什么你需要一个像我这样有相关资质、纵览相关科学研究的人，来为你找到正确的选择。在第 5 章里，我将向你介绍我的麸质方案，来判断你是否需要继续摄入麸质。剧透一下，大多数人都需要麸质！但我绝不是说你应该把麸质作为饮食里的核心。我主张的是植物性饮食多样性，以及绝不从饮食中剔除那些对健康有益的食物，因为一旦你把饮食中植物性食物的种类范围缩窄，你的肠道菌群的多样性也被缩窄了。这一点同样适用于小麦。

---

① 表示人口生存时间长度的复合单位，是人数同生存年数乘积的总和。

豆类个头小，但富含有益肠道的膳食纤维

现在，美国每年人均仅消费 2.9 千克豆子。这一数字比起 50 年前下降了 20%。然而很多人却说豆类是现代流行病的病因，这真是无稽之谈。豆类富含膳食纤维，一杯①青豌豆就有 7 克膳食纤维；一杯扁豆足足有 16 克膳食纤维；一杯斑豆更是富含 30 克膳食纤维。

对有些人来说，吃过多的豆类确实受不了。但豆类的好处毋庸置疑。当你采用富含豆类的饮食后，你超重的那部分体重会逐渐消失；腰部会更苗条；血压和胆固醇也会下降到可以减少服药量的程度。血糖恢复到正常范围，糖尿病消失，心脏病发作或得结肠癌的风险直接减半。

有成百上千的研究肯定了豆类对人类健康有益。在这儿我简单分享一个例子。在一个对比高豆类饮食和无豆类饮食的随机对照试验中，试验人员将卡路里作为不变量，以此来确保试验是关乎营养素而不是卡路里的。他们在豆类饮食那一组里看到了惊人结果。炎症指标 C 反应蛋白降低了 40%，血压和胆固醇也随之下降。但最有趣的是，即使摄入的热量一样，豆类对照组的人的体重也减得更多。你也许还记得在第 1 章里，我们讨论过肠道菌群在体重控制中扮演着重要角色，而这绝不是简单的卡路里摄入和卡路里消耗问题。

> ### 该吃大豆吗？
>
> 因为有"大豆含有雌激素"这一感知在，大豆成了颇有争议的东西，但我想让你清楚这一点，植物雌激素不是雌激素，它也不会表现得像人类雌激素。相反，植物雌激素就是异黄酮，它是大豆里的一种独特的植物化学物质。实际上有三种大豆异黄酮：染料木黄酮、黄豆苷元和黄豆黄素。它们对身体健康有许多好处，包括：降低胆固醇、增强骨质、治疗更年期症状、降

---

① 杯是美国的一种测量单位，美制杯被定义为半品脱，等于 8 美制液量盎司，约等于 240 毫升。

低冠心病风险，以及降低得前列腺癌、结肠癌、乳腺癌、卵巢癌的风险。

还想听大豆的更多好处吗？有一些特定的肠道细菌能把大豆异黄酮转化成更加有益健康的化合物——雌马酚。这种开足马力的异黄酮，能为你的心血管、骨骼和更年期带来更多的健康益处。但你必须得有这种细菌才行。50%~60% 的亚洲人可以通过大豆异黄酮代谢产生雌马酚，而西方人里只有 30%。无论如何，高碳水化合物（其实是指膳食纤维这种碳水化合物）和低饱和脂肪酸的饮食与雌马酚的产生有关，而抗生素则会阻碍这一过程。

我推荐摄入非转基因和有机大豆，以下食物都可以：日本毛豆、豆腐、味噌、丹贝、日本酱油和不加糖的豆浆。让你的大豆摄入进入亚洲人的模式。更多摄取大豆的美味食谱，请参见第 10 章。

那么豆类对肠道菌群会有什么影响呢？在小鼠模型中，海军豆和黑豆都带来了生产短链脂肪酸菌数量的增加，同时短链脂肪酸的数量也增加了，肠屏障完整性也因此提升，细菌内毒素水平下降。

在随机交叉试验里，在日常饮食之外连吃 3 周鹰嘴豆就能提高产短链脂肪酸菌（普拉梭菌）的数量，减少致病菌、腐败菌（溶组织梭菌和象牙海岸梭菌）的生长。该试验的研究者得出结论，鹰嘴豆"具有能调节肠道微生物构成的能力，实现改善人类肠道健康的效果"。

豌豆蛋白已被证实能刺激有益菌乳酸杆菌和双歧杆菌的生长。摄入豌豆蛋白后，人体内细菌代谢物也发生了相应的转变，表现为短链脂肪酸水平的增加。研究者总结说："微生物组成的这一改变，会对肠道环境带来正面影响，对人体健康也会带来有益影响。"

这非常棒对不对？所以当你把这些信息都集合到一起来看时，你就会觉得以下结果毫不意外了：一项针对全球各种进食模式所做的研究发现，有且仅有一种食物能让人们的寿命更长，那就是豆类！

凝集素不是一种单一的东西，而是一个来自自然界的庞大的蛋白质化合物家族，因其能结合碳水化合物而被熟知。它们在自然界里无处不在，存在于人类、动物、植物、真菌和微生物中。在不同的食物里有数量各异的凝集素，诸如牛奶、鸡蛋、豆子、花生、扁豆、西红柿、土豆、茄子、水果、小麦和其他谷物里，凝集素的含量较高。

近些年有一种流传越来越广的认知是凝集素具有炎症性，它们会破坏肠壁，过度刺激免疫系统。这一认知越传越广，因此凝集素成了助长 21 世纪流行病的坏蛋。根据这一论点，要解决问题就得减少或彻底刨除所有谷物（包括伪谷物）、豆类、坚果、水果和许多蔬菜的摄入。这可是牵涉者众啊，甚至可能彻底排除一整个类别的食物。这真的有道理吗？

"凝集素会致病"这个认知早就有了。基于 20 世纪 70 年代和 80 年代的一些试管和动物模型研究，这一认知得以在医学文献没那么多人关注的领域里流传了数十年。如果你只看那些研究，当然会觉得凝集素很可怕。

但备受推崇的期刊、世界一流的医生和营养学家都没有表现出对凝集素的恐惧，也没有回避豆子和谷物，这是有原因的。首先，来自小麦、蚕豆、黄豆、蘑菇、香蕉、荞麦和菠萝蜜中的凝集素表现出了预防癌症的功效。更重要的是，专家们知道试管和动物研究经常无法直接适用于现实生活。与我们围绕麸质所做的研究类似，我们需要搞清楚它对人类到底会有怎样的影响，否则我们就会为了这些并不聪明的结论而承担被误导甚至被伤害的风险。

那么，我们在基于人的实验中发现了豆类和全谷物的哪些特性呢？你早就知道结果了：它们能帮我们减轻体重、降低血压和胆固醇、扭转胰岛素抵抗、减少炎症、转变肠道菌群使其能生产更多的短链脂肪酸、预防心血管疾病和癌症、延长预期寿命。一次次的研究已经表明，豆类和全谷物对我们的健康及肠道健康都有非常重要的影响。它们是摄取膳食纤维的重要来源，而且它们具有高营养性，你很难找到替代方案。请记住：唯一一个能很好预测肠道菌群健康的指标是什么？是你膳食中植物性食物的种类。

让我们把豆类和谷物放在一起聊聊。你知道当你把豆子和全谷物合在一起的时候，你就能得到一个蛋白质套装吗？当你再增加膳食纤维摄入，你就能从低卡路里、高营养素的植物来源获取蛋白质。记住，蛋白质的来源很重要，当用植物来源的蛋白质来代替动物蛋白后，你会发现人变得更加健康长寿。饮食主要以豆子和米饭为中心的哥斯达黎加在预期寿命方面跑赢了美国，然而前者的医疗保健花销不及后者的九牛一毛。哥斯达黎加不是唯一一个例子。在 5 个蓝色区域的饮食中，豆类和全谷物都是非常受欢迎的。可知，它们都是长寿食物，也是肠道健康的基石。

重要的事情说三遍都不够：植物性饮食多样性

你赞同从达到最佳身体机能的角度来看，一个健康的饮食方式就是实现营养素摄取的最大化吗？这就是"营养素密度"的概念，意思是我们摄入的每 1 千卡热量中都需要有尽可能多的营养素。但光是"营养素密度"这一概念还不足以形容一个理想中的饮食方式。假想你吃羽衣甘蓝，而且只吃羽衣甘蓝，天天吃，一点儿其他的东西都不吃。你能健康吗？

当然不能了。羽衣甘蓝确实是超级食物[①]，但如果你只吃这一种东西，你就会在羽衣甘蓝提供的营养这一项上表现出营养过剩，同时缺失其他植物能提供的营养、膳食纤维和微生物。例如，如果你每天只从羽衣甘蓝中摄入 2,000 大卡热量，你将会获取到实际所需 30 倍的铜、80 倍维生素 A、80 倍维生素 C 和 360 倍维生素 K。还好这些能随尿液排出，但确实是好事过头反成坏事。与此同时，你会严重缺乏西红柿里的番茄红素、巴西栗里的硒、牛油果里的维生素 B_5。最终的结果就是营养不良。你就算是每日摄入足足 150 克膳食纤维，也架不住所有膳食纤维都出自同一类别。没有多样化的植物性食

---

① "超级食物"并没有官方和法律约束的定义，一般是指"营养素密度"高的食物，营养价值比其他食物具有更大健康益处。

物来确保膳食纤维的多样性，也就无法确保肠道微生物的多样性。你将漏掉其他植物性食物滋养微生物群。

我们的文化中有一种痴迷超级食物的倾向。这些超级食物就像食物界名流一样，我们把它们置于领奖台上，赞美着它们顶尖级的营养素密度和特殊属性。在第 8 章里我会向你介绍一些我最爱的超级食物，它们真的是我的心头好。但如果你只吃这些食物，那你饮食的健康程度会不及那些注重扩大植物性饮食多样性的人。对我来说，我会首先关注植物性饮食多样性，然后再把一些超级食物加进来。

总的来说：

每次去超市时： 记得植物性饮食多样性！

每次做饭时： 记得植物性饮食多样性！

坐在饭桌前开始夹菜时： 还是要记得植物性饮食多样性！

作为一名医生，我知道有些人虽然还活着，但他实际上却朝着死亡大步迈进。一个器官是会影响其他器官的。当一个器官出现问题，它会把另一个器官拖下水，因此会引发一场连锁反应，导致多器官衰竭和最终的死亡。如果我们能照着相反的路径来操作，同时营救所有器官呢？有了植物性为主的饮食的加持，你就不再仅仅停留于解决一个问题，而是同时着手解决所有问题，并且在此过程中实现对器官健康状况的优化。健康的饮食不只是治疗疾病，也不只是预防疾病，还能优化身体状况，成就更好的自己。

采用一种富含大自然的颜色、风味和营养素的饮食方法，来获取人体所需的一切吧。记住这条不变的黄金法则：

植物性饮食多样性，植物性饮食多样性，植物性饮食多样性。

5

调整修复肠道前，你需要了解的事情
消除腹胀、嗳气、痉挛，以及改善排便的个性化方案

我猜很多在看这本书的人现在都在想："我怎么可能做得到呢？我吃这些食物的时候会觉得不太舒服。如果是我的身体本就反感膳食纤维呢？"根据统计数字，有15%~20%的人会有肠易激问题，但既然你已经在读这本书了，那么很有可能你目前也是其中之一了。患有肠易激综合征的人群里有50%~80%的人对某些食物敏感。但你是最应该看这本书的人。这确实是一个巨大的讽刺。那些最需要摄入膳食纤维的人，正好就是那些最费力挣扎着吃下它们的人。为了获取健康，你必须调整、修复肠道。而为了修复肠道，我们需要多样性的膳食纤维和植物性食物。

需要费力消化膳食纤维或某种特定类型的植物性食物说明什么？这可能表明你的肠道已经被破坏了。当然，那些有消化紊乱问题的人在面对这些食物的时候会更加吃力。但吃力的不仅仅是他们，还有那些有过敏和免疫系统紊乱的人。或出现偏头痛、焦虑、抑郁，或者第1章里我们提到的那些与肠道菌群失调有关的一长串疾病。哪里有肠道菌群失衡，哪里就有食物敏感。如果你也有这样的问题，我可以帮你，因为我们正在做的就是纠正问题的根源，然后让你重新回到享受每一顿饭的状态。

但这件事确实没有这么简单。相信你一直在寻找解决问题的方法，而在过去的 15 年里你被建议的方法却一直是"避开吃它们就好"。如果你遵照这句话去做，短期内可能会觉得自我感觉不错，但长此以往，身体感觉会一直好吗？答案通常是否定的。将某一类别的食物彻底从饮食中刨除，是一件短期受益但长期受损的事儿。

很明显，黄金法则与刨除所有植物性食物的概念是有直接冲突的。我们已经在第 4 章里提到，当你排除一整类植物性食物的时候，你就剥夺了自己享受某些健康益处的可能，而且还会让肠道细菌从平衡状态转变为失衡状态。

那为什么人们还会这么做呢？为什么还要避免饮食里出现豆子、谷物和茄属植物呢？

部分原因是，许多这类食物会带来肠道问题，比如腹胀、绞痛和肠鸣。你肯定在网上见过这样的对比照片，一张是一个凸起如怀孕了一般的肚子，另一张是平坦的腹部，而这两张照片是同一天先后拍的。你是不知道有多少来我办公室的患者是拿着类似照片找我看病的。但这种照片无法跟粪便照片一样提供那么多有效信息，我知道他们本意是想用对比照来展示他们身体出了状况。

然而不幸的是，这些消化不良的症状一直以来都被误判了。我在网上见过很多人，甚至很多医生，都宣称吃植物性食物导致了嗳气，所以这些食物都是致炎性的。但我们已经在第 4 章里讨论过了，这些食物已经被反复证明它们具有抗炎性。我也接诊过许多患者，他们觉得既然他们有这些症状，那就说明他们不具备摄入这些食物的能力，所以他们认为意识到问题，然后消灭问题的引爆点是说得通的。

那你不如这样想想：如果你的膝盖有关节炎，难道这意味着你应该去买一辆摩托车然后彻底放弃走路吗？当然，如果你再也不走路了，你确实不会再觉得膝盖不舒服。但接着你就会疏于锻炼，腿部肌肉萎缩，体重增长，最后需要用多种药物来控制血压、胆固醇、血糖，你自己也会觉得抑郁、虚弱。

但是，膝盖真的一点儿都不疼！这真的值得吗？

如果你反过来下定决心，做出努力后说："我要走路，坚持物理治疗，锻炼腿和膝盖。"你的疼痛将会缓解，与此同时还能维持全身的健康状态。对那些有关节炎的人来说，通过锻炼和物理疗法来治疗，一开始确实是很痛苦的。但经受住最初的不适，就会得到回报——更加强壮的膝盖和更佳的身体健康状态。这与食物敏感是一样的，如果你接受了短期不适、长期向好这一点，我们就能一起来攻克短期困难了。重点是当我们放任一种不健康的生活方式形成习惯，会产生意料之外的后果。而当我们选择健康、多样化的植物性食物，却会收到意想之外的收益。

在接下来的篇幅中，我会分析人们对食物敏感的科学原理，然后为你制定能解决这一问题的计划。如果你慢慢来，一步步地在膳食中增加植物性食物，你将用短期不适换回长期的回报：更健康的肠道、更广博的植物性饮食多样性，以及更健康的身体。

把这个信息传递出去

有许多人是需要聆听植物性饮食多样性向肠道健康留下的信息的。我想说，我很想穿越回过去，然后把这本书拍在彼时的我的头上（当然，用的是平装版）。这样我就不用忍受这么多年悲惨的生活了。所以我现在想说的是，你就是那个能带来积极改变的变革力量。如果这本书只是摆在书架上，那么它什么用都没有，一点儿用都没有。但如果到了读者手里，它就会产生相当大的能量。如果你能感受到这股力量，记得与其他人分享。讨论它、推荐它、分享它，把它送别人、捐给图书馆，把你最喜欢的段落分享到社交媒体上。我们每个人都能做点力所能及的事情，来升级大众在膳食选择上的观念，帮助大家恢复健康。想象一下你成功地让一个人读完这本书后，帮助他实现了健康状况！我们都能成为创造更美好世界的变革工具。

为什么会对某些食物敏感？为什么不会对肉敏感？

当然是因为肠道菌群！当你看到朋友狼吞虎咽地吃下好多六豆辣椒这道菜，而你得费好大的劲儿才能维持住表面的平静以掩饰你的不适时，你忍不住想诅咒命运的安排……你必须得知道，这不是你的原因，而是你的肠道细菌在作祟。你与坐在你对面的人，基因上有 99.9% 是一致的。但你们的肠道菌群截然不同，那是完全独属于一个人的，就像指纹一样，非常个人化。这个星球上几乎没有一个人拥有跟你一模一样的肠道微生物群。即使你还有一个同卵双胞胎，你们之间的肠道菌群也是不同的。

属于你那独特的肠道菌群的优点和缺点，也都是你自己的。它们也许非常擅长处理豆类，但不太能消化大蒜和洋葱。在理想状态下，如果你的饮食能完美地补足肠道的优与缺，那么你就不会对任何食物敏感，一个都没有。

既然你的饮食与肠道菌群是完全交织在一起的，你的饮食也必须跟肠道菌群一样完全个人化。你可以用试错法来探索出定制化的、理想的饮食方案。在明确了"改善健康的黄金法则"之后立马接一句"没有解决所有问题的万能方法"似乎有点矛盾。但其实道理很简单：你遵循黄金法则，每一顿饭都注重植物性饮食多样性，你也得明白，即使坐在你身边的人吃着跟你一样的东西，你俩看起来也是不一样的。

我们的目标是击中最佳位置，让你的饮食选择能完美契合肠道的优缺点，让治愈魔法随之而来。不再有消化紊乱，只有大量植物性食物和被疗愈的肠道及身体。我们将会帮你辨析出你肠道的优劣势，以便你开始着手微调饮食，此处需要的不是激进地彻底排除某些食物，而是应该慢慢来。我们会带你找到那个最佳状态。

重要的是记住这并不关乎完美。需要承认的是，将来我们依然会时不时出现嗳气、腹胀或其他肠道问题，包括我也一样。我们要做的就是优化肠道，这样才能让那些症状的发生频率降至一个不会再引起注意或影响生活质量的程度。

为了达成这一目标，我们要做的就是像锻炼肌肉一样，来训练肠道。每次当你坐下来吃饭时，你的肠道就到了进健身房的时候了。

健康和福祉共同定义了"身体健康"，而这需要通过营养、锻炼和充足的休息来达成，有了身体健康才能有运动或日常起居活动中更好、更优的表现。如果我们的肠道是肌肉的话，肠道健康就是指消化系统健康，它由纤维燃料驱动，通过多样化植物性饮食来达成锻炼肠道的目的。

在健身房里，如果你总是锻炼二头肌，从来不练三头肌，那你的胳膊就会变得不太均衡，形状可笑。而如果你不锻炼肌肉群，它就会萎缩。用进废退，不是吗？同样的规则适用于肠道。如果你把一整个食物类别从膳食中拿掉，那么你摄取该食物的能力也会变弱。

假如你因为受伤而一连几个月无法锻炼，将会发生什么呢？如果你第一天去健身房就试着举140千克的器械，你肯定会伤到自己。同样，如果没吃过豆子的你突然狼吞虎咽吃一大碗六豆辣椒，你一定会感觉到不对劲，因为你的身体还不适应或者说还没接受过相关训练。

那在健身房里最该做什么训练呢？应该适度锻炼每一个肌肉群，在不受伤的情况下实现肌肉的维持或增长。这正是我们处理调整膳食应采用的方法。我们应该引入每一种植物类别来锻炼肠道，尺度把握在建立容忍度的程度，不要做得过头。把摄入每一种植物类型想象成锻炼不同的肌肉群。通过强调植物性饮食多样性，你将为你的肠道带来它一直渴求的锤炼。因此，所有植物种类都应该被时不时地放进菜单里，不需要每天都这样做，但至少要达到能维持肠道锻炼的频率。

我们都知道肌肉的基本构成要素，就是那个我们一直都摄入过量却还总担心不够的蛋白质。但如果我们把肠道作为肌肉来对待的话，那我们就该知道这种肌肉的基本构成要素——膳食纤维。

没有膳食纤维，就无法搭建起一个健康的肠道。

有一点非常有趣，就像健身一样，你的肠道也会变得更健壮，更能适应你在努力做着的这件事。这是阅读本书的一大收获。你的肠道是有适应性的，它将调整自己以适应你的选择。

想想这个例子：记得在第 2 章里我们讨论过的坦桑尼亚现代狩猎、采集部落哈扎吗？哈扎人每日摄入超 100 克纤维，每年吃 600 种植物，其肠道多样性比普通美国人高 40%。他们的饮食是存在季节性变化的，这也导致了他们肠道菌群的季节性变化。在 11 月至次年 4 月的雨季，他们喜欢寻找浆果类食物。而在 5 月至次年 10 月的旱季，他们靠捕猎动物为生。与此同时，他们一年到头都会吃块茎，每天会从多种植物性食物中摄入超过 100 克膳食纤维。

在研究哈扎人的肠道菌群时，研究人员发现有很多种细菌会在消失一季后，重新出现。由此也发生了肠道菌群机能水平的改变。研究人员发现，肠道会对应产生更多能消化你经常食用食物的酶。在哈扎人以浆果类食物为主的雨季里，研究人员发现了某种酶的富集，而这种酶是处理浆果里特定成分"果聚糖"的必需品。把上一句话牢牢记住，我们一会儿还要再回到这个话题。

还有一个例子：乳糖，乳制品里常见的短链碳水化合物（或者说糖）。我此处说的"糖"并不是蔗糖或葡萄糖，而是一种单一碳水化合物，与膳食纤维或淀粉完全不同。为了消化处理乳糖，我们需要乳糖酶。但世界大多数的人口都缺少这种酶，因此，他们患上了乳糖不耐受。也就是说，如果消费奶制品的话，缺乏乳糖酶的人会出现嗳气、腹胀、消化不良、排便习惯的改变等。

但乳糖不耐受的程度能被减轻吗？有可能通过训练肠道让它成功控制住乳糖吗？

首先，一定量的乳糖是能耐受的。如果我拿起一个药用滴管，滴 2 滴牛奶在别人的舌头上，他们不会因此突发腹泻。没人会乳糖不耐受到这种程度。也就是说要越过临界值，才会触发症状。

其次，肠道会适应于定期的乳糖接触。例如，在 10 天时间里定期摄入乳糖，结肠细菌的适应性会让自己发展成具有更多乳糖活性、更不易消化不良和更少产生嗳气的状态。在另一个研究中，10日定期乳糖摄入带来了乳糖消化效率的提升，嗳气的产生也降为之前的三分之一。

这些说明了什么呢？首先，肠道是存在着一个耐受临界值的，如果我们越过了临界值，就会出现相关症状，但如果我们停留在允许的范围内，就万事大吉了。其次，是你的肠道会适应于你塞给它的东西。换句话说，你可以训练肠道来耐受你原本敏感的那些食物。再次，为了完成这一训练过程，你需要进食。也就是说，排除饮食法只会加重食物敏感性。

让我们暂时后退一步。还记得第3章里我们讨论过，人类只有17种能处理碳水化合物的"糖苷水解酶"吗？我们的肠道细菌里，包含这类消化酶的数量有6万种之多！也就是说，我们把处理碳水化合物的工作外包出去了。为什么？因为这能让我们更加适应变化中的饮食和环境。

这也意味着处理碳水化合物的过程（包括处理膳食纤维）需要健康的具有适应性的肠道菌群。如果肠道有损、肠道菌群多样性有损，那我们肠道里消化酶的数量和类别也会减损。这就是为什么现在很多人在处理碳水化合物时都出现困难的原因。一方面，我们没吃够足量的碳水化合物来训练肠道；另一方面，我们的生活方式里还有持续损害肠道健康的因素——加工食物、抗生素、超无菌环境和久坐不动。

具有讽刺意味的是，我们的饮食需要复合碳水化合物，非常需要。它们是我们体内益生元的食物，也是我们以纤维燃料驱动身体、获取短链脂肪酸治愈力的方式。此处出现了一个恶性循环：复合碳水化合物导致消化不良，这会让我们减少相应食物的摄入或者直接不吃，而这又会伤害肠道菌群，使其处理碳水化合物的能力变弱，因此，下一次你再吃类似食物的时候，消化不良的情况会变得更严重。于是我们会把所有碳水化合物都打上"致炎性"的标签，觉得它们对人体有害，然而实际上它们才是解药。这是许许多多流行饮食法所犯的普遍错误，它们最多也就能带来短期好处，长期来看一定是弊大于利的。

多个研究反复证明了水果、蔬菜、豆类和全谷物里的复合碳水化合物根本没有致炎性，反而具有抗炎性。我们需要靠肠道菌群才能处理并消化它们。如果肠道受损，那么在处理碳水化合物的过程中也会出问题，导致消化不良。但这并不是炎症，只能算是处理草率。除了急性症状之外，复合碳水化合物并无更多伤害。真正会伤害你的是摄入动物性食物后的影响——能产短链脂肪酸的好菌减少，致炎菌增多，肠道通透性增加，细菌内毒素被释放，以及产生致癌的次级胆汁盐、多环芳烃/N-亚硝基化合物、杂环胺和氧化三甲胺（会诱导血管疾病）。没错，对我们的身体来说，消化和处理肉可容易多了。我们也不需要深度依靠肠道菌群才能处理它。所以你完全不会觉出任何不适，但请知晓你身体里正在发生的一切。致命的往往是沉默的。

如何才能打破这一恶性循环？破解之法始于碳水化合物的干预。但在开始之前，得先清除一些障碍。

◎ 先治好便秘，再调整膳食

首先，如果你有嗳气和腹胀的问题，你得先确定自己有没有便秘的情况。据我在我诊所里的观察，便秘是目前为止造成嗳气和腹胀的首要原因。这里也有一个恶性循环——甲烷气体会减弱肠道动力，导致便秘。接着便秘又会增加我们分解、摄入食物后产生的甲烷气体。也就是说，甲烷导致便秘，而便秘导致更多甲烷的产生。我在实践中发现，如果我的患者建立起了排便规律，治愈了便秘，他们的状态会改善很多，嗳气和腹胀问题也会随之消失。但首先你要知道，无论你目前有没有便秘，它都比大多数人以为的要常见多了。

即使你觉得自己现在没有便秘，但如果你有过便秘史，曾经排便困难，排出来的大便是一小块一小块的，或有时候一整天都不排便的情况，你也得竖起耳朵仔细听。还有一点很惊人的是，即使你出现腹泻，你还是有可能会便秘。最严重的便秘就表现为腹泻。大体情况就是有一串压得紧实的粪便被堵在结肠里的某个位置，这些硬硬的东西在阻塞处越堆越多，但液体状的东西还是能从缝隙中通过，直到从消化道的尾端排出。医生和患者双双觉得疑惑，因为严重的便秘显现出了稀质粪便的样子，我们将它称为溢出性腹泻，治疗方法是清空结肠，扫除堵塞。所以如果你的排便习惯发生了任何改变，或者显现出了便秘的可能性，你应该让你的初级保健医生给你拍个腹部 X 光片，来排除便秘的可能，或者你可以在医生的指导下喝一杯柠檬酸镁来做结肠清洁，以便让肠道来个全新的开始。

如果你是在便秘的情况下尝试增加膳食纤维的摄入量，那你的植物性饮食法是不会成功的。在我的诊所里，如果患者的便秘没治好，我们是不会考虑调整膳食的。我推荐你在开始调整饮食前，先去咨询初级保健医生或者当地的肠胃科医生，把便秘治好。

◎ 食物过敏与食物敏感

接下来我们需要搞清楚你是否对食物敏感或有食物过敏。我听很多人把自己的嗳气和腹胀说成是食物过敏。对我来说，这可不仅仅是语义学的问题。如果你被证实对某种特定食物过敏，那么你确实是有医学上的理由去规避这种食物。尽管从理论上说，我们可以建立对食物的耐受，但这是一个复杂的、易出问题的过程，需要在医师的监督下完成。所以大多数的时候我们做的仅仅是从膳食中去掉这种食物。食物过敏就是你的免疫系统被某一特定食物刺激到后产生的反应。最常见的能引起过敏的食物是牛奶、鱼、贝类、鸡蛋、坚果（如花生）、小麦和大豆。当有食物过敏的人吃下这些食物的时候，他们的免疫系统会开启攻击模式，释放出导弹一般的免疫球蛋白 E（IgE）抗体去攻击过敏原。这个过程会释放出引起过敏反应的化学物质，症状表现为瘙痒、嘴唇肿胀、咽喉堵塞、呼吸困难，甚至失去意识。

　　食物过敏与食物敏感是有很大区别的，对食物敏感是感觉到腹胀、嗳气、腹泻、腹部不适和乏力，这是二者一个很重要的区别。如果你真的有食物过敏，那么你的饮食就必须避开那种食物。但如果你只是对食物敏感，也就是说，其中并没有免疫系统参与，那么你要做的就是训练你的肠道学会处理这种食物。如果有任何疑问，你应该和你的医生一起判断到底是不是食物过敏。没有哪个测试能准确地回答这个问题，因此，你需要有资质的健康专家的协助。

◎ 三类人不适宜摄入麸质，两类人必须摄入麸质

　　下面我们来讨论一下麸质。有三类人不应该摄入麸质，但有两类人必须摄入麸质。每个人都能在这五大类里找到自己的位置。后两类人至少占据了美国人口的90%。我会详述每一类，引导你判断自己是否符合标准。

　　如果有以下情况，你不能摄入麸质：

患乳糜泻：如果你患有乳糜泻，你这辈子都应该做到100%无麸质摄入。持续性的麸质摄入对这类人来说不仅仅是破坏性的，还是危险的，会导致小肠T细胞淋巴瘤，这种病几乎是致命的。美国有1%的人患有乳糜泻。该疾病的典型症状包括腹泻、腹胀、嗳气、腹痛和体重减轻。偶尔也会有一些便秘的人同时患有乳糜泻。每次我看到一些体内铁元素水平低的人，我会考虑他是不是有乳糜泻。乳糜泻对肠道造成的损害，会影响到负责吸收铁的小肠。如果你有任何一种以上症状，或者你担心自己可能有乳糜泻，以下两个测试绝对能告诉你答案：

　　　　基因检测是否携带乳糜泻易感基因 *HLA-DQ2* 或 *DQ8*：乳糜泻
　　　　必须满足3个标准：携带相关基因、摄入麸质、肠道菌群的失衡激
　　　　活了相关基因。换句话说，如果你没有携带这两种基因，你就不可

能得乳糜泻。所以你可以通过血液分析查一查有没有乳糜泻易感基因，如果没有的话，你就不会有得乳糜泻的烦恼了。如果有相关基因，也并不意味着你当下或者未来会得乳糜泻。实际上，在携带乳糜泻基因的情况下，仍旧有 97% 的概率不会患病。如果你的检测结果显示你携带了相关基因，那就意味着你有得乳糜泻的可能性，因此，需要做一些额外的检查来判断目前是否已经患上了乳糜泻。

上消化道内窥镜检查和小肠活检：这是检测是否存在乳糜泻的黄金标准。你需要找到像我这样的胃肠科医师预约做检查。在服用镇静剂后，医生会拿出一根小拇指（一根可爱的小拇指！不大！）那么粗的、带有灯和相机的软管，伸进你的胃部和小肠。通过内窥镜检查可以进行小肠活组织取样——从十二指肠的第一段取 2 个，从第二段取 4 个。整个过程通常只需要花 5 分钟。在做检查之前的那几天里，你得摄入一些麸质，这样才能分辨出麸质是否会对肠道造成损害。只有活检才能真正说明问题。病理学家有一套特别的标准——马氏分级（Marsh classification）来评估目前肠道是否有损伤。马氏等级分为 1~4 级，4 级是最严重的。通常来说，达到第 3 级或第 4 级就能被诊断为乳糜泻了。但这些分级指代的是一个范围，近年来有一些研究说第 1 级和第 2 级也可以诊断为乳糜泻。我详细阐述这一点是想说，马氏分级达到 3 级或 4 级的人，会在乳糜泻血液检查中得到阳性结果，而马氏分级为 1 级或 2 级的人，血液检查是阴性。也就是说，那些检查结果呈阴性的血液检查可能是错的！因此，如果你怀疑自己有乳糜泻，你可以跳过血液检查，直接做基因检测或通过上消化道内窥镜做小肠活检。绝大多数经我诊断的乳糜泻患者都是马氏 1 级，他们在执行无麸质饮食后都生活得很好。但如果当初我让他们做的是传统的血液检查的话，他们可能就会被漏诊了。

对小麦过敏：这指的不一定是对麸质过敏，而是对小麦里的蛋白质过敏。与其他食物过敏类似，小麦过敏的症状也很剧烈，如出现皮肤局部肿胀、嘴唇或咽喉肿胀、呼吸困难，也可能出现腹泻和腹痛这样的胃肠道症状。几乎所有对小麦过敏的人在儿童时期就会出现症状，美国有 0.4% 的孩子为小麦过敏所累。成年人突然产生小麦过敏的可能性基本没有，除非是有职业暴露的原因，所以你可得记住这一点。如果你有小麦过敏，那么它就是你彻底践行无小麦饮食的理由。由于麸质并不是过敏的原因，所以大麦和黑麦还是能留在菜单上的。小麦过敏的诊断不像乳糜泻那般直接果断，所以最好在具备资质的健康专家的帮助下来解决这个问题。话虽如此，但如果你在吃了某种食物后出现了荨麻疹或嘴唇或咽喉肿胀、呼吸困难等，我建议你停止食用它。就是这么简单。

有肠外症状的非乳糜泻麸质敏感：在第 94 页至第 98 页提到的 5 个类别里，这个类别是我们花了大力气来研究的。难点在于我们要用一个诊断来描述一组非常罕见且各异的病症。要研究这样一个极为罕见的病症所组成的混杂群体是非常困难的。这种病比乳糜泻还罕见。病症主要出现在肠道外，可能与麸质相关，情况多在无麸质饮食后得到改善。我所指的特定症状，包括关节或肌肉痛、腿部或手臂麻木、皮疹、精神状态异常、行动失去平衡或无法控制肌肉。皮疹中最典型的叫疱疹样皮炎，表现为对称分布于肘部、膝盖、臀部和躯干的瘙痒剧烈的水疱疹。如果你或你的主治医师怀疑有乳糜泻的可能性，乳糜泻检查是绝对绕不开的。举例来说，患有疱疹样皮炎的成年人里有 85% 的人同时患有乳糜泻。与之相似的是，85% 有麸质相关精神疾病的人，体内都被发现有麸质抗体，并与小肠活检里呈现马氏 1 级组织学结果相关联。如果你乳糜泻检查结果为阴性，但总感觉麸质导致了你的关节炎、手脚麻木、精神症状、皮疹，那么你可以试几个月的无麸质饮食，然后看结果。如果情况有好转，你可以再试着把麸质加回到膳食中来，但如果症状再次出现，这时候你就能真正得到答案了。当然，这也需要在具有资质的健康专业人士的指导下进行。

如果符合以下情况，你就应该摄入麸质：

毫无症状：这一部分很短。如果你完全没有任何症状，也没有任何理由怀疑自己患有乳糜泻或任何相关疾病，你就不该采用无麸质饮食。我们在第 4 章里也讨论过，无麸质饮食会无意间损害你的肠道，增加你患上诸如冠心病等严重疾病的风险……无须再赘述了。

只有消化系统症状的非乳糜泻麸质敏感：如果你在摄入含麸质的食物后出现了消化道症状，比如腹胀、嗳气、腹痛、腹泻、便秘，那你必须做一下检查以排除乳糜泻的可能。如果检查显示你并没有患乳糜泻，那我们就得再议了。

近期一些研究显示，对很多人来说，麸质并不是真正的罪魁祸首。在一项研究中，科研人员每天给那些有麸质敏感的人提供一根燕麦棒，时间持续一周。每根燕麦棒里都隐藏着以下三种物质中的一种：安慰剂（糖）、麸质或果聚糖。果聚糖是一种常见于含麸质食物（小麦、大麦和黑麦）里的短链碳水化合物。每个实验对象都会吃一周燕麦棒，再暂停一周，好让他们的身体系统能沉淀下来，然后换成另一种燕麦棒。每一周，研究人员都会为每个受试者评估平均胃肠症状分数。他们有了如下发现：与吃安慰剂燕麦棒那一周相比，患者们在吃麸质燕麦棒的那一周的胃肠症状分数更低。这意味着症状更少！让我们先暂时记住这一点。与安慰剂燕麦棒和麸质燕麦棒相比，当受试者们吃下果聚糖燕麦棒后，研究人员观察到了消化系统症状的显著增多。换句话说，大多数没有乳糜泻麸质敏感的人，甚至并不对麸质敏感，他们是对果聚糖敏感。他们之所以出现症状，是因为他们有潜在肠道菌群失衡和肠易激综合征。果聚糖是什么呢？下一部分里我们会详细讨论。

　　怎样才是摄入麸质的明智方式呢？如果你确实不得不采用无麸质饮食，那我推荐你着重注意一下自己的全谷物摄取，因为你必须确保自己的肠道菌群得到了充分的营养支撑。在美国，小麦是全谷物的主要形式，但好在还有一些美味的不含麸质的全谷物食物，可供你日常选择，如藜麦、荞麦、小米、高粱、燕麦和糙米。把它们吃下肚！如果麸质已经在你的日常饮食中了，那我不推荐你再去食用更多加工食物。大多数不含麸质的食物都是经过加工的食物。我推荐你吃更多未经处理或轻度加工的小麦、大麦和黑麦。可以试试全谷物食物，比如全谷物面包和全谷物意面。但记住不要吃太多，适度就行。

是时候聊聊 FODMAPs 饮食了

　　我们刚刚聊过肠道菌群展现的适应乳糖的能力。我们也提到了哈扎人饮食的季节性变化，在食用浆果的季节里，他们是如何训练自己的肠道菌群去处理果聚糖的。我们还聊到了大多数因麸质而产生胃肠道症状的人，其实并不是不能吃麸质食物，而可能是有潜在的肠易激综合征，果聚糖会诱发这种病。所以我现在想介绍的是什么呢？就是 FODMAPs。也许你听说过这个术语，FODMAPs 是指植物性食物里的单一或短链碳水化合物。FODMAPs 实际上是发酵低聚糖（Fermentable oligosaccharides）、二糖（Disaccharides）、单糖（Monosaccharides）和多元醇（Polyols）的缩写。你可得记牢了，一会儿我会抽查。开玩笑的——不不，这不是玩笑。

　　根据定义，FODMAPs 是那些可发酵的食物。它们不易被吸收，这意味着它们会将水吸入肠道，并导致腹泻。因为无法被消化，它们直接来到了肠道菌群栖息着的肠道下端。这些肠道细菌以这些碳水化合物为食，在此过程中会产生氢气和其他副产品。人类就指着肠道菌群施展魔法了，依靠它们的糖苷水解酶来为我们处理这些食物。对于那些肠道菌群失衡的人而言，比如患有肠易激综合征，消化能力的降低会导致消化不良、嗳气、腹痛、腹胀和腹泻。

FODMAPs 食物被分成了五个类别。如果你本身对食物敏感，或对一种以上的食物敏感，那么你可以从某个特定类别里寻找适合自己的食物。

乳糖——牛奶、冰淇淋和芝士等奶制品里常见的一种二糖。出于此前提及的一些理由，我赞成在饮食中去掉乳糖。这一个小小的变动，就足以让许多人的消化症状得到改善。

果糖——一种单糖，常见于多数水果（樱桃、西瓜、苹果）、部分蔬菜（芦笋、洋姜）、高果糖玉米糖浆和蜂蜜。

果聚糖——许多食物中都有的一种寡糖，包括含麸质食物（小麦、大麦、黑麦），以及水果和蔬菜（大蒜、洋葱）。

低聚半乳糖（GOS）——存在于豆类中的复合糖。

多元醇——诸如甘露醇和山梨醇这样的糖醇，常见于人工甜味剂和一些水果、蔬菜。

既然 FODMAPs 食物会导致消化系统症状，那我们就该避开它们对不对？朋友，别这么急呀！在贬低这些食物的时候，你可得小心分辨，它们其实是可以为我们带来健康益处的。举个例子，果聚糖和低聚半乳糖都是益生元！我们在第 3 章里也提过，益生元可以为我们肠道里的健康菌提供"燃料"，能有利于健康菌的生长和活跃，并最终产生更多后生元短链脂肪酸。

或许你之前听说过低 FODMAPs 饮食法？它的核心理念是合理减少FODMAPs 食物，以帮助那些有肠易激综合征的人减轻消化不良问题。对某些有肠易激综合征的患者来说，这种方法确实是奏效的。但问题是，包括医生在内的很多人都错误地以为应该从膳食中把 FODMAPs 食物永久拉黑。这是与我们的黄金法则相悖的。植物性饮食多样性是预测肠道健康与否的最佳预测器。再重申一遍，FODMAPs 食物实际上是对健康有益的，而且它们中的大多数都含有益生元。

如果我们永久避免摄入 FODMAPs 食物会发生什么？在低 FODMAPs 饮食的背景下，限制这些食物的摄入可能会损害有益菌，导致细菌总数减少。接着，产生短链脂肪酸菌和益生元的数量都同时被限制。这分明是吃了之后会减少后生元短链脂肪酸的食谱。这可不太妙。

低 FODMAPs 饮食天然的限制性会导致微量营养素缺乏。在一项研究中，低 FODMAPs 饮食导致了一些重要的微量营养素的显著减少，如维生素 A、硫铵、核黄素和钙。这意味着，如果我们想要健康的肠道，那么我们就离不开果聚糖和低聚半乳糖。

由澳大利亚莫纳什大学提出的低 FODMAPs 饮食，从来就不是一种提倡永远消除某种食物的饮食。恰恰相反，它的操作方法是先进行 2~6 周的暂时性 FODMAPs 食物摄入限制，然后再用系统性的方式把 FODMAPs 食物加回日常膳食中。实际上这种饮食方式的重点是，我们对不同类别的 FODMAPs 食物有不同的食物敏感表现，这种意识越牢固，我们就越能成为聪明的消费者。这就是 FODMAPs 分类最该被运用的地方：如果你的身体不太能接纳某一特定食物类别，那你一下就能知道自己肠道的弱点在哪里，以及日后该如何慢慢地让这一方面变得更好。

现在回过头来再看，我们已经能明确遵循黄金法则和植物性饮食多样性对肠道健康的重要性。因为唯有保持饮食的植物性多样性，才能让有利于平衡和多样性的益生元膳食纤维和微量营养素得到扩充。这就是健康所需的纤维燃料。如此，我们才能得到强大的肠道菌群，它们火力全开，强大到让我们全身的健康水平都上一个台阶。

但许多人都不太能处理植物碳水化合物，特别是膳食纤维和 FODMAPs

食物。这是因为我们人类基本上完全依赖于肠道微生物群来处理，所以一旦肠道有了损伤，那犯难的可就是我们自己了！

需要明确的是，我们最需要的能让肠道变得更健康的植物性食物，正是那些能让肠道有损，并产生消化不良问题的食物。没错，这一点确实挺糟心。世界就是这么运转的，而我们又是注重结果的，所以得知道游戏规则是什么，才知道该怎么玩。我们该怎么做才能打破恶性循环，让肠道状况回到正轨，并开始享受膳食中的植物性食物呢？答案是像练肌肉一样训练肠道。想想洛奇，那个一路跑过费城的街道，登上费城艺术博物馆 72 级台阶的人。他并不是某个早上突发奇想、毫无准备就完成了这一壮举，而是需要花时间和精力来储备足够的体能，才能顺利做到。这也是提出后文中为你准备的"4 周纤维饮食"前（详见第 10 章）需要先明确的一点。这是一个结构化的 4 周计划，从零开始，直至建立起一个健康的肠道。

最终，这一计划将帮助你了解你的肠道契合什么样的 FODMAPs 食物，以及在处理哪一类 FODMAPs 食物时需要外援。正如我们一步步把膳食纤维和 FODMAPs 介绍给你一样，4 周计划也非常需要从小剂量开始缓慢加量。这也许是这一节里最重要的一句话了，千万要记住。为了以恰当的方式训练肠道，我们应该从小剂量摄取膳食纤维和 FODMAPs 开始，然后慢慢加量。从零开始慢慢成长——这是我的格言。你懂我的意思吗？这才是搭建肠道健康的洛奇之路。你能做到的，我也会随时在你左右提供帮助。

6

人类起源史中最重要的食物：发酵食品

发酵食物对肠道健康的益处，以及从何入手

做好准备来解锁食物的完整营养价值了吗？准备好把植物性饮食多样性提升至你之前从不知其存在的新高度了吗？接下来我要为你介绍我的秘密武器之一——发酵食物。

我非常痴迷于发酵食物。它们非常神奇的一点在于，它们能从几个层面彻底改造我们的食物。比如，原本已经很美味的食物，给它来点发酵（或科学）魔法，它立马就变成了一种崭新的健康食物。

在我们肠道菌群和食物的十字路口，站着发酵食物。一罐发酵中的德国酸菜就是我们肠道内部的缩影。二者有相同的过程和概念，唯一的不同是前者就发生在我们眼前的厨房案台上：无数隐形的微生物，就在我们眼前和谐地共事着。我们看不到它们，但我们能判断和品尝出它们的辛勤工作带来了哪些改变。这是很厉害的一件事。

人类历史上每一种传统食物里，都有发酵食物的身影，如德国酸菜、俄罗斯的格瓦斯、韩国的泡菜、日本的纳豆和味噌、印度尼西亚的丹贝。如果你吃过埃塞俄比亚食物，你应该知道英吉拉，这是一种多孔、味道很酸的发酵面包。即使是用发酵面粉做的酸面包，也起源于加利福尼亚和克朗代克淘

金热时期，酸面包就是那些山里的人过去吃的东西。如果你研究过任一传统食物，你会发现发酵就是中心词。但遗憾的是，我们放弃了传统食物，放任我们的食物工业转而去追求超高产、满满化学成分的方便食物。是时候说"够了"。如今，我们应该把发酵食物作为我们追求植物性饮食多样性的下一道前线。每天吃一点发酵食物对我们的健康大有裨益。

第一次上手做发酵食物，日后成为了我的爱

在我还是孩子的时候，我从没想过发酵食物会变成我日后的爱。但我越了解短链脂肪酸、肠道菌群和植物性食物对肠道健康的重要性，我就越对发酵感到好奇。我的一位患者对德国酸菜和酸黄瓜改善他消化问题的效果赞不绝口。这倒真是一个意外发现。我简直等不到第二天，必须马上试一试。

我开始着手制作第一批德国酸菜。食谱和制作过程都非常基础，只需要水、盐、卷心菜三样，非常简单。不需要额外添加发酵剂，卷心菜已有的微生物群包含你需要的所有微生物。当我把手浸在切好的卷心菜里，挤出一些汁让它们变软的时候，我感觉自己跟食物之间有了联结。这真是一个活的食物。

我砰地打开那个放了水、盐、卷心菜的玻璃罐，它已经在我的厨房台面上静置了好几周了。没错，好几周！说实话我跟我妻子都有点忐忑。不把食物放冰箱里储存，这可真的太奇怪了。这真的能吃吗？

几周后，我们试吃了。它非常脆！这点我真的没想到。它有种浓烈的酸味，同时也很美味。我忍不住吃了几口，很多口。我感觉我已抵达发酵天堂。自从那次以后，它就成了我日常生活的一部分。

◎ 土壤有多健康，你获取的食物就有多健康

也许你从未花时间思考过食物分解，但那正是路易·巴斯德（Louis

Pasteur）在 19 世纪 60 年代发现现代微生物理论时的所思所想。通过思考葡萄酒是如何由葡萄制成、牛奶是如何变质，他开始明白微生物就是问题的关键所在。搞清楚食物分解的过程，是评估食物营养价值的一个重要部分。

这些会造成腐坏变质的细菌，难道不是坏东西吗？确实，当我们错过了牛油果完美成熟的那个小窗口期，或者当我们发现忘在冰箱后面的生菜，整个画面像刚做过可怕的科学实验一样狼藉时，作为罪魁祸首的这些细菌确实很恼人。没错，当好好的食物因此无法再吃的时候，确实是很烦，实际上这是自然界在说："我给过你吃它的机会，现在我只不过是收回你的选择权罢了"。

不过这不仅仅是"收回"这么简单，当我们分解食物的时候，我们实际上是赋予自然以权力来参与分解和循环：与消化相似，团队作战的微生物们运用多种酶来分解和转化我们吃下去的食物。让已死植物的自然生命周期延续，产生腐殖质——腐殖酸、富里酸和腐黑物。这些腐殖质奠定了健康土壤的基础，而健康的土壤里又能长出健康的植物，接着健康的植物又能让我们人类变得更健康。这是生命循环里非常美妙的一部分。

出于对人类健康和地球健康的考量，土壤健康是一个被大大低估的、值得我们认真对待的东西。关键在于：土壤有多健康，你获取的食物就有多健康，这意味着你的健康程度与土壤保持一致。我们极度需要微生物和腐殖质丰富的土壤。虽然在向腐殖质转变的过程中，一开始能吃的食物最终变得无法食用了，但我们不需因此感到害怕，只需要接受食物的生命循环已经走过了为人类提供营养的窗口期，开始了为土壤提供营养的阶段。

这就是魔法开始介入的地方：微生物会制造降解，一旦你对微生物进行细微调整，你就能极大地改变整个降解过程。简而言之，这就是发酵。并非坐等一种食物自然地分解腐烂，而是引入不同的细菌团队以延长食物的生命，并转变它的状态。我们用的是这个星球上自然存在着的细菌。它们一直以来都是组成这个星球的微生物群的一部分。而你要做的就是创造合适的条件让发酵得以成功进行。

让我们拿德国酸菜来举个例子。在你通过发酵卷心菜来制作德国酸菜的第一个步骤里，厌氧菌开始产生健康的酸以降低溶液的pH。厌氧意味着这些细菌只在无氧的环境下才能生长，因此，你把卷心菜浸在水里的举动，为厌氧菌的生长创造了适当的条件。在这个过程中，酸会升至非常高的水平，以致许多细菌都生存不了。肠膜明串珠菌得以在24小时里掌管大局，并生产出更多健康的酸来进一步降低pH。如果你在家做德国酸菜，当你观察到泡泡出现的时候，那就表明肠膜明串珠菌出场了。在接下来的几周里，整体环境会变得越来越酸性，由此带来植物乳杆菌的生长，它就是让盐水卷心菜变成酸泡菜的关键。

在第3章里我们讨论过短链脂肪酸降低结肠pH的方式，是抑制致病菌、促进产短链脂肪酸共生菌的生长。这一套逻辑也可以放在发酵上——pH的下降抑制了致病菌和负责分解的细菌的数量，同时，那些负责发酵的细菌种类得到了充分增长。这是发生在玻璃瓶里模拟肠道实况的发酵过程的第一个例子。通过调整细菌的数量，我们就能抑制食物的腐败，延长食物的可食用周期，这难道还不够了不起吗？

微生物在没收到一句感谢的情况下，是如何帮我们清理烂摊子的？

自然界中微生物展现的清洁力和治愈力，可以参考电影《深海浩劫》讲述的2010年的一起原油泄漏事件。那次原油泄漏，估计在墨西哥湾倾倒了420万桶石油。朋友们，这可是与10亿杯超大杯星巴克咖啡重量相等的石油被洒在了海洋上啊。对我来说，就算是倒一杯石油，也是件憾事。那是一场环境灾难，导致了对海洋生物及从海底到海面的整体生态系统的普遍伤害，从深海到沿海潮沼也都会受影响。那是美国历史上最大的一次离岸石油泄漏，而且老实说，场面非常令人作呕。但我们后来再也没在墨西哥湾的水里或海滩上见过石油。海洋到底是怎样做到自我恢复的呢？

　　一群来自劳伦斯伯克利国家实验室的研究人员发现，在那层油盖中幸存下来的细菌物种会以合作的方式共同生存，它们接受了降解420万桶石油的挑战。研究发现，这其实是一群对的细菌在适当的时间点上，以合作的方式完成海洋清洁。我个人认为，我们应停止破坏地球，并寄希望于地球上的微生物来帮助我们摆脱困境。目睹这些微生物的治愈力量确实令人赞叹，不是吗？细菌团队作战，并且适时有对的微生物加入进来的这一过程，与发酵、健康土壤的产生、肠道中碳水化合物的消化过程完全相同。看不见的微生物们无处不在，并在我们没有察觉的情况下做着让人惊叹的事情。

◎ 发酵和食物储存的简短历史

　　发酵食物是我们人类起源史的故事核心。当时我们的祖先需要克服的一个主要问题就是：没有储存食物的方式。这抑制了部落的发展壮大，让人们总得花时间在找食物上，并迫使他们过上了游牧生活，安顿不下来。为了人类文明向前发展，发展组织化的社会、城市、经济体等所有一切，我们必须远离饥荒，通过储存和延迟回报来确保食物保障。这时是微生物站出来拯救我们了。

　　我们并不清楚发酵被人类发现的准确时间。近期，约旦的纳吐夫狩猎 - 采集营地惊现一块1.4万年前的面包。在以色列的一个洞穴里，人们还发现了一种可以追溯至1.3万年前的小麦或大麦啤酒混合物。瑞典一个有9,200年历史的地下坑洞被发现用于储存大量的鱼。在中国，研究人员们发现了9,000年前的米、蜂蜜和与米酒类似的祭祀果酒。总之，发酵在相近的时间段里出现在了世界各地的文明中，而它正是推进人类文明繁荣的一个主要原因。

　　数千年来，发酵成了我们储存食物的主要形式和古老传统。19~20世纪时，人们发展出了食物保存的新方法：罐装、巴氏杀菌法、多种防腐剂、冷藏和冷冻。我们对用发酵的方式储存食物的依赖走向边缘化，特别是在美国这样的大熔炉般的国家，包括发酵食物在内的饮食传统早就被丢弃了。转向食物保存新形式的我们是不是犯了个很大的错误？我的答案是肯定的。

目前，所有的食物保存技术都是通过消灭微生物来起作用。例如，罐装是通过杀菌起作用，加热食物直至其中的细菌被消灭，然后把食物密封进真空的容器里。经消毒的被密封的内容物就不会暴露于任何微生物和负责分解食物的酶之下了，直到被打开前它都能一直保持完好的状态。但它能保持完全的良性、无害吗？我们之前提到过，一个苹果的微生物群容纳了1亿个微生物，其中许多都是对人体有益的。而消毒就是要消灭它的微生物群，以及其中对健康有用的微生物。

至于加工食物里成千上万种的化学防腐剂呢？想想那些在熟食店冰箱里摆了几个月，偶尔才会切几片下来的火鸡或火腿；可以保持数周柔软而不变硬或霉变的面包；包装在盒子里的跟刚生产出来时一样新鲜的饼干。因为加工食物是我们日常生活中的一部分，我们从未花足够的时间去质疑它们或思考它们到底有多不天然。

我想你知道我想说什么了。使用巴氏法灭菌就是瞬时杀死微生物，以达到给食物消毒的目的。但当今大多数食物都已经到了一个新阶段——不仅仅接受消毒，而且还与那些抑制微生物、食物加工酶的化学添加剂交织在一起。

美国食物药品监督管理局将它们标记为对消费者"良性"或"无毒"。我忍不住思考，在我们的结肠拥有无数微生物的情况下，这些化学制品被设计出来是想阻止微生物做什么呢？一项研究显示，亚硫酸盐损坏了干酪乳杆菌、植物乳杆菌、鼠李糖乳杆菌和嗜热乳酸链球菌这四种益生菌界的超级明星。这只是做过实验的四种，我们并不知道在其他菌的身上会发生什么。显然我们还需要做更多的科学研究，来帮助我们找到不用损害微生物就能储存食物的最佳方式。届时我将开心地咀嚼着我爱的有机水果和蔬菜。

激发食物健康力

食物保存不一定总是采用消灭微生物的形式。发酵就是食物加工中少有的能让我们的食物变得更健康的例子之一。当你思考"发酵"这个概念的时候，你可以想想"转化"。食物的味道和外观都有了重启般的改变。还能培养出新的微生物、转化膳食纤维、生成生物活性多肽和多元酚。我们食物的所有组成部分都存在着改变的可能性。科学界才刚刚开始去了解它，但它绝对是一个非常令人着迷的东西。

你应该已经注意到发酵食物通常都呈现出不同程度的酸度了吧？我们之前提到过德国酸菜，它的发酵过程导致了酸的释放，从而降低了 pH，改变了细菌的平衡。这些酸除了能改变细菌的平衡状态之外，还通常具有促进健康的特性。例如，乳酸已被证明可以减少炎症，并在肠道中发挥抗氧化特性。因此，如果发酵物中的一小部分乳酸成功进入小肠，益处也会随之而来。研究显示，作为酒精发酵产物的醋，能提升胰岛素敏感性，提升饱腹感以利于减肥，还有降低血压和胆固醇的可能。

酸性环境能让微生物成长得更好。含有活性菌的发酵食物中，每克或每毫升就含有超过 10 亿个微生物。与西方世界的超消毒饮食相比，摄取发酵食物能让饮食中微生物的数量提升 10,000 倍。在 5 日植物性饮食与 5 日动物性饮食的对比实验中，劳伦斯·大卫（Lawrence David）教授和彼得·特恩博（Peter Turnbaugh）教授惊奇地发现，食源性微生物能从两种饮食方法的转变中存活下来并保持代谢活性，这意味着天然存在于我们食物中的微生物也许真的能为人类带来好处。

但在这些微生物踏上游历人类肠道的难忘旅程之前，它们会先着手于发掘隐藏在我们食物中的营养。微生物以团队的形式合作，它们会充分运用自身的酶，就像技工使用工具一样。例如，乳酸菌属含有一些特定的酶，如糖苷水解酶、酯酶、脱羧酶和酚酸还原酶，用以加强浆果和西蓝花中有益健康的类黄酮向生物活性代谢物的转换。这与你摄入益生元纤维后肠道内产生的乳酸菌属是同一种。我们之前提到过糖苷水解酶是能分解膳食纤维的酶，现在在发酵食物里也发现了它的身影。关键是，微生物在发酵过程中的行为正好就反映了它们在消化过程中会做出的举动。

微生物酶是种天然的药物

纳豆是日本的一种传统食物，由煮熟的黄豆发酵而成，在此过程中会产生一种酶，叫纳豆激酶。几百年来，纳豆被用作治疗心脏病和血管疾病的民间偏方，如今我们终于知道为什么了。近期的研究发现，纳豆激酶具有强有力的疏通血栓、降低血压、控制胆固醇、抑制血小板聚集和稳定斑块的功效。基本上，这就跟吃阿司匹林、肝素片、降压药和斯达汀的多合一药一样。这真是针对心脏问题的完美鸡尾酒 ①。不用说，那些制药公司早就着手研究如何把纳豆激酶制成药物了。但我想说，直接吃纳豆岂不更好？

这些酶能让我们体内的微生物创造出之前并不存在的营养。举个例子，这些微生物魔术师们可以从非维生素前体中合成出维生素 K 和 B 族维生素——叶酸、核黄素和维生素 B_{12}，也可以合成褪黑素和 γ - 氨基丁酸。褪黑素是一种治疗胃酸反流的强力抗氧化剂。γ - 氨基丁酸对大脑有镇静作用，能调节血压。

食物的任意一个部分都能在发酵的过程中被转化。比方说，微生物能创造出一种超动力的膳食纤维，叫胞外多糖。这种膳食纤维能抑制不健康的微

---

① 鸡尾酒疗法是治疗艾滋病的一种方法，将不同的药物调和在一起对艾滋病进行治疗。作者在此处借用了鸡尾酒的说法。

生物、调节免疫系统、去除炎症、降低胆固醇，甚至预防癌症。如果你觉得这听起来太像第3章里提到的益生元纤维和短链脂肪酸的功效，那是因为确实是这么回事——发酵中产生的益生元胞外多糖紧接着会被肠道菌群发酵，然后释放出后生元短链脂肪酸。问题的关键在于，我们的肠道需要多样化的膳食纤维才能维持健康，而制造出的胞外多糖正好能为多样性添砖加瓦，很好地支援了我们的肠道菌群。朋友们，它可是非常强大的伙伴。

我们正处于研究发酵食物以及微生物创造出的生物活性分子的初始阶段。食物中的蛋白质、植物化学物质和多元酚都能在发酵过程中实现转化。接下来的举例只是我们研究结果的一小部分：

- 红参的发酵会增加生物活性皂苷的数量，有助于血糖的控制。
- 在不同类型的酸面包中发现了 25 种不同的抗氧化肽。
- 用副干酪乳杆菌和植物乳杆菌来发酵豆奶，可以激活异黄酮，从而增加骨体积和骨厚度，抵抗骨质疏松症。

发酵还可以通过减法来做加法，也就是说它能通过减少抗营养化合物来提示食物中的营养质量。更确切地说，发酵可以减少麸质、植酸和 FODMAPs。出于这个原因，有肠易激综合征的人对酸面包的耐受程度，普遍高于传统的白面包。哦对了，那些对生命造成威胁的邪恶的凝集素呢？ 95% 的凝集素都能在发酵过程中被去除。

就像细菌能帮我们清洁石油泄漏一样，发酵也能帮我们对植物进行生物降解、减少农药残留。你可能猜到我接下来要说什么了，没办法，毕竟这个主题总是会反复在自然界里出现。微生物拥有的水解酶，有让它们拥有分解农药使其失效的能力。

关于发酵，你要了解的几个问题

既然发酵食物有这么多好处，那是什么阻止了我们接受它呢？接下来让我先来回答一些问题。

问：吃发酵食物是安全的吗？

答：只要发酵处理得当，发酵食物就是绝对安全的。发酵并不是产生不健康的、受污染的食物，反而能清洁食物。人们担心会感染上病菌或肠胃炎，但到目前为止还没有出现发酵食物中毒的报告病例。你听说过的沙门氏菌或大肠杆菌大规模暴发都是与未经加工的蔬菜受到污染有关。关于这些疾病暴发你得厘清两点：第一点，发酵的过程会消灭致病菌。第二点，同时也是更重要的一点，发酵是工业化畜牧业的结果。没有更好的处理粪便的方式了，最终这一大池粪便会随着降雨被带走。

问：那肉毒毒素中毒呢？

答：肉毒毒素中毒是一种罕见但非常严重的神经系统疾病，它是由一种叫肉毒杆菌的细菌引起的。人们常常错误地把它和发酵联系在一起，因为他们知道肉毒毒素中毒是食物保存出岔子后的结果。要说清楚的是，肉毒毒素中毒与罐装有关，而不与发酵有关。肉毒杆菌会生产出耐高温的孢子，它能从罐装时的巴氏灭菌过程中幸存下来，然后在罐子里的无氧环境中茁壮成长。

而发酵是可以避免高温的（高温会杀死细菌，包括有益菌），好让那些有益的微生物能生产出消灭肉毒杆菌的酸。

问：如何才能知道我做得正确，并且培养的是对的细菌呢？

答：其实很简单，只需要在观察的过程中，运用上你的感觉、智慧和直觉。你在发酵物的表面见过那些看上去像霉菌一样的东西吗？那些圆圆的、长着绒毛、隐透着蓝色、黑色或者粉色的东西。理论上说你可以把它们撇走，但我宁愿重新来过。如果发酵物闻上去或者看起来不对劲，我也会重来。所以重点就是：我会走安全路线。

问：发酵食物会导致癌症吗？

答：如果我们说的是所有发酵食物的话，那么没错，加工肉或鱼确实是与结直肠癌、鼻咽癌、食管癌、肺癌、胃癌和胰腺癌有关。如果是经发酵的蔬菜的话，那么主要的疑虑就在胃癌上。亚洲东部的流行病学研究发现了胃癌和泡菜摄入之间存在联系。胃癌在东亚是一个很大的问题，它甚至成了亚洲东部第二普遍的癌症。大多数病例都是由幽门螺杆菌造成的，这是一种存在于 60%~70% 的日本人和韩国人胃里的致癌菌。但只有一小部分人会由此发展为胃癌。所以发酵蔬菜属于哪一种呢？原来，盐和由它产生的副产品，才是加速胃黏膜里炎症和癌症发展的原因。那我们应该避免吃加了盐的发酵蔬菜吗？答案是否定的。从出发点来说，节制盐的摄入量是一个明智之举。我们还应该意识到，日本人和韩国人的每一顿饭都有这些发酵食物，而其他国家人的发酵食物的消费量只有很小一部分。美国幽门螺杆菌患病率也很低，而且大多数菌株均不与癌症广泛相关。

这里有两个重点需要强调：第一，过量吃任何东西都不好。就像我们需要氧气才能生存，但纯氧却有毒。第二，让我们都深呼吸一下，暂时冷静一下，即使我们已经知道吸氧过多会有害，但还是要强调一点，那就是正常剂量的氧气是完全安全的。好的东西总是有很多。

发酵界的超级选手

我们已经围绕发酵食物讨论过几个主题词，接下来让我给你介绍一些发酵界的超级明星吧。

德国酸菜有趣、美味，还健康！在开始之前，我得先声明一下：制作发酵食物有点像是实验和尝试新事物。与其上网搜具体的配比，我更鼓励你召唤出自己体内的大厨，然后嘭地一下把这些材料丢进玻璃罐里，静待一切发生。这样更有趣。接下来是具体步骤：

❶ 轻轻冲洗卷心菜，去除能杀死细菌的攻击性物质。剥掉最上面的两层叶片。

❷ 把卷心菜切成你想要的厚度。我喜欢厚一点的！用手把卷心菜给弄散、揉软。感受你与食物的联结。

❸ 把它们塞进约 1 升的玻璃罐里。按自己喜好加入大蒜瓣、葛缕子种子或者你喜欢的香料。不用按食谱来！实验多有乐趣呀。我会用一个木制的捣具把它压紧。差不多把罐子装到 75% 满的样子。

❹ 在罐子上面压点重物。市面上有售玻璃制的发酵专用重物的。有些人会直接用从自家院子里拿来的洗好的石块，还有些人会盖一些卷心菜叶。关键就是确保所有食材都浸在水里。

❺ 混合 1 杯水和大约 1.25 茶匙 ① 海盐，得到海盐水。其实我自己是没有量过的，全凭试喝来判断。得达到尝起来咸，但又不能咸到一小口都喝不下去的程度。水得用无氯的，所以要么用蒸馏水，要么用降至室温的开水。盐得是无碘的，这也是为什么我用海盐的原因。

❻ 把海盐水倒在切好的卷心菜上，然后用重物压好。所有卷心菜和重物都得完全浸在水下，但最顶端还是要留出一点点空间。我会把漂在表面的几片卷心菜移走。

❼ 盖上玻璃罐，最好是用带气闸的那种罐子，可以实现真空密封，自如开关。如果没有阀门可以用来放气，那你就得每天手动让酸泡菜"打嗝"，来释放聚集的气体带来的压力。

❽ 把罐子放在阴凉处 1~4 周，静待发酵。理想温度是低于 21 摄氏度。我通常会在一周后开始试吃。而且我发现发酵时间越长，味道越好。

---

① 一茶匙为 5 毫升。

⑨　如果你在表面观察到了白白的粉状物，那是卡姆酵母。它很常见，并不是霉菌，对人体健康并无害处，用纸巾轻轻把表面那层刮掉就行。如果它看上去是毛茸茸的，泛着蓝色或绿色，像霉菌似的，那就是霉菌没跑儿了。有些人会把霉菌去掉以后继续吃发酵食物。我个人会选择扔掉这次做的，重新再来。

⑩　有两件事情会极大影响发酵，一是储藏的温度，二是卤水的盐度。温度越低，发酵过程就越慢，而这通常来说是件好事。发酵过程太快的话会产生霉菌。与之逻辑相似，高盐度会减缓发酵过程，避免霉菌的产生。

　　如果你决定停止发酵，把它放在冰箱里就行。就像冲着微生物大喊"不许动！"一样，发酵过程会被按下暂停键，这罐酸菜会好好地储存在这里，供你享用。

◎ 德国酸菜

你会把卷心菜排在世界最健康食物排行列表的哪个位置？前十还是前五？我们都知道卷心菜对人体是有极大好处的，热量低，富含维生素 C 等营养物质，具有丰富的益生元纤维以促进肠道健康，并向全身释放短链脂肪酸。卷心菜是十字花科家族的一部分，其他十字花科植物还有西蓝花、花菜、抱子甘蓝、羽衣甘蓝，十字花科真乃全明星家族。在某种程度上，这是因为十字花科蔬菜含有一种强有力的抗癌植化素——硫代葡萄糖苷。问题在于硫代葡萄糖苷需要被转化成它们的活性形式异硫氰酸酯，才能对抗癌症。2002 年，一组芬兰研究者们发现，发酵中的卷心菜会产生释放异硫氰酸酯所需的酶。这就是发酵能让本就健康的食物的健康程度上升至一个新台阶的有力证据。

◎ 韩国泡菜

韩国泡菜和德国酸菜并没有特别大的区别。它们起源自地球东西的不同文化，都是拿发酵卷心菜做文章。韩国泡菜通常会混合一些其他蔬菜，比如洋葱、大蒜、辣椒和小萝卜，打造出一种辣味发酵食物。当然，微生物仍旧是主角，在转化的过程中，韩国泡菜会回馈给我们植物化学物质、健康的酸、挥发性化合物及游离氨基酸。

泡菜在韩国是一种非常受欢迎的传统食品，每个地区对这道菜都有着各自独特的诠释。韩国人基本上每顿饭都会配一点泡菜，每年人均泡菜消耗量达到了 21.7 千克。21.7 千克！以下是韩国泡菜被证实的一些功效：

- 产生多种益生菌菌株，它们可以在胃酸中存活，并且被证实对结肠健康有好处。
- 降低胆固醇。
- 对减肥有帮助。
- 包含抗炎性和潜在的抗衰老特性。
- 提高胰岛素敏感性以预防和治疗糖尿病。

● 促进多种机制来保护我们远离癌症。

我吃韩国泡菜的时候，就是喜欢它的辣味，但我承认它并不合所有人的胃口。我妻子爱吃德国酸菜，但她对韩国泡菜爱不起来，因为她不像我一样喜欢吃辣。对我来说，韩国泡菜就是一种调味品，我喜欢加一点儿到汤里或饭碗里，来增添一些独特风味和额外的味道。一点点就能带来口味上很大的不同。

◎ 味噌

我是味噌的狂热粉丝！味噌是用大豆和一种叫米曲霉的真菌发酵而成的糊状物。如果你从没吃过味噌，你肯定不知道你错过了什么。它在咸的同时很美味，所谓"鲜味"是也。天气冷的时候，在热水里加一大勺味噌就能轻松制成味噌汤。如果在上面放一点儿切好的新鲜香葱和海藻，那就更好了。味噌能帮你：

● 抗癌。味噌能帮助预防乳腺癌、结直肠癌和肝癌。这实际上是其大豆和异黄酮的副产品，而异黄酮就是被有些人诋毁的所谓吓人的"植物雌激素"。澄清事实还是很重要的。

● 如果你担心盐分和自己的血压，完全没必要。研究显示，尽管味噌含有盐分，但它并不会升高血压。

● 健康的骨骼！钙、维生素 K 和异黄酮都有助于预防骨质疏松症。

明明可以喝杯味噌汤作为健康的提神饮料，为什么还要去喝功能饮料，以及一杯又一杯的咖啡和茶呢？这将会是我们纤维饮食计划的第 4 周（详见第 10 章）要做的事情。如果喜欢的话，你可以今天就开始喝。只需要简单买点发酵有机味噌就行。它有不同的颜色，深色的味道更浓、更咸，白色的更甜，黄色的有一种泥土味，而红色的非常鲜。我个人最喜欢红味噌，但有些食谱要求的是放一点点就好。在温水里加点味噌，搅拌直至它溶解成一碗绝妙的汤，或一杯饮料！重点是在水微温的时候加味噌。如果水是滚烫的，那你会杀死味噌里活着的细菌。如果是加在温水里，那就没问题，味噌对人的益处可以保留下来。

◎ 丹贝

丹贝是一种来自印度尼西亚的发酵豆制品，口感醇厚，有种泥土的味道。用丹贝做饭非常有意思，因为它好像能吸收掉你放进锅里的任何香料或调料的味道，所以它其实是一种多功能、美味、营养丰富的食物。丹贝对身体的益处与味噌一样，因为丹贝也是由大豆发酵而来。丹贝可以蒸、煎、烧，撒点生丹贝碎片在沙拉或汤里也可以，丹贝的多种使用方式成就了它的特别，因为它是一种很好的蛋白质来源，和辣味很搭，可以放入沙拉和三明治中，而且不管是炒、炖还是做汤都可以。我最爱的食物搭配之一就是丹贝鲁宾三明治，佐以美味的黑麦面包、千岛酱和一些德国酸菜。

发酵奶制品的情况呢？

为什么我不喜欢开菲尔、酸奶和其他发酵奶制品呢？让我们再仔细研究一下这些食物。我们都知道，发酵会转化我们的食物，在多数情况下都会让食物变得更易被消化。奶制品尤其如此，因为发酵会去除掉大多数乳糖。其实，乳糖不耐受的人普遍都能较好耐受绝大多数硬质乳酪、开菲尔和酸奶。也有一些研究说，开菲尔、酸奶和其他发酵奶制品都可能对健康有益处。然而这些研究都有很多方法论上的限制，或者由乳品业公开赞助。

我们该如何看待企业赞助的研究呢？它本质是一种营销形式，只有在它为食物背书且结论是为该食物站台的时候，这份研究才会被发表出来。从我的观点来看，既然你能找到美味的非乳制发酵酸奶和开菲尔，为何还要去冒这个险呢？我尤其爱加拿大的椰奶开菲尔。不论你的选择是什么，记得注意一下含糖量，它是所有这类商品的大问题之一。还得注意的是，水开菲尔与牛奶并无关系，它与康普茶更相似。

◎ 酸面包

我喜欢酸面包的一点是它制作起来非常简单，只需要面粉和水。你也许会问，酵母呢？通常烤面包是需要面包酵母或酿酒酵母来发酵的。但就制作酸面包而言，你需要使用一种含有独特的天然酵母混合物的酸味酵子，而非商业酵母。这就是它有意思的一点：如果你不想的话，你完全不需要去买酵母。天然酵母到处都有——空气里、面粉里、葡萄表面。所以只用水和面粉就能自制酵子是完全可行的，它会被天然酵母利用起来进行面包发酵。一旦你做出了一个酵子培养物，你这辈子都能一直用它。比如，旧金山那家有名的波丁面包坊就仍然在使用 170 多年前由伊西多尔·波丁（Isidore Boudin）做的那个酵子培养物。

我喜欢酸面包的理由还有很多。第一，它很美味！我非常爱它浓烈的味道，以及软乎乎的面包和酥脆的皮。第二，发酵的过程去除了一些让人担心的抗营养物质，比如，其中的植酸就减少了 62%。我们之前讨论过，酸面包的麸质含量更少，能适合那些不耐受麸质的人食用。最后一点，酸面包比起其他面包来说，血糖生成指数更低，也就是说，它能减少血糖飙升和胰岛素反应。我并不会特意在日常饮食中增加面包，但当我吃面包的时候我通常会选酸面包。黑麦和有机全麦的面包也不错。

◎ 康普茶

康普茶是一种流行一时的、发酵而成的、轻微冒泡的茶饮料。随着人们把健康的追求与这种流行饮品捆绑在一起，这种饮料的销量也一路飙升。我其实很喜欢康普茶，但我们真的需要对它的狂热降一点儿温。康普茶并不是人们大肆宣传的那种救命药膏，我们不该端着它一顿暴饮。

制作康普茶首先要用老式的甜茶，并引入一些细菌和酵母的混合物。这些家伙们会掌管大局，消耗掉糖分，然后把甜茶转化成酸酸的酸性饮料。在这一过程中，它们会在茶水的表面搭建起一个叫 SCOBY（细菌和酵母共生菌体的英文缩写）的纤维浮动隔板。它看起来有点像蘑菇，我之前还有点儿怕它。但自从我开始自制康普茶后，我就爱上我的 SCOBY 了。人们往往倾向于大肆宣传康普茶里的益生菌，但我更爱它里面的其他成分——维生素 B_1、维生素 B_6、维生素 B_{12}、维生素 C、抗氧化多酚和健康的酸。对了，它里面还含有一点酒精，但含量不至于多到让你为了它而喝康普茶的地步，但如果你有过酗酒史，你还是别喝康普茶了。

虽然康普茶可以作为一种健康饮品，但就它本身而言是无法改变你的生活的。但营养的要义就是找到健康的替代品。如果你放弃苏打汽水而用康普茶代替，那你就做了件很正确的事。我非常爱在家自制康普茶，还爱研究新口味。我强烈推荐你也试试。但我建议你一天不要喝超过 118 毫升，而且我总是会加水稀释我的康普茶，让它不那么酸的同时，风味还能保持得比较足。这有助于缓和康普茶的酸度带来的侵蚀牙釉质的隐忧。

希望你此刻已经弄清楚为什么我说发酵食物是纤维饮食计划的一个重要部分了！不仅因为它们很美味，而且它们还是拥有惊人的治愈肠道能力的超能植物性食物。如果你没怎么吃过发酵食物，别担心，在我的 4 周计划里，我会把它们以愉悦、轻松的方式加到你的饮食中。每天一点点，创造大不同。相信最后你也会跟我一起来到发酵食物的天堂。

7

三大补充剂：益生元、益生菌和后生元
把"小小的生物"拼凑起来，强化你的后生元（短链脂肪酸）

我相信植物是健康饮食的脊柱，并且我全心全意地相信着最大化植物性饮食多样性这一黄金法则。食为本，永远都是如此。

益生元和益生菌补充剂能加速你被膳食纤维赋能的过程，特别是在肠道有损的情况下，消化膳食纤维本就是一种挑战。对那些有肠道问题的人而言，益生元和益生菌补充剂的好处，是可以以一种有针对性的方式，来增加我们肠道中益生元纤维或健康微生物的数量，这样就用不着肠道出面来解决任何问题了。

治愈效果深远而广泛。益生元和益生菌补充剂可以提高我们处理膳食纤维和 FODMAPs 食物的能力，还能减少肠道菌群失衡和受损带来的消化问题。借用我们那个健身的类比，这就像坚持锻炼你的肩膀，然后在卧推时感受到肩部锻炼的效果。出于适度锻炼肠道的目的，我们应该从小剂量开始摄入膳食纤维和 FODMAPs 食物，并慢慢增加摄入量。肠道健康补充剂确实能帮上忙，让我展示给你看。

如果你有腹胀、嗳气的困扰，你可以试试它

让我们开门见山吧。如果你被肠道腹胀、嗳气等问题困扰，你也许可以试试益生元补充剂。以下是我们在一些针对益生元纤维补充剂的研究中，发现的积极成果：

- 产生短链脂肪酸的肠道细菌的增加，例如双歧杆菌和普氏栖粪杆菌。
- 不健康微生物的减少，如肠道拟杆菌、普通拟杆菌和丙酸杆菌。
- 降低细菌内毒素的水平。
- 减少炎症标志物，如 C 反应蛋白、白细胞介素 -6 或肿瘤坏死因子。
- 改善糖尿病的参数，包括更低的餐后血糖和胰岛素浓度。
- 降低总胆固醇。
- 降低甘油三酯。
- 增加高密度脂蛋白胆固醇（好胆固醇）。
- 降低脂肪含量。
- 提高饱腹激素 GLP-1 和酪酪肽，以提升饱腹感。
- 改善钙和镁的吸收。

在一个针对肠易激综合征患者的随机安慰剂对照试验中（包含了腹泻和便秘的各种变种），研究人员发现，益生元低聚半乳糖能促进如双歧杆菌等健康肠道细菌的生长，改善排便硬度以提升排便的幸福感，减少嗳气或腹胀，并改善肠易激综合征的普遍症状。

当我仔细挖掘这个研究的细节时，我发现还有一些有趣的地方。他们并非简单地给了试验对象一剂益生元后静待事态发展，而是安排了高低两种剂量。有趣的是，低剂量膳食纤维的摄入带来了更多临床症状的改善，包括减少腹胀和嗳气。为什么会这样呢？这就绕回到了我们的格言：当我们在摄入纤维和 FODMAPs 食物的时候，低起点、缓慢增加才是正确的方式。所以当

我们在摄入益生元补充剂的时候，"更多"并不一定意味着"更好"。不如让我们从低剂量开始，然后随着时间的推移逐步增加剂量。

◎ 找到适合你的益生元

如果你下定决心要用益生元补充剂了，那么接下来要解决的问题就是选哪种。在第 3 章里我们提到过，有上百万种各不相同的膳食纤维类型。与之相似的是，益生元补充剂也有不同的配方，所以很难知道哪一种对你来说才是正确的选择。这得看哪一种特定的益生元能与你体内肠道细菌的平衡相互作用。

记住这些要点后，我为你介绍一些我和我的患者爱用的类型：

- β- 葡聚糖：存在于燕麦、大麦、小麦和黑麦中，同样也存在于海藻和灵芝、香菇和舞茸中。
- 洋车前草：来自车前属植物种子的外壳。
- 部分水解的瓜尔胶：来源于瓜尔豆种子，是一种主要生长于印度和巴基斯坦的豆科植物。
- 阿拉伯树胶粉：由阿拉伯树胶碾磨制成，来自原产地非洲的阿拉伯树。可以制成粉状、胶囊或药片的形式。
- 小麦糊精：最易得的一种。如果你住在美国，你几乎能在任一药店或超市里找到它。理论上说，小麦糊精与麸质有别，但既然它源自小麦，所以我会建议那些有乳糜泻或小麦过敏的人远离它。
- 低聚异麦芽糖（IMO）：这是通过发酵制备的益生元纤维。味噌、酱油和蜂蜜里都有低聚异麦芽糖。出于我们在前一章讨论过的原因，我们应该让它在肠道里温和地发挥作用。

以上每一种补充剂都是天然的可溶性益生元纤维补充剂，它们来源于植物，能提供多种健康益处：促进健康肠道细菌的生长，释放后生元短链脂肪酸，降低结肠 pH，抑制致病菌，改善肠道菌群失衡，治疗腹泻和便秘，降低胆固醇，改善血糖，预防结直肠癌。我还发现，这些特定的益生元相对于其他益生元来说具有更好的耐受性。相比之下，有一种常用的益生元叫菊粉。我之前试过几次，并且每次我都会出现明显嗳气反应，所以它不是我的菜。

那有没有哪一种明显优于其他的呢？我肯定不会这样说，因为它们不可对比。每一种我都试过，而且在无数患者身上用过。根据我的经验，膳食纤维会与你体内独特的、个性化的肠道菌群相互作用，而且不同的人会出现不同的反应。关键是要通过试验找答案。

把它们加进日常膳食的方式并不复杂，除非你有糖尿病或高胆固醇，否则什么时间食用它们无所谓。如果你有上述两种情况，那你就得随餐食用。更重要的是要持续食用，并且从小剂量开始慢慢建立耐受。从一剂一天开始，慢慢让你的身体适应它。我喜欢在早上的咖啡里加入我当天的益生元。它们是可溶性膳食纤维，可以很轻易地溶在咖啡里，你根本看不到它们在哪。

最后，你得记住那个唯一的黄金法则——植物性饮食多样性，也适用于你的益生元。我个人喜欢在一周里混合几种不同类型的益生元，这样我能获得不同种益生元为肠道健康带来的好处。但在最开始的时候，特别是当你的肠道有损时，你应该从小剂量开始，慢慢来，一次只使用一种纤维补充剂来训练你的肠道。

益生菌：你不知道的科学炒作

让我们再看看我们的公式：

益生元 + 益生菌 = 后生元

我们的饮食和补充剂里已经有益生元了，这一项可以打钩。通过摄入多样化的植物性食物来实现纤维赋能，我们体内产生后生元的细菌数量得以扩张。现在可以打两个钩了。但最关键的问题是：我们能不能通过补充益生菌，让治愈力提升至更高的水平？

益生菌具体是什么呢？它们是活的微生物，通常是细菌或酵母。但它们跟那些旧有的活微生物不一样。根据定义，益生菌是一种活的微生物，当摄入量足够的时候，就能给宿主的健康带来好处。益生菌的原理是，它们会模仿我们体内微生物群的作用。换句话说，就像那些健康的肠道细菌一样，这些益生菌也能改善我们的免疫系统、减少炎症、抑制致病菌的生长、治疗肠漏症并修复肠道屏障、恢复肠动力，甚至改善心情。我们在动物模型中目睹益生菌发挥这些作用，但试验结果能适用于人类吗？

我想说的是，围绕益生菌的炒作已经远远超出了科学界的范畴。可悲的是，益生菌因为市场营销和人们的需求而流行，它们被包装成一种尖端的、理想中的天然新药，号称不需要你付出任何努力就能帮你解决所有问题。但事实的真相是，你无法用益生菌来改善不良饮食带来的伤害。你不能一边吃着低碳水化合物、低膳食纤维饮食，一边妄图用益生菌来改善你的肠道状况。这就回到了我们的公式，没有益生元之前，你就根本得不到后生元。你也别想着通过补充剂来获取所有的膳食纤维，以确保植物性饮食的多样化。这样是行不通的。是时候跳出"生物黑客"的想法了，没有捷径可走。

你还得明白一点，益生菌是不会黏附的。也就是说，它们并不会永久在你的肠道里扎根定植，这主要是因为肠道里已经有一个细菌群落，它们会抵制新来的。你既不能把新的细菌加进来，也不能把失去的细菌补回来。如果你停止补充益生菌，那么2~5天，你体内就会恢复到一开始没补充过益生菌时的样子。所以益生菌的作用只有在它们通过肠道的那一瞬间，才会显露。但它们在我们消化道游走的这一路上，一直都在施展着魔法，包括协助益生元释放短链脂肪酸。在帮助过我们体内的原生微生物后，它们就消失了。

发酵食物 vs 益生菌

发酵食物和益生菌之间有什么差别呢？它们都包含活的细菌，除此之外，它们的区别非常大。益生菌是有限数量的细菌菌株的一种高度浓缩版本，通常是通过某种胶囊来传递。而发酵食物是一种活着的食物，它含有的微生物种类繁多但数量较少。你能从发酵食物中获取其他有益的物质，如胞外多糖益生元、维生素、健康酸、生物活性肽和多元酚，它们都对身体有好处。有时候你需要某种特定菌株来治疗肠道的问题，这时候你需要的就是益生菌。定期食用发酵食物应该作为你追求健康肠道的长期计划的一部分。

◎ 支持益生菌的科学依据

也许听起来好像我一点儿都不相信益生菌似的，但我其实每天都会向我诊所里的患者推荐它们，而且往往都会收到不错的效果。毫无疑问，本书的读者也可以从中获益。让我们先来看看它的科学道理，然后我再来解释如何有效利用益生菌。

益生菌对消化系统症状有帮助，而且被证实能改善腹痛、腹胀、腹泻、便秘和其他肠易激综合征的症状。在炎症性肠病中，益生菌显示出了对溃疡性结肠炎和贮袋炎患者的帮助。到本书出版（2020 年 5 月）还没有证实它对克罗恩病有积极作用的研究。

我们已知益生元低聚半乳糖可以改善乳糖消化，这也为"锻炼肠道，以提高我们处理和消化食物的能力"提供了证据。借用健身类比，这就像锻炼了肩膀后，发现你的卧推变得更有力了。同样，我们发现益生菌也可以提升我们处理乳糖的能力。这是非常重要的一点，因为这意味着益生菌里的消化酶也许能帮我们分解碳水化合物，让我们的身体获得益处。

> 可以在使用抗生素后使用益生菌吗？答案也许会让你大吃一惊。

益生菌被认定可以治疗成人抗生素相关性腹泻，也可以预防艰难梭菌感染。多年来我都相信，使用抗生素后最好的恢复办法，就是服用数周益生菌。但近期有个研究完全改变了我的想法。来自以色列的研究人员发现，益生菌实际上削弱了微生物群在抗生素使用后，保持稳定、恢复如初的能力，让恢复过程非常缓慢。因此，除非是医生直接建议，否则我不会在使用抗生素后立即使用益生菌。你应该先关注自己的饮食，最大化植物性饮食多样性，然后再把益生元加进来，帮助你的肠道细菌更快地恢复活力。避免食物里出现化学制品、饱和脂肪酸和农药，也要避免酒精。常常锻炼，亲近大自然。早点睡觉，睡够 8 小时。最重要的一点——避免不必要的抗生素使用。

现在无数的研究都显示，益生菌可能对治疗腹胀有帮助。那些在试验中被证实对健康有益的特定菌株，有植物乳杆菌、婴儿双歧杆菌、嗜酸乳酸杆菌和乳酸双歧杆菌。那组健康的试验对象在每日使用益生元后，他们的排便也变得更好了。

◎ 益生菌，一个更有针对性的角色

没错，益生菌确实能带来一些改变。但它们真像市场宣传的那样，是解决我们所有问题的灵丹妙药吗？不，那是炒作，而不是科学。要做到将事实与虚构区分开来，我们必须更加智慧，了解益生菌是如何工作的，同时也要学会如何成为一位聪明的购物者，这样我们才能为自己挑选到最好的。

让我们从这儿开始——饮食永远是第一位的。平均每个人一生要吃掉 3.6 万千克食物，而补充剂永远不可能抵消不良饮食习惯带来的伤害。但益生元和益生菌只是帮助提升短链脂肪酸水平和恢复肠道健康的一种附加性工具。

你得明确以下的优先级：

1. 黄金法则——植物性饮食多样性。

2. 益生元。

3. 益生菌。

我迫不及待地希望有一天，我们可以分析一个人的个人微生物菌群，找出优势和劣势，然后按照他所需的精确比例，给他提供精确的菌株，以实现最理想的身体健康状况或者解决健康问题。研究现已表明，益生菌的定植是可以实现个性化的。但不幸的是，那一天至今还没有到来。因此，目前的现实状况是，我们在一片黑暗中摸索着射击。我们只能盲目地选择某种益生菌，却不知道它是否与我们体内完全个人化的、独特的微生物群相匹配。我们只能寄希望于二者是相配的，但事情不会永远都遂人愿。因此，我们不得不反复试错。如果行得通而且有效果，那么就坚持这一个。但如果这个没用，就换下一个。世界上最好的益生菌，并不意味着它对你而言也是最好的。

如果你不知道是否应该使用益生菌，不如先回答这个问题：你想达到什么效果？是否想要缓解某种特定的症状？得有一个理由来支撑你选择服用益生菌的决定，如果没有理由或者仅仅是出于"我想要更健康的肠道"这么简单的理由，那么你最该采用的办法是调整饮食。记住，每一种植物都有其特有的微生物群。我们把它们吃下肚的时候，就意味着微生物之间发生了共享，这正是摄入"活着的食物"的好处。当我们选择每天吃一点发酵食物后，这种良性的状况会上升至新的高度。

如果你明确了"你想达到什么效果？"这个问题的答案，你可以去找找一些已有的研究，看看是否存在最能解决你特定问题的东西。关键点在于：你需要找到契合你的诊疗目标的益生菌。你可以通过查找那些结论为"对健康确系有益"的研究，选定对应的那个益生菌，然后照着实验研究中的使用益生元和益生菌对健康人群有好处吗？或者说，如果你不是出于解决某些特定症状或健康问题而去使用它们，它们还能促进你的健康吗？我认为在这种情况下，益生元能提供的益处更多。在一个普通的健康成年人身上，益生元表现出了改善代谢参数的作用。例如，它们有助于调控餐后血糖、降低胰岛素水平（提高胰岛素敏感性），以及提升饱腹感，好让你更快地觉得饱了。我大部分时间都在使用益生元。出于对黄金法则的坚持，我经常会轮换使用不同的类型。有时候我也会忘记使用益生元，一般我都能察觉出漏吃益生元带来的差异。比如，在使用益生元的时候，我的排便状况会变得极好……此处就不再往下展开了。

至于益生菌，有一篇文章全面综述说，益生菌能减少普通感冒（并非流感）的发病率、持续时长并减轻症状，也就是说它能为人体免疫带来好处。但益生菌对代谢参数，如胆固醇水平、体重、血糖和胰岛素的影响很小。

思考"在没有疾病的情况下补充益生元和益生菌是否有用"这一问题时，还有额外两个需要考虑的因素。第一是安全性。现如今，益生元和益生菌都被大众广泛使用了数十年，而且二者在健康和疾病上的安全记录都不错。其实是有关益生菌引起感染性并发症的病例报告的。有一项研究显示，如果给有严重急性胰腺炎的患者使用益生菌会增加风险。还有一系列研究表明，益生菌在患有严重运动障碍的人群中引起了可逆性脑雾。听上去可能有点儿可怕，但你要知道，数十年里每天使用益生菌的人数是以百万计的，所以说出问题的可能性非常低。毫无疑问，你得跟你的医生一起讨论这些问题，并且在你觉得出现不良反应的时候及时停止用药或停用补充剂。话虽如此，益生元和益生菌的安全记录仍旧是非常不错的。

第二个考虑因素是成本。益生元不是很贵，但好的益生菌要 40 美元左右。当然你能在商店里找到 5 美元的益生菌，但它们的功效很差，还不如直接买一桶德国酸菜。所以说决定权在你，自行衡量什么才是最适合你的预算。除非有实验证明，否则在健康人群想要继续保持健康这方面，我还是更相信益生元补充剂的作用，而不是益生菌的。

方式来。例如，如果你想治疗便秘，那么你应该在至少172亿个菌落形成单位（细菌数量的测量单位）中，寻找含有乳双歧杆菌的益生菌，因为在安慰剂对照试验中，这就是治疗便秘的方法。

除了从研究中获取"何种益生菌"和"如何做"的指导外，我还特别重视"质量"二字。以下是我在评估一种"益生菌的质量是否够好"时的一些考虑因素：

细菌的总量：一般来说越多越好。如果是想要解决某种医疗问题，那我通常会在250亿~500亿个细菌里找答案。

独立菌株的数量：同样，越多越好。我们都知道细菌是在"公会"或者团队中工作的，所以一支多元化的团队远好过让它们单兵作战。目前，治疗特定疾病的细菌类型还有待确定，在这之前，我们需要明确的一点是：多菌株益生菌往往优于单一菌株益生菌。

有效期内所能保证的数量：包装上不仅要说明生产时的细菌数量，还要说明在规定的有效期内可以保证的细菌数量。这是益生菌质量的标志，如果没有标明，那你就得多加小心了。

无过敏原：我更倾向于使用植物性益生菌。但目前市面上很多益生菌都是基于奶制品的。

缓释胶囊：我们需要让益生菌直达我们体内细菌栖息的地方——结肠。如果没有特殊的缓释胶囊，许多益生菌们还没到结肠就被胃酸给消灭了。

包装及冷藏：我就这么说吧，反正我一般都会冷藏。但如果这种益生菌不需要冷藏，那就是它生存能力提高的标志。我喜欢吸塑包装的益生菌，这样每个单独的胶囊都不会受到湿度的影响。

◎ 益生菌的未来何时会来？

搞清楚该让哪种细菌菌株与我们的益生菌相结合是一大挑战。我们都知道细菌是团队合作，或者说"公会"合作。但我们需要搞清楚如何才能搭建起一支合适的队伍，来完成我们的特定目标。这是一项极具挑战性的工程，因为我们需要测量上百种类别的益生菌，它们以毫秒为单位进行动态变化，因解剖位置的不同而有所区别，而且它们彼此之间和它们所处的环境之间都会相互影响。但经过了 300 万年大自然改造的益生菌，已经形成了自己的"公会"和平衡。没错，我说的就是大便！我们总是忽视它，对它不敬，但它也许就是现代医学的救世主。有许多临床试验都对粪便移植在人类健康领域扮演的角色展开了评估。我预测粪便移植对急性病（如感染）的功效比对慢性病（如结肠炎或克罗恩病）的要好，当然，与此同时，我们也需要改变生活方式，以此来为肠道新接收到的微生物群提供支持。我很期待看到研究结果！

8

照着推荐给你的高膳食纤维食物吃

让你的肠道菌群每餐都跳起"大河之舞"

也许你已经注意到我们的饮食文化有多痴迷于"超级食物"了。我们一直在找寻那个唯一的游戏规则改变者，希望它能解决我们所有的健康问题，让我们感觉自己活得像个百万富翁。我们总是被鼓励着用药物来让一切变得更好，总希望用最小的努力换回最大的结果。别误解我的意思，超级食物及必要时的药物治疗都是很好的，但我们有点搞混了，因为根本不存在一种能满足所有期待的食物。

没有完美的食物——食物都有优点和缺点。我承认本书中推荐的健康食物也有缺点。这就回归了我们在第4章提到过的内容：好事过头反成坏事。如果你只吃羽衣甘蓝，你的健康状况也会非常糟糕。

若我们只关注超级食物本身，就容易忽略对植物性饮食多样性的重视。超级食物确实很好，但我永远会把植物性饮食多样性排在超级食物之前。

记住，食物不是一堆单独的成分，而是一个整体。它的优点会多于缺点吗？把食物融入你的生活，就是一件优点多过缺点的事情。这样做的话，我们能从日常膳食中获益不少。这就是为什么我们需要多样化的植物性食物。单独来看，每一种植物也许都不完美，但它们的优点是远远多于缺点的，而当你把它们作为整体来考量时，你就拥有了支撑健康肠道菌群和助推整体健康状态的完美饮食。

也就是说，我们在关注植物性饮食多样性的同时，还需要把那些真正意义上提供营养动力的食物吸纳进来，以获取两边所能提供的益处。这些自带"涡轮增压器"的强大食物是我们最好的朋友，但不能是我们唯一的朋友。

以下是我最喜欢的能提供纤维燃料的食物，为了好记，我按首字母缩写给它们排了序。我会尽可能多地把它们加进我的日常饮食里，当它们组合在一起，并且你摄入了很多其他植物性食物的时候，它们才会发挥出最大的功效。

提供膳食纤维的强大朋友们

F GOALS

F：水果＆发酵食物

G：绿色食物＆谷物

O：ω-3 超级种子

A：芳香植物（洋葱、大蒜）

L：豆类

S：萝卜硫素（西兰花芽和其他十字花科的蔬菜）

◎F：水果＆发酵食物

在第6章，我们已经为发酵食物点过赞，因为它不仅能带来额外的营养值、益生元、益生菌和后生元，还能增加我们膳食中的植物性饮食多样性。记住，我们的目标就是在日常饮食中，增加一点点发酵食物的身影。

F GOALS 里的 F 包括水果。大众对于水果有很大的恐惧心理，特别是健身人群。我听到很多私人教练说："水果含糖，过量的糖会导致长胖"。朋友们，我们不要根据单个成分去判断任何食物，这将导致我们得出完全错误的结论。我们得把食物作为整体来看。水果里的糖跟加工糖显然不是一回事。水果还富含很多其他物质，包括维生素、矿物质、植物化学物质和膳食纤维。

而且吃水果不会导致体重增加，也不会导致糖尿病。事实恰恰相反，水果还能预防糖尿病。举个例子，浆果类水果已经够甜了吧，但它们能降低血糖和餐后胰岛素的释放。无论你是有糖尿病，还是只想避免摄入糖，千万别错误地把水果里的天然糖与加工糖或添加糖混为一谈。你可以放心吃水果！它不仅能帮你减肥，还能控制糖尿病的发展。

果汁健康吗？

喝鲜榨果汁跟直接吃水果一样吗？显然不一样。直接吃食物的时候有一套消化逻辑。而当你把水果榨汁之后，就等于去除了水果中的大部分膳食纤维，人为地把糖分集中在一起了。例如，一个小橙子的热量是 45 大卡，含有 2.3 克膳食纤维和 9 克糖。而一杯橙汁的热量高达 134 大卡，糖也高达 23.3 克，但膳食纤维却只有 0.5 克。总的来说，果汁是加工水果后得到的含糖饮料。

关于水果对健康的好处，我能写一整本书。在第 4 章里我们提到过苹果是获取益生元纤维、健康微生物和大量有益多元酚植物化学物质的绝佳来源，它们有助于减少人们得心脏病、中风、肺癌、糖尿病、哮喘的风险，还对减肥有帮助。橘子富含维生素 C、抗氧化类黄酮和花青素，而花青素能预防高血压、高胆固醇、肾结石和缺铁。非常厉害对不对？

苹果和橘子已经非常棒了，但我对浆果类水果才叫爱得深沉，如蓝莓、黑莓、覆盆子、草莓和鲜为人知的巴西莓、枸杞，我全都想要！

浆果类有丰富的颜色，如蓝色、紫色、红色和粉红色等。这些颜色其实都是因为一种叫花青素（phytochemical，还记得吗？"phyto"的意思是植物性的）的植物化学物质，如果没有花青素，蓝莓就会变成绿色！这就是为什么未成熟的蓝莓不蓝的原因——花青素还没到位。花青素是种很神奇的东西。它能帮助人类抵抗癌症，还能提高人们的认知水平。例如，在一项研究中，每周吃2份草莓或1份蓝莓的女性，她们认知能力衰退的进程被推后了，而且大脑也年轻了30个月。另一项研究则显示，一周吃2份浆果类食物能让患帕金森病的概率减少23%。研究人员发现，给孩子们吃野生蓝莓时，随着蓝莓剂量的增加，孩子们的认知能力几乎是立即表现出了提升。近期我为了更新我的内科医学会认证证书，参加了一个长达8小时的严苛考试。猜猜我每天都在吃什么？蓝莓。

蓝莓

选择个头小的蓝莓，最好是野生的。

蓝莓个头越小，越没那么甜，但抗氧化剂的含量却会越高。

也别忽视了其中膳食纤维的含量。在一杯草莓、蓝莓、黑莓和覆盆子里，你能分别得到3克、4克、8克和8克膳食纤维。想想美国人均每天只会摄入15克或16克膳食纤维，而一把浆果就足够扭转乾坤了。我喜欢在下午茶或者想吃甜食的时候，来一把浆果。

◎ G：绿色食物 & 谷物

第4章里我们讨论过全谷物的好处，例如，降低冠心病、心血管疾病和癌症风险，以及降低因呼吸道疾病、传染病、糖尿病、非心血管疾病、非癌症等各种原因死亡的可能性。这还只是一项研究的结果。

我的观点比较直接。毫无疑问，我们应该放弃精制谷物。我当然和你是同一阵线的。但如果你想要健康的肠道菌群，那么全谷物就是搭建健康肠道的那个基础。第 4 章里引用过的大量研究都证实了这一点。

说到绿色植物，植物性饮食多样性一下就体现出来了，圆白菜、羽衣甘蓝、芝麻菜、菠菜、长叶莴苣、白菜、水田芥、君达菜、西洋菜薹、芥菜、酸模、阔叶菊苣、苤蓝等。每种蔬菜又细分了很多类型，例如，羽衣甘蓝又包括常见的羽衣甘蓝、拉齐纳多羽衣甘蓝（又叫恐龙羽衣甘蓝或托斯卡纳羽衣甘蓝）、紫色羽衣甘蓝和西伯利亚羽衣甘蓝。甚至有些根茎类蔬菜的叶子也是能吃的，如甜菜、芜菁、蒲公英、小萝卜和胡萝卜，它们也丰富了绿色植物的种类。

当我们评估食物的健康价值时，营养素密度是一个很重要的概念。我们的目的就是要获得最大程度的营养——让人体摄入的每一大卡热量都能换回尽可能多的维生素、矿物质、植物化学物质和膳食纤维。公式很简单：

营养素密度 = 营养素 ÷ 热量。

比如，油就是高卡路里、低营养素的一种东西，营养素密度很低。薯片也是一种低营养素密度的食物。真是一种非常直观又符合逻辑的方法，对不对？

我们将其称之为 ANDI 分数，意思即总计营养密度指标。它是由传奇的乔尔·福尔曼教授（Dr.Joel Fuhrman）提出的，福尔曼教授是我个人心目中健康领域的偶像。ANDI 分数从 1 到 1,000。1 代表最差。例如，可乐、爆米花和香草冰淇淋分数垫底。是不是觉得这个评分非常有说服力了？至于得分高的食物，有 5 种拿到了 1,000 分的满分，这 5 种植物是羽衣甘蓝、圆白菜、芥菜、水田芥和君达菜。仅次于这 5 种的是白菜、菠菜、芝麻菜和长叶莴苣这 4 种植物。换句话说，绿色食物占据了排行榜的前九位。这并不是一份只有绿色植物的列表，它包括众多食物，但唯独绿色食物牢牢垄断了顶层的位置。

绿色植物惊人的营养素密度来自于大自然的馈赠，让你在得到大量营养成分的同时，几乎不会摄入热量，所以你可以想吃多少吃多少。等于说，它可以让你在不担心热量摄入过多的情况下，获取营养素！打个比方，450 克左右的绿叶蔬菜热量只有 100 大卡，等同于一个鸡蛋或者两口牛排。自从我换成植物性饮食后，我就再也没烦恼过食物分量这回事了。但如果你读过这本书后，依旧继续吃高卡路里的食物，那你得明白这一点：你本可以在膳食中加入无限量的绿色蔬菜来获取更多营养，同时还不用担心卡路里。

以下营养素密度极高的食物值得再强调一下：

- 羽衣甘蓝：其含有抗氧化的植物化学物质叶黄素和玉米黄质，能预防眼睛黄斑变性。它还含有 β-胡萝卜素，能降低患白内障的风险。

- 圆白菜：如果你住在南卡罗来纳州的查尔斯顿，那你没法不爱圆白菜。最妙的一点是，摆在毫无戒心的美国南方人碟子里的圆白菜，不经意间就为人们带来了大量营养成分。它具有结合胆汁酸并将胆汁酸从粪便排除体外的能力。这一点有助于降低胆固醇，并减少致癌的次级胆汁酸。

绿色食物

用蒸的方式烹饪绿色食物，提高胆汁盐结合的活性！
这有助于预防癌症，特别是结肠癌和肝癌。

- 菠菜：你也许还记得，"大力水手"就是靠吃菠菜获得超凡力量的。《大力水手》于 1929 年被创造出来，这种构思可以说是相当具有前瞻性了。而且还一点都没错！仅仅一杯熟了的菠菜，就能提供每日所需铁元素的 36% 和蛋白质的 11%，更别说维生素 A、维生素 K、钙、镁、钾和锰了。哦对了，还有 4 克膳食纤维。

- 芝麻菜：它是癌症粉碎机，其含有一些独特的植物化学混合物，如硫氰酸盐、萝卜硫素和吲哚，这些物质能帮我们对抗一些最致

命的癌症——前列腺癌、乳腺癌、结肠癌、卵巢癌和宫颈癌。我
们稍后会再聊一聊萝卜硫素。

- 白菜：白菜对骨骼有好处，它能提供一些重要的矿物质，比如铁、
锌、镁和维生素 K。
- 长叶莴苣：如果你想要健康的肌肤，想要扭转衰老，试试长叶莴
苣。长叶莴苣里的维生素 A 和维生素 C 有助于形成新鲜的胶原蛋
白，以预防皱纹、中和氧化自由基。最后我们就得到了容光焕发
的肌肤，皮肤弹性也增强了。

◎ O：ω-3 超级种子

我相当喜欢这个类别，因为我喜欢这种有营养、美味、用途广泛，还很
独特的食物。但在详细介绍 ω-3 脂肪酸和 ω-6 脂肪酸之前，我还得重申几
点。你应该知道脂肪分为不同类型：反式脂肪酸、饱和脂肪酸、单不饱和脂
肪酸、多不饱和脂肪酸。ω-3 脂肪酸和 ω-6 脂肪酸就属于多不饱和脂肪酸，
这二者属于"必需品"。因为我们的身体不具备制造它们的能力，所以得从饮
食中获取。如果缺乏这两种脂肪酸的摄入，那就会发展成缺乏症状，最终导
致疾病。

大体来说，多不饱和脂肪是健康的，而且对人体的许多功能来说都是
很重要的。可能你听 ω-3 脂肪酸比听 ω-6 脂肪酸要多。部分原因是因为现
代西方饮食提供的 ω-6 脂肪酸过量，而 ω-3 脂肪酸不足。ω-6 脂肪酸与
ω-3 脂肪酸的比例是反映健康水平的标志。在传统文化的发展过程中，ω-6
脂肪酸和 ω-3 脂肪酸是以几乎平均的比例混合的，但大多数西方人体内是
15:1~16.7:1 的比例。这一比例如果失衡，就会导致心血管疾病、癌症、骨质
疏松和自身免疫疾病。要做到平衡这一比例，我们就得确保在日常饮食中补
充大量 ω-3 脂肪酸。

我知道该去哪儿找到它们——ω-3 超级种子。具体来说，我这里指的是

三种包含植物性 ω-3 脂肪酸的种子：亚麻籽、奇亚籽和大麻籽。每一种都能提供 ω-3 脂肪酸，但又各有不同，接下来我们分别来看看。

- **亚麻籽：**亚麻籽是获取 ω-3 脂肪酸，α-亚麻酸（ALA）的优质来源，每一汤匙[①]亚麻里就含有 2.3 克的 ALA。它也是获得可溶性膳食纤维的绝佳来源，这也是它能成为治疗便秘的传统方法的部分原因。在第 3 章里你能翻阅到益生元纤维的所有好处。亚麻籽中的木脂素也特别丰富，这是一种植物化学物质，能发挥强有力的预防激素性癌症（如乳腺癌和前列腺癌）的功效。
- **奇亚籽：**它也有木脂素，而且比亚麻籽的含量更高。奇亚籽的 ALA 含量比亚麻籽稍多（每汤匙奇亚里有 2.4 克 ω-3 脂肪酸），膳食纤维含量则大大超出亚麻籽（奇亚籽是 5 克，亚麻籽是 3 克）。奇亚籽的膳食纤维重量占 40%，是世界上膳食纤维的主要来源之一。其中绝大多数都是可溶性膳食纤维，属于益生元中的一种。如果你把一汤匙奇亚籽放到 60 毫升液体中搅拌，不到 10 分钟你就能得到一杯黏性胶体，这就是能直观看到的可溶性膳食纤维。奇亚籽能吸收自身重量 10~12 倍的水。让它们在水中静置几小时，你就得到了奇亚籽布丁，一种非常有营养，且质地像西米露的美食。

奇亚籽

奇亚籽的外壳很硬，所以要充分研磨、咀嚼才能吸收其中的营养。如果你买的是研磨好的那种，那直接把它放冰箱里保鲜就行了。

- **大麻籽：**最后同样重要的是大麻籽——它与亚麻籽和奇亚籽不同。

---

①　一汤匙等于 15 毫升。

好吧，我就直说了。没错，大麻籽来自于大麻。但大麻籽是合法的！它们不含大麻的精神活性成分 THC，所以不会让人上瘾，而是让你变健康。大麻籽中的 ALA 含量大约是奇亚籽和亚麻籽的40%，但膳食纤维含量较少。当你想到大麻籽的时候，可以想想蛋白质。大麻籽的独特之处在于它是一种完全蛋白质，也就是说它含有所有必需的氨基酸。所以，如果你想同时获取必需脂肪和氨基酸，那么大麻籽就是那个"一站式服务点"。

我喜欢在奶昔里加点 ω-3 超级种子。我一般同时会放这三种。它们与燕麦或一些新鲜沙拉都能搭配得很好。在第 10 章的"纤维饮食 4 周计划"里，我会写一个美味的奇亚籽布丁食谱（柠檬奇亚籽布丁，228 页）。

还有一些其他的植物性 ω-3 脂肪酸来源——胡桃、老豆腐和日本毛豆都富含 ALA，但都不如亚麻籽和奇亚籽多。豆子和抱子甘蓝里也有少量。

◎ A：芳香植物（洋葱、大蒜）

它们是风味食物！想想天堂般美味的慢炖意大利酱，里面满满的全是大蒜、洋葱和罗勒。

—— 一定要加新鲜的草本植物 ——

草本植物的营养成分非常丰富。罗勒本身就含有大量的植物化学物质，所以它具有抗炎性、化学预防性、防辐射性、抗菌性，能够镇痛、退热、抗糖尿病、护肝、降血脂和调节免疫。所以我的建议是：只要有机会往菜里加新鲜的草本植物和香料，那就加吧！这等于往里增添风味，同时增加植物性饮食多样性及多种植物化学物质。

洋葱和大蒜之所以香味很浓是因为它们都是葱属蔬菜。对身体有类似益处的其他葱属蔬菜还有韭菜、火葱、小葱和青葱。葱属蔬菜都富含多种营养，如维生素 B_1、维生素 B_2、维生素 B_3、维生素 B_6、维生素 C、维生素 E、维生素 K、叶酸、铁、镁、磷、钠和锌。相当多！！

接下来是精华部分了。葱属植物含有一种芳香有机硫化合物，这也是它们气味、味道和健康益处的来源。例如，剁碎或者压碎新鲜大蒜或洋葱，能激活一种叫蒜氨酸酶的酶，这种酶可以把蒜氨酸转化为大蒜素。只需10分钟，酶就能激活大蒜素。大蒜素是一种能抗细菌、抗真菌、抗寄生虫，甚至抗病毒的化合物。气味越浓烈，对你的健康就越好。为了激活大蒜素，你需要先把葱属植物剁碎，然后停下来，静置10分钟再进行烹饪。大蒜素似乎能攻击那些坏家伙们，比如，具有多药耐药性的肠毒性大肠杆菌和白色念珠菌。而且它还能促进双歧杆菌和肠道内其他有益微生物的生长。值得注意的是，葱属植物同样也是获取益生元纤维的绝佳来源。

大蒜：我用来对抗普通感冒的秘密武器

我们家有个传统，是用大蒜来治疗普通感冒。当出现咽喉痛这个最初迹象的时候，我们就开始吃大蒜。我们会把2~4瓣大蒜切至药丸大小，切好之后先停一停。等待蒜氨酸酶激活大蒜素，然后把它们都吞下去。我每天都会坚持这样做，直至感冒消失。一旦发现感冒迹象，我就会开始吃大蒜，实际上我多次通过这种方法成功缓解过感冒。有安慰剂对照试验证实了我的经验。不过在讲话的时候，你确实会闻起来蒜味很浓，这算是一点小代价吧。

葱属蔬菜还拥有强大的抗癌活性，特别是在对抗胃癌和前列腺癌方面。它们的抗癌活性分为两层：第一层，有机硫化合物，如大蒜素有抗癌、抑制肿瘤生长的作用。第二层，葱属蔬菜含有至少24种不同的黄酮类植物化学物

质（如槲皮素），比如，红洋葱还额外附赠给我们花青素，黄酮类化合物具有抗炎效果，能帮我们预防癌症。

这些抗氧化的化合物似乎还对治疗阿尔茨海默病和心脏疾病有好处。

洋葱

切洋葱的时候会激发出一种有机硫化物，刺激人流泪。这是一种能抗癌症和具有抗炎性的化合物。如果你切洋葱的时候忍不住流眼泪，试试把洋葱放在冰箱里冻 5 分钟后再切。为了最大限度利用葱属蔬菜的益处，最好直接生吃。如果你接受不了生吃，可以把它们切好，等化合物生成后再进行烹饪。

◎ L：豆类

豆类是这个星球上最健康的食物之一了，而且它们还贼便宜！它们是健康肠道菌群的基石，能为我们提供非常多的益生元纤维和抗性淀粉。千万别错过用这种无可替代的食物来培养肠道菌群的机会。有关豆类的更多知识请参见第 4 章。

◎ S：萝卜硫素（西兰花芽和其他十字花科的蔬菜）

植物就像我的孩子一样，每一个我都爱，我能看到它们个性中的美好。但如果说非得有一个"最爱"，那就是富含萝卜硫素的植物了。已经整整写了 8 个章节了，终于有机会跟大家说说十字花科蔬菜，和它们含有的超级化合物质萝卜硫素了。

我们都知道西兰花、羽衣甘蓝、芝麻菜、卷心菜、花菜和抱子甘蓝是健康食物。但为什么健康呢？它们是十字花科蔬菜家族的部分成员。这个家族至少有 40 位成员，它们有着共同的血统。在植物进化的亿万年里，它们进化出了一种共同的防御系统，利用一种叫作芥子酶的酶把硫代葡萄糖苷转化为"有毒"化合物。芥子酶和硫代葡萄糖苷被分别储存在植物内部的不同地方，因此在正常情况下它们不会混合。当昆虫或像你这样的食草动物开始撞击植物时，它们会打破那些分离室，使化学物质混合在一起，并引发化学反应，最终导致萝卜硫素等异硫氰酸盐（ITCs）的产生。这在概念上类似于炸弹。那么，当炸弹爆炸，ITCs被释放后，会发生什么？炎症被去除，心脏变健康，血糖降了，脂肪被燃烧了，激素恢复平衡，癌症也有被治愈的可能。ITCs能有力地促进健康。这是又一个例证，说明了植物的防御系统可以发挥帮助人类抵御癌细胞的双重作用。

十字花科植物蔬菜

十字花科蔬菜与洋葱、大蒜的相似之处在于它们都含有一种酶，待激活后才能释放出人体的最佳治愈物质，因此，我们最好直接生吃它们。芳香植物的那套"先切再等"的方法也同样适用于十字花科蔬菜。如果西兰花或花菜已经煮熟了，就像冰冻蔬菜在冰冻前已经被加热到褐色发白，你可以通过撒芥菜籽粉的方式来补充一些已经丢失的酶，并恢复异硫氰酸盐植物化学物质的治愈功效。这个小窍门是不是特别酷！

接下来聊聊我最爱的异硫氰酸盐——萝卜硫素。从十字花科蔬菜西兰花、抱子甘蓝、羽衣甘蓝和卷心菜里都能找到萝卜硫素。1992年，癌症预防领域真正的先锋保罗·塔拉雷教授（Dr.Paul Talalay）打开了潘多拉的魔盒，他初次发表了有关萝卜硫素对癌症起预防作用的研究。从那时起，无数实验室研究、动物研究和人体研究（许多都是由塔拉雷教授做的，他于2019年去世，享年95岁）都提出萝卜硫素也许就是这些健康食物背后的驱动力。以下是我们对这一药用植物化学物质萝卜硫素的了解：

- 用 7 种机制帮助我们抵御癌症：抑制致癌物质的生成，激活酶来消灭已有的致癌物质，阻断血液流向肿瘤（肿瘤需要血才能继续扩张），抑制癌细胞的迁移和入侵，促进癌细胞的自我毁灭（细胞凋亡），甚至通过表现遗传学控制癌症的发展。
- 破坏肺癌、结肠癌、乳腺癌、前列腺癌、皮肤癌、胰腺癌、肝癌、咽喉癌和膀胱癌的基础，还有骨肉瘤、恶性胶质瘤、白血病、黑色素瘤，甚至更多。
- 阻断那些会被细菌内毒素激活的促炎通路。
- 作为强有力的抗氧化剂，可以为自由基解毒，并减少细胞损伤。
- 可能对帕金森病有好处，可以帮助患者从中风、脑震荡或其他脑外伤中康复。
- 减少 β 淀粉样蛋白斑块，改善阿尔茨海默病患者的认知障碍。
- 改善心情，缓解焦虑和抑郁。
- 增强大脑功能，提高记忆力和注意力。
- 调节免疫系统，改善自身免疫性疾病，如实验性多发性硬化症和类风湿性关节炎。
- 把身体调至脂肪燃烧模式来促进减肥，这一惊人的效果是通过减少肠道中的致病性有害细菌的数量，限制细菌内毒素释放，以及其他机制来实现。
- 抵抗细菌和真菌感染。在一项研究中，28 种致病菌和真菌里有 23 种都被成功抑制。
- 通过改善血脂，降低血压、抑制血小板聚集，甚至直接抑制动脉炎症来保护心脏。
- 改善胰岛素敏感性，以治疗 2 型糖尿病。
- 修复糖尿病造成的损害，修复糖尿病心脏病和肾脏损害。
- 保护肝和肾不受化疗药物的伤害。

信不信由你，它的好处我还能继续往下说。那么萝卜硫素与我们的肠道菌群之间会产生怎样的火花呢？通过上述段落我们已经知道，萝卜硫素能帮我们减少致病菌和细菌内毒素的释放。但实际上它的能力远不止于此。另一项研究发现，萝卜硫素通过增加健康肠道微生物，增加丁酸盐的释放，以及通过使细胞间的连接更加紧密，来修复肠壁以扭转肠漏症，从而纠正肠道菌群失衡。效果令人震惊。我想说的是，萝卜硫素施展魔法的部分方式，是与短链脂肪酸组队进行双打，组成最具强大肠道治愈力的超级英雄二人组。

这就是十字花科蔬菜的魅力，尤其是西兰花、抱子甘蓝、卷心菜、花菜和羽衣甘蓝。有一种食物在萝卜硫素的含量上一骑绝尘——抱子甘蓝。它们实际上是未成熟的西兰花，是种子刚刚孵化出来的阶段，就跟豆芽或苜蓿芽的概念是一样的。西兰花芽产生的萝卜硫素比成熟的西兰花多 10~100 倍。也就是说，吃大量成熟的西兰花和少量西兰花芽，达到的效果是一样的。

自己种西兰花芽！很简单。

- 向 0.95 升的宽口玻璃罐里加入 2 汤匙西兰花种子。
- 注入 5 厘米高的过滤水，盖上盖子。将罐子放在一个温暖、避光的地方过夜，比如厨房的橱柜里。到了早上，再把水倒掉。这是唯一一次需要把种子浸在水里的情况。下一步，就需要冲洗和沥干了。
- 每天用淡水冲洗种子 2~3 次。转动罐子、把水排干。重点就是要把大部分水都排出来，有个办法是把玻璃罐倒置于一个大碗里，让它跟大碗呈 45 度角左右，让水滴能持续流出。这一过程也需要每天重复 2~3 次——冲洗、转动、沥水、静置于橱柜里，再重复以上过程。

几天后你就能看到改变：首先它们会破土而出（非常可爱！），然后生长至大约 2.5 厘米长，并长出黄色的叶子。这时候它们就需要阳光了。阳光能帮助它们走向成熟，等叶子变绿，就大功告成了！把它们用空气密封的方法密封并存放在冰箱里。

抱子甘蓝有一种苦苦的、辛辣的味道，但正是这种苦味在帮你对抗癌细胞。需要注意：用食物补充剂来代替西兰花芽是无法达到同样的效果的。一项对比西兰花芽和补充剂的研究显示，前者完胜！天然食物又赢了！如果你不喜欢它的味道，试试在奶昔、汤或沙拉里加入西兰花芽。

◎ 附赠：蘑菇和海藻

相信你现在能理解为什么萝卜硫素值得被单列出来了。老实说，没有哪种食物比西兰花芽更能诠释"食物即药物"的意义了。但蘑菇和海藻作为一个额外类别值得一提。

蘑菇值得一提的原因是它们非常独特——不属于植物！它们虽是真菌，但我认为可以把它们当作荣誉植物，因为它们确实表现得像植物。它们含有的益生元 β-葡聚糖能增强人体免疫系统，让人免受感染和癌症的困扰。有几种蘑菇甚至能预防乳腺癌。每天吃一颗蘑菇能减少 64% 的患乳腺癌风险。蘑菇的一个美妙之处在于它的多样化：白蘑菇、小褐菇、平菇、大褐菇、舞茸、灵芝、冬虫夏草。每一种都能为人类提供不同的健康益处。所以除了植物性饮食多样性以外，我还支持伞菌多样性！

蘑菇

切记要把蘑菇做熟。有些类别的蘑菇含有一种叫伞菌氨酸的物质，它是一种潜在致癌物，但会在烹饪中被消除。

海藻也值得我们尊敬。它并不是野草，而是蔬菜。它只是碰巧从海中而来。海藻很棒的一点是，它能为我们一直提到的"植物性饮食多样性"添砖加瓦，不仅仅是因为它富含膳食纤维，而且它还能提供陆生植物没有的、独特的几类膳食纤维——石莼多糖、木聚糖和琼脂。这些都是天然的益生元纤

维。像海带和裙带菜这样的褐藻，含有一种独特的化合物叫岩藻黄质，它有助于减少脂肪的堆积，促进减肥，改善胰岛素敏感性，并改善血脂状况。海洋蔬菜同样也是获取对甲状腺有好处的碘和维生素 B_{12} 的绝佳来源。

由于海洋蔬菜和藻类都不属于传统美国饮食中的一部分，你可能不知道从哪儿开始入手。别担心。接下来让我们快速浏览一下选项，以及将它们结合起来的方法。

- 海苔：它们就是软化后用来做寿司卷的脆片，是一种重量很轻但营养十足的零食，也可以弄成碎片撒在沙拉上，以增加一点脆脆的口感。

- 海带 / 昆布：一般以脱水条状或"肉肉的"形式出售。海带可以给美味的汤增加鲜味，在第 10 章的"纤维饮食 4 周计划"里会详述"生物群系蔬菜汤"（226 页）。日本人甚至还会喝昆布茶。

- 裙带菜：一种微甜的海藻，是制作味噌汤的绝佳佐料，也可以用它和脆脆的蔬菜（如黄瓜）一起，制作美味的海藻沙拉。

- 螺旋藻：一种营养密度很高的蓝绿色海藻，常常被制成粉末或药片的形式，富含铁、钙、蛋白质、B 族维生素和叶绿素。把它们撒在你的奶昔里，享受它的益处吧。

F GOALS 植物几乎都是无皮食物，洋葱和大蒜是例外，其他都不需要去皮或壳。所以任何喷洒于其表面的化学物质都会成为它的一部分，而且你无法确保能把这些化学物质洗掉。在一项覆盖了超过 6.8 万名法国志愿者的前瞻性队列研究中，那些吃有机食物的人患癌症、非霍奇金淋巴瘤、绝经后乳腺癌的风险更低。肯定还会有更多后续研究证实这一点，所以当我们在思考往食物中添加工业化学物质这一问题时，我认为我们的基本立场应该要为我们自己提供保护——我们应该假定杀虫剂是对人体有毒的，除非有证据证明它不是。

◎ 在你的日常膳食里加入 F GOALS

我们已经拥有一份基础性食物列表了，现在是时候改变自己的饮食了。注意 F GOALS 列表里的膳食纤维和 FODMAPs 食物。F GOALS 食物同样也富含膳食纤维、FODMAPs 的食物，这并不是巧合。正如我们之前讨论过的，FODMAPs 食物并不是敌人，而是朋友。但在饮食中加入膳食纤维和 FODMAPs 食物的时候，切记要从小剂量开始，慢慢增加用量——这是我们要遵守的箴言。

PART III

纤维饮食计划

9

纤维生活方式，治愈你

养成健康的生活习惯，让你轻松健身，健康生活

终于到这一章了！我非常激动地想与你分享纤维饮食4周计划。但首先我得声明，纤维饮食并非一种饮食方案，而是一种生活方式。它才是你应有的生活方式，助你恢复健康，让你感觉良好。放下这本书，花一些时间想象一下，如果这些转变发生在你身上会是何种模样。

画面很美好，对不对？西方医学奠基人希波克拉底说过这样一句话，"让食物成为你的药物，而不要让药物成为你的食物"。这就是纤维饮食项目的核心，健康的生活方式与习惯同样重要。本章的后面我们会聊到以下方面：睡眠、锻炼、与喜欢的人相处、与自己独处等等。这些同样也是你的药。

当你构建起"正确的日常例行程序"后，治愈之力会随之而来。你的生活方式将治愈你，助你恢复状态，使你变得更强大。而且这一切来得毫不费力。但为了达到这一目标，我们必须要有正确的心态。

一切都始于"健康心态"

我们拥有的技能并不是生下来就被永远锁定，无法修改。没有人生来就是职业歌手或篮球运动员，尽管有时可能看起来如此（比如碧昂丝和勒布朗）。不论我们是谁，我们都有能力成长，变得更好。与其觉得"我做不到"，不如让自己专心致志地投入到实现目标的努力中去，这样才能锻炼出新的技能，改变你的人生。这就叫拥有"成长型思维"。

成长型思维不是"我们是谁"，而是"我们能成为什么"。你，拥有改变的能力。"成长型思维"的概念，最早在卡罗尔·德韦克博士（Dr. Carol Dweck）的《终身成长》（*Mindset: The New Psychology of Success*）一书中被提出。成长型思维引导你认识自己的优点与缺点，而且指导你把缺点当作成长的机会来看待。有了成长型思维，我们就不会再过分强调成功、技能或完美。我们看重努力、学习和坚持。

从第一个孩子出生时起，我和我的妻子就开始讨论"成长型思维"了。我们希望在家庭中建立起坚持不懈和努力奋斗的价值观，这不是为了赢，而是为了设定一个目标，看看你拥有什么能力，以及你能为之付出多少努力。我们坚定地认为这才是健康的人生观。

这种意识已经进入了我的灵魂，所以当我试着去改善自己的健康状态时，我也会运用这一理念。我建立了一种健康思维。我对严格的健康饮食计划不感兴趣，我也不想经历节食的痛苦过程。我并不会因自己不健康的饮食或对快餐的爱，而感到羞愧和自责。是时候向前进了，但前提是要按我自己的方式。

这对我来说并不简单，我知道对你来说也很难。老实说，我喜欢我以前的饮食习惯。我喜欢的并不是它带给我的感觉，而是迷恋尽情享受费城牛肉芝士三明治或辣芝士热狗的那短短3分钟时间。几乎每天我都会喝一瓶2升的苏打水，试图以此弥补餐后因摄入咖啡因导致的"宿醉"。红牛应该来赞助我，因为它是我生活中的一部分，有时候我一天要喝2~3瓶。而且我从没想过，也许（只是也许）是我的生活方式导致我状态很差。即使我做到了举重训练 45 分钟，跑步机上跑 5 千米或 10 千米，或在游泳池里游 100 个来回，我也从没想过是我的生活方式导致我的体重减不下来。

为了成为更好的自己，我想要和我的饮食重修旧好。我决定接受自己的起点，并朝着更健康的方向努力。每一顿饭对我来说，都成了做得更好的机会。如果一次没做好，别担心，下次可以做得更好。我享受这种挑战：看看我能为了照顾自己的身体而做些什么，同时我也很珍视从中学习和成长的机会。

开始还是有点挑战性的。我试着接受苦苦的抱子甘蓝；用水或康普茶代替可口可乐或激浪轻怡；在家自制可口的奶昔，不去哈迪斯买辣芝士热狗和汉堡；拒绝深夜零食；不再在我的咖啡里加人工甜味剂和奶精；不要炸薯条，改吃配菜沙拉，让盘子里多一点绿色。我并没有感到被剥夺了什么或负有什么义务。我只是在做选择，并且选择的是更健康的身体。

我的个人体验中最令人兴奋的发现是，当我开始做出这些改变的时候，我的味蕾也跟着改变了。一开始对我没吸引力的食物，渐渐地成了我喜欢的。你知道那种出门远行一趟后，回来只想吃上一道家乡美食的感觉吗？对过去的我而言，我会去吃泽西·麦克家的芝士牛肉三明治或者五兄弟家的汉堡和薯条。但有一天我回到家后发现，我想吃的竟然是别的东西——我第一站就去了沙拉店，买了一份蔬菜沙拉和康普茶。你要知道，即使对我本人而言，这也是很奇怪的一件事。我从没想过有一天，我想吃的是蔬菜沙拉。这件事让我察觉到，有些东西已经在悄然发生改变了。

在我调整饮食几年后，最终的考验来了。我当时正处在医学实践中，而且度过了极为糟糕的一周。每天早上 5 点我就要到医院，从踏进门的那一刻起，一切工作上的事情就得靠自己了。新的咨询不断涌入，我需要照看的患者数量持续增加，甚至达到了我不得不飞奔于患者之间才能把他们的病全看完的程度。很多个晚上，我下了班之后还得继续待在医院里加班。不是"我昨晚 7 点半就忙完了"的程度，而是"晚上 10 点能到家就算不错了"。大多数的时候比这还晚。当工作已经忙成这样的时候，你其实很难描述饮食对你的精气神带来了怎样的影响。你讨厌你的工作，讨厌接下了工作的自己，但你最恨的还是你已经整整一周没见到过醒着的老婆或新生女儿这件事了。等你到家的时候，她们早就睡着了。而早上在她们醒来前，你又已经悄悄出门上班了。

当那地狱般的一周结束时，我对自己说："你应该好好款待一下自己。"那个时候我已经很久没吃过红肉了，将近两年没吃过牛排了。但曾经，当我还在芝加哥西北大学做住院总医师时，我的老天爷呀，你是不知道我有多爱肋眼牛排。所以当时我决定去我最爱的那家牛排餐厅款待一下自己。我点了份三分熟牛排，我总爱这样点。

但是当牛排端上来我闻到它的味道的时候，我竟然没流口水。事实上，我感觉有些东西闻起来不一样了。当我咬了一口之后，我更加确定有些东西变了。牛排的味道不像我记忆中的样子了。这并非出于内疚，我还是觉得这个奖励是我应得的。我明明很饿，明明打算好了要款待自己一顿。但两口牛排下肚时我就意识到，这不是我想要的。我拿餐巾纸把它盖上，然后要来了账单。付完钱之后，我快速离开了餐厅，以免被服务生追问我为什么不喜欢吃。

牛排本身毫无问题，变了的是我的味蕾。从那以后我就再没吃过牛排了。它的味道对我来说已经没有吸引力了。我已经成功改变了自己的饮食习惯，并且通过自身试验，逐渐形成了一些本书中写到的原则。我从没像现在这样开心过，而且我根本没有限制过自己的食物摄入量，饿了就吃。但我能分辨出来，我身上的有些东西已经变了。

某天我站上了工作用的秤，每次看诊时，我们都用它来给患者称体重。之前我的体重在 107~109 千克，不过那时我其实已经很多年没有认真称过体重了。当我移动秤上的砝码来找平衡时，笑容爬上了我的脸。我瘦到了 86 千克，那是我大学时的体重。看到了吗，这就是植物性食物的力量！当然，还有很多次小小的抉择带来的力量！

小小的抉择会产生巨大的结果，尤其是这些小的抉择共同形成了一致性时。但重点是它的本意并不是成为你的负担，而是用健康的心态为你提供力量，指引你走向更好的生活。它也不关乎绝对或完美。它绝对不是想让你在吃薯条或喝苏打水的时候，觉得有负罪感。树立健康的心态意味着找到积极的那一面，并且看到你的进步，而非因为自己的弱点或不完美而自责。我们都会有这样的时刻——我也一样！但别让这种情绪逼得你自我放弃。

如果你的味蕾还没有转变到位，别担心，总有一天你会像我一样的。随着你体内微生物群的变化，你的味蕾也会发生变化。随着时间的推移，你在饮食上做出的改变，终将改变微生物群的核心，最终你的口味偏好也会随之而变。还记得它的适应性有多强吗？相信我：你现在不喜欢吃的食物，终将成为你的"新欢"！

更好的消息是，你无须通过折磨自己或者假装你需要吃自己不喜欢的食物，来让微生物群的转变得以实现。记住，这个世界上可是有足足 30 万种可食用的植物供你挑选！这不仅仅意味着植物类型的多样，同样也意味着味道多种多样。所有的香草和香料也都是植物，而且世界各地的许多风味美食都是受植物启发，像墨西哥、意大利、希腊、泰国、中国、越南、埃塞俄比亚等国的菜都是可以尝试的。植物还有很多种吃法：汤、沙拉、奶昔、三明治、炖菜等。这些还只是"S"系（刚刚提到的食物英文单词首字母均为 s）的做法。还有面条、墨西哥卷饼、皮塔饼、米饭……。

我们每个人都有自己的起始点。尽管本书中的工具可以为每一个踏上改变之旅的人提供帮助，但每个人的终点也都是不一样的。我关心的是进步。根据美国农业部的数据，美国人从全谷物、豆类、水果、蔬菜、种子和坚果中获取的热量仅占总热量的 11%，这是平均值。换句话说，如果你摄入的热量中有 5% 来自植物性食物，那也离平均水平不远。这意味着，你的一个个小的改变背后，有着巨大的获益空间。如果你能把指针从 5% 挪到 30%，你就能成功改善健康状况。接下来，你只需要坐等这些小小的改变逐步叠加。

多多益善的植物性饮食

我不想让你因为我建议的"改变生活方式"，而觉得有负担，我希望你对自己成长的可能性感到兴奋！有目标总是好的。否则你可能会漫无目的地徘徊着，一边吃着蓝莓一边空想着好的结果。让我们试着吃更多的植物性食物努力吧，把它作为我们大的目标蓝图。要知道，蓝色区域的人就是这样的，他们饮食中 90% 都是植物性的。我们据此推断，这样的饮食才能给人们带来巨大的健康益处。

接下来我们明确一下植物性食物应该是什么样的。它们应该是全植物，是从土里生长出来的，不是盒装的，也没有特别包装。它们没有成分列表，因为只有一种成分——植物。有很多素食主义者也该厘清一下他们的饮食。并不是说因为不吃动物制品，素食主义就能自动被归为健康的饮食。市面上有许多不健康的加工植物食物，也有许多不健康的素食主义者。

朋友们，来聊聊油吧！

你也许好奇，为什么油也要被排除在外。答案来了：油是一种加工食物。按照定义，它是一种高热量、低营养的食物。450 克绿色植物是 100 大卡。而 450 克油的热量超过 4,000 大卡！橄榄油比其他油健康，所以当你选择油的时候，我会推荐你买特级初榨橄榄油。你想不想猜猜看橄榄油里有多少克膳食纤维？0 克。其他所有种类的油都是如此，无论哪种类型，无论多少容量，膳食纤维含量都是零。我们的生活中不用再获取更多油了，这就是为什么它属于我们那"弹性账户"（植物性饮食之外的部分）的原因。

我相信当你的膳食中出现更多新鲜植物性食物后，你会感觉非常良好，好到你想要摄入更多植物性食物。我是怎么知道这一点的呢？因为我经历过。我当时已经离目标很近了，但还是没有真正抵达那个点，最终我选择了放弃。不得不说我很惊讶，因为我发现即使是放弃最后的那一点点，也会有如此大的不同。是什么阻碍了你？归根结底，无论你是谁，无论你的观点是什么，这都是一件需要挑战自我来提高自我的事。朝着以植物为中心的饮食方式迈进，这是一件关乎个人成长的事。结果会如何，完全取决于个人，你的选择也是。但无论你选择吃多少植物性食物，只要你朝着正确的方向努力，那我就是你最大的粉头，全心全意地支持你。让我们一起努力，分享我们共同的理念。

◎ 培养良好习惯，让健康自己找上门

如果让你闭上眼睛，想象一下医学是什么样子的，你会想到什么？是药片，还是一个穿着白大褂、拿着听诊器的医生？你有没有看到自己躺在病床上接受静脉注射，护士在一旁检查你的生命体征？

如果说医学就是此刻的你呢？活生生的、呼吸着的你。医学不是医疗保健系统的干预介入，而是那个过着日常生活的你。

是时候重新定义医疗保障了，我们应该认识到，我们这一生的健康是我们每时每刻、每日每夜所做的所有小小选择的总和。一个选择，无论好坏，对于一个宏大的蓝图来说影响不大，甚至没有什么影响。人们不会因为吸一支烟就突然死亡。但如果选择有了持续性，形成了模式，那么随着时间的推移，这一选择就会被一直放大。

我们是受习惯支配的生物，没有人例外。当我们做了糟糕的选择，养成了坏习惯并将其放大时，就会产生问题。但从另一面来说，我们也意识到了习惯的力量可以放大我们的选择，所以我们可以通过有意识地培养健康习惯，来让它为我们所用。

多亏了这些健康的习惯，我们才能在照例过着日常生活的同时，实现身体健康状态的改善。因为这就是我们日常生活的一部分，所以毫不费力，而且这比任何医生开的药都管用。只要没有阻挡它的通道，那么我们的身体就能自然地走上治愈之路。

在接下来的几页里，你将看到促成肠道健康的生活方式元素。你可以把每个元素都理解为筑建健康习惯的小小的机会。记住，微小的改变可以带来巨大的不同，当我们养成习惯后，健康就会毫不费力地降临在我们身上。以下几项是纤维饮食生活的支柱：

植物性饮食多样性是健康肠道菌群的头号预测器

都读到这里了，你大概不需要我再来解释"植物性饮食多样性"这一黄金法则的重要性了吧，这本书通篇都有提到。它称得上是我们的主题曲，是我们的核心理念。我们不再需要一长串饮食规则，只需要记住吃出植物多样性就好。当你走进超市的时候，切记"植物性饮食多样性"。当你在沙拉区思考要加点什么的时候，记住一点："植物性饮食多样性"。任何时刻当你在思考吃什么的时候，你的脑海中都得浮现"植物性饮食多样性"这回事。这样能帮你最大限度地提高植物性饮食多样性。

植物性饮食多样性是对富足大自然的赞颂。我们可以品尝到、享受到所有风味和所有质地的植物，也包括香草和香料。饮食受限的日子一去不复返了。你只需要问："它是植物吗？"如果答案是"是"，那我们就安全了。我们应该努力尝试每周摄入至少 30 种不同的植物。但事实上，如果你把自己的目标设定为让每顿饭都实现多样性的最大化，你就能妥妥地打破这个目标。

新的研究显示,同样的植物在生和熟两种状态下,对肠道菌群产生的影响也不同。烹饪会改变植物中的碳水化合物(如膳食纤维)和许多其他营养物质。它对微生物的生长、微生物群的基因组成,以及生成的后生元的种类,都会产生不同影响。虽然我们不能说这个就一定比另一个好,但至少我们能确定它二者是不同的。专家的建议是:做饭的时候,你一定要吃一些生的食材,好吸收它们的独特营养,此外,也要注意在膳食中增加更多多样化的植物性食物。

锻炼肠道,努力实现肠道健康

有些人会比其他人更难实现这一点。我们在第 5 章里提到过,你也许需要医生的帮助,来排除便秘、食物过敏、乳糜泻或其他可能的原因。如果你成功排除了食物敏感以外的所有因素,那么接下来需要确定的,就是你肠道内的优势和劣势了。我们都会有优势和劣势。不要认为食物非黑即白,简单地将其定为耐受或不耐受的,我们应该用灰阶来判断它们。你能耐受的值是一定的,这个数值完全因人而异,并且由肠道菌群决定。

作为纤维饮食 4 周计划(详见第 10 章)的一部分,我标记出了中度和高度 FODMAPs 食材,并且也给出了替代物。如此一来,如果你餐后出现了消化问题,你就能按图索骥找出哪种食材可能是有问题的。记录饮食日志能有助于找出那个潜在的导火索。在 FODMAPs 食物中,有一些特定的类别确实会比其他类别更容易给你带来更多麻烦,比如果糖、果聚糖、半乳聚糖或多元醇。如果你在吃乳制品的话,那也有可能是乳糖的原因,但如果你持续地出现消化问题,我一般会建议你避免摄入乳制品。

找出导致问题的罪魁祸首后,接下来你就知道该拿哪种 FODMAPs 食物

开刀了。你可以计划着再尝试一次相同的食谱，但这一次要用低 FODMAPs
的替代食材，看看这样是否还会出现消化问题。如果仍未找出罪魁祸首，或
者尝试了纤维饮食 4 周计划后依旧毫无进展，那你也许需要与注册营养师一
起，去完成 FODMAPs 食物的排除和再引入的流程。这是一个漫长且相对复
杂的过程，需要至少 28 天才能完成。但如果你确有这方面的需要，一定记得
在有资质的专业人士的指导下进行。

F GOALS：在此基础上建立起植物性饮食多样性

　　第 8 章里我们探索了 F GOALS 食物的健康益处。它们就是我们在构建微
生物群时需要的对肠道健康有益的超级食物，同时也是我们的起点或者说核
心饮食。如果说植物性饮食多样性是我们要达成的任务，那么 F GOALS 就是
任务中的基础食物。它们包含了所有有益成分：产短链脂肪酸的纤维、维生
素、矿物质、微生物和诸如萝卜硫素这样的独特植物化学物质。我想向你发
起挑战，看你能否做到每天都从这个列表里摄取一些食物。

吃一点点肉和乳制品可以吗？

　　我们在第 2 章里讨论过，蛋白质和脂肪存在健康和不健康之分。显然，
植物性和动物性食品对肠道菌群会产生不同影响，也会导致不同的健康情
况。我也不能决绝地说如果你持续少量摄入动物性食物，你就会"不健康"。
美国人平均消费的 99.8 千克肉和 13.6 千克芝士，这真的太多了。

　　有些人可能会想问：草饲的不含激素、抗生素的动物性食品对健康有益
吗？如果是跟含抗生素和激素的转基因动物肉类来比的话，肯定要更健康。

　　我们的食物选择是否需要考虑环境的影响或者伦理？我们所有人都有义
务进行自我教育，并且得出自己的结论。记住，不只是我们的肠道里有微生
物群，土壤、植物和动物也有。20 世纪和 21 世纪对它们中的任何一个都不
是很友好，这是人类活动造成的结果。

再复习一遍什么是 F GOALS

F：水果（高亮浆果类水果）& 发酵食物

G：绿色食物 & 谷物

O：ω-3 超级种子

A：芳香植物（洋葱、大蒜）

L：豆类

S：萝卜硫素（西兰花芽和其他十字花科的蔬菜）

第 8 章里我们学习过一些能最大化获取 F GOALS 食物营养的小技巧。蘑菇应该要弄熟才行，而芳香植物和十字花科蔬菜生吃起来更好。芳香植物和十字花科蔬菜中的酶需要被激活，才能最大限度地发挥健康效益。因此，我们可以使用先切再等的小技巧，来激发这些植物化学物质。说到超级种子，你得记住：亚麻籽富含木脂素，奇亚籽富含膳食纤维，大麻籽富含蛋白质。或者可以把这三种都加进你的早餐奶昔里。放心大胆地在每一餐里都来点绿色植物，即使只是生吃一小把也行。它们在提供大量营养的同时，只会产生很少的热量。把你的脚放在油门上，向着它们全力进发吧。

◎ 别忽视了水合作用的重要性

多年来我都是从床上爬起来，像僵尸一样走到咖啡壶前。在接下来的几小时里我会试着让自己活过来，试着用咖啡因来击退我脸上的疲劳。在某些时候我会跨过那条线，成功恢复清醒，但随后又会因为摄入了太多咖啡因，而感到紧张不安。难道就没有简单点的方式吗？

方法是有的，就是水——这个星球上最简单、最健康，同时也最便宜的饮品。明明餐厅会免费为我们提供冰水，我们却愿意花好几美元去买苏打水，或其他会伤害我们身体的东西，这一点上我跟所有人一样惭愧。说真的，我们应该要更加珍惜我们拥有的水资源。它是生命的必需品。人体至少 60% 都是由水组成的。不吃食物你可以活 3 周，但如果不喝水，很难活过 4 天。水至关重要！它是生命之源。

不幸的是，21 世纪的生活方式正在忽视水这一健康奇迹。对大多数人来说，我们一天中脱水最严重的时刻是刚刚醒来的时候，那时我们已经有几小时没喝过水了，所以这是给身体补水的理想时间。在过去几年里我更改了自己的生活习惯，醒来后先喝 2 杯水。这一小小的改变带来了令人惊讶的结果。我的大脑、肠道和肾的开关都由它开启，我整个人都变得更清醒了。我仍然会喝咖啡，但是在喝过水之后。

整个早上，我都会确保咖啡和水之间的平衡。我不会只喝咖啡，而是二者都喝。但比起咖啡，我更喜欢喝水。我会关注自己的嘴唇，觉得嘴唇有点皲裂的时候，我就会端起水杯。

为了优化水合作用，我的建议是，像我一样，早上醒来后的第一件事就是喝 2 杯水。确保早上喝的水，比喝的咖啡或其他含咖啡因的饮品多。每顿饭都喝两杯水，这能让你达到每日 8 杯水的标准，让你的身体正常运转。

◎ 选择一些真的能让我们恢复活力的食物

要将具有治愈力的东西加进你的饮料备选并不难。日常生活中小小的改变就能产生巨大的效果，我们正好可以利用这一点！接下来我列出了一些很好的方法，帮你选出更好的饮料，为全天的肠道健康保驾护航：

- **让水变得更有趣**：我喜欢在水里挤一点柑橘，也喜欢榨汁机的钱花得物有所值的感觉。在炎炎夏日，把几片柑橘和水倒进一个巨大的玻璃罐里，再加点冰块。或者提前一晚在水里浸泡黄瓜、西瓜和柠檬，让自己享受水疗般的水合作用。

- **早上来点咖啡**：我是咖啡的信徒！咖啡中含有的多酚，可作为微生物群的益生元。它也是目前西方饮食中最大的抗氧化剂来源。

我正试图通过传播"纤维燃料"这一概念来改变这种情况，但同时我也认为没有彻底放弃咖啡的理由。咖啡的问题不是咖啡本身，而是我们往里加的那些"垃圾"。我已经改喝纯黑咖啡了，并且我很喜欢。但如果你非要往里加甜味剂，那么加点甜菊糖、罗汉果或赤藓糖醇吧。想加奶精？我会绕过奶制品，直接选有机豆奶。我知道许多人都爱在咖啡里加不加糖的燕麦牛奶。我也喜欢在咖啡里加配料——肉桂、姜、姜黄，这是我的最佳组合。如果我非常累，需要一点额外的刺激，那我会往咖啡里加点玛卡和南非醉茄。它们是来自植物根部的适应原超级食物，可用于对抗疲劳和压力。如果要加调味料的话，我通常会加一些有机豆奶和甜味剂来柔和一下味道。但喝咖啡别超过 2 杯。同时你还要记得在喝咖啡前、喝咖啡时、喝咖啡后都喝点水。如果你有腹泻相关的疾病，比如肠易激综合征，那么咖啡可能会加重你的症状。

关于咖啡因的注意事项

大体上说我是不反对咖啡因的。好吧，我承认我很爱咖啡因。如果没有它，我都熬不过实习。但有些人可能对咖啡因敏感，这会使消化问题进一步恶化。实际上是一种基因导致了这个问题。如果你担心这种可能性，那么，我建议你停止摄取咖啡因一周，看看感觉如何。

- 下午喝绿茶：我最喜欢的习惯之一就是午饭后一两小时喝一杯热绿茶，它能让我整个下午都精力充沛。茶叶中有一种叫茶氨酸的植物化学物质，它能提高注意力。但它跟咖啡带来的效果是不同的。绿茶还是获取益生元多酚的绝佳来源。我特别推荐的一款绿茶是有机礼仪级抹茶。它富含抗氧化剂，比普通的绿茶多出 100 倍表没食子儿茶素没食子酸酯（茶多酚的主要组成部分）。你要做的就是往里加热水冲泡就好，当然挤柑橘汁进去的话，抗氧化剂的含量会更高，因为维生素 C 能起到显著的促进吸收的作用，这意味着你能从同一杯茶里获得更多营养价值。说到这里，你可以试着把抹茶和冰块、柠檬一起放进玻璃罐里，做一款更酷的抹茶饮品。这让我想起了已故的伟大的高尔夫球手阿诺德·帕尔默（Arnold Palmer），他也喜欢把冰茶和柠檬水混在一起喝。

- **选择思慕雪，放弃果汁**：我不是反对果汁，我只是支持思慕雪罢了。制作果汁的过程实际上是把膳食纤维分离出来并扔掉。"移除膳食纤维、保留糖分"给了我一种加工食物的既视感。记住，我们一直想要的是膳食纤维来为我们提供能量。但话虽如此，每次说到膳食纤维，我都会反复宣扬"小剂量、慢慢来"的格言。既然思慕雪是一种膳食纤维堆出来的饮品，那么它对有些人来说可能就无福消受，因为膳食纤维和 FODMAPs 太多了。这种情况下，果汁可以帮你在获取植物营养素的同时，免于你受膳食纤维处理之累。但不能是椰林飘香味的果汁，至少得有点苦味才行。因为制作果汁基本上就等于在制作含糖饮料。水果里的果糖没问题，但当你把膳食纤维扔掉的时候，它就变成了赤裸裸的糖。因此，做果汁的时候，我会建议你全部用蔬菜和少量水果来做，并且学会接受苦味！

- **喝康普茶时悠着点**：我爱康普茶，并且经常喝。毫无疑问它是健康生活方式的一部分，但确实存在许多关于它的虚假宣传，忽悠着人们每天喝大约 940 毫升的康普茶，并依赖于它，只因为它是饮食中相当少见的发酵食物。比起苏打水或其他甜味饮品，我确实更加推荐你喝康普茶，但它的酸度可以侵蚀牙釉质，所以我会稀释它。喝的时候至少要加半杯水。我每天只喝大约 118 毫升，比起你在商店里买到的 470

毫升瓶装算是小巫见大巫。加水稀释之后，118 毫升会变成 230~350 毫升。

- 避免饮酒：我知道这不是你们中的一些人想听的，但如果我们想拥有健康的肠道，那我得建议你不要饮酒。很明显，疯狂饮酒会对肠道菌群造成伤害，导致肠道通透性增加和细菌内毒素的释放。也就是说，酒精会导致肠道菌群失衡。信不信由你，这就是酒精导致肝硬化的原因。你不用非得是一个酒鬼，仅仅一个疯狂的周五夜就足够损害肠道。有没有可能小酌一杯不适用于这些因果链条？不幸的是，答案是否定的。就算是每天喝一杯酒都会增加你得高血压和中风的风险。每天喝半杯也会增加患癌的风险。在酒精导致癌症这一点上，科学界已经达成了强烈的共识。不过我们其实不应该这么惊讶——既然酒精能杀死细菌，那么放在肠道这个环境下，这就意味着它会攻击我们的有益菌。

红酒是不是不一样呢？

有些专家认为红酒对我们有好处，因为它含有多酚白藜芦醇。红酒中的多酚物质确实是益生元，确实能增加肠道内的多样性。红酒里的白藜芦醇也确实与心脏健康有相关性，但直到最近我们才发现作用机制，这种物质也是通过影响肠道细菌起作用（红酒中的白藜芦醇可以通过影响肠道菌群）来抑制氧化三甲胺的生成，最终降低氧化三甲胺的水平。但喝红酒这种方法会导致酒精依赖，并且伴有潜在的肝硬化风险。何不直接吃更多的植物性食物呢？葡萄、蓝莓、覆盆子、桑葚，以及花生都含有白藜芦醇，而且还没有什么风险。也就是说，如果我们想理性享受酒精的话，偶尔喝一杯红酒是一个不错的办法。

◎ 以自然的方式激活你的饱腹感激素

我们都习惯于关注食物的量——无论是计算热量也好，或者计算宏量营养素也罢。我还听说有些饮食方法甚至会要求人们称食物的重量。真的太复杂了！饮食本可以不用这么复杂。让我把它简化一下吧：当你吃的是全植物食物的时候，你可以吃得不受限制。毫不夸张，你可以想吃多少吃多少。我还要再重复一遍：想吃多少吃多少。而且这样你仍然可以减肥，并且获取所有健康收益。

为什么会这样呢？谢谢膳食纤维和抗性淀粉吧。从定义上讲，全植物食物就是营养丰富且低热量的。你需要咀嚼它们，而不是囫囵吸入。我们都知道咀嚼需要时间。吃沙拉需要的时间，比吃热狗长。我们在第 3 章里提到过，膳食纤维和抗性淀粉产生的短链脂肪酸，会触发饱腹激素的释放。通过花时间来咀嚼富含膳食纤维的食物，我们可以利用起身体的自然机制，让它来告诉我们什么时候吃饱了。不需要计算热量，身体已经帮你算好了。你将体会到饱腹和满足，并且知道这个量已经足够。而且这将是一顿满是营养和膳食纤维的饭。

在人类历史的大部分时间里，我们人类每天消费的全植物性食物中的膳食纤维含量，达到了 100 克或更多。这是生长在泥土里的真正的食物。不是炸秋葵、蔬菜汉堡、面包这样的加工食物，也不是非乳制品冰淇淋。食物加工的过程会把膳食纤维剥离掉。我们破坏了大自然的平衡，人为地制造出了高卡路里、低膳食纤维的食物，并助长了暴饮暴食。加工食物是美国人的主要饮食，除此之外的大部分是肉、乳制品、蛋和油。这些食物热量高，但净膳食纤维含量为零。我们会好奇，为什么会出现吃得过多的情况，为什么会有肥胖问题及相关的健康问题。

如果你按照这本书里的计划来翻转这个比例，让膳食中的植物性食物更多，并兼顾植物多样性，那么你就没必要计算卡路里摄入了。你可以饿了就吃，直到感觉饱足，而且这样仍旧能达到减肥的效果，这可得感谢纤维燃料。

◎ 加入正念饮食的行列

快！快！快！这是现在美国人的生活方式，我也一样。我催促着自己走快一点，做多一点，而且我有时候还会为了省时间不吃饭。让我们先深呼吸一下。生命中有一些东西是非常重要的，不能让激烈的竞争破坏它们。囫囵吸入食物是不健康的。消化的过程从嘴里就开始了，咀嚼可以磨碎食物，然后唾液中的淀粉酶开始分解淀粉。如果我们吃得太快，我们的身体会跟不上我们在做的事情，导致吃得过多。我们的目的不是尽可能快地把食物吃完。我们天生就知道享受食物，并让我们的身体在吃饱时发出信号。

当我还是个孩子的时候，我的祖父总是说："小口咬，细咀嚼！"我们都需要遵循着祖父的明智忠告，与我们的食物重新建立链接。正念进食就是指回到我们享受食物的本源。它正是你小时候祖父母教过你的礼仪。你应该这样做：

- 坐在一张真正的桌子旁。不要在车里或者走路的时候吃东西。把食物装在碟子或者碗里。不要把吃的洒到容器之外。

- 关掉手机，放下电脑，关掉电视。在这个圣洁的时间里，不允许有电子产品。

- 在开吃前，花一些时间观察你的食物。感恩自然的恩赐，包括外观和味道，它很美妙。

- 花点时间品尝你的食物。不需要每一口都如此，但你应该时不时地停顿一下，花时间品味一下。

- 细细咀嚼食物！不是嚼一两下这么简单。我自己会嚼 25 下或更多次，咀嚼的时候放下叉子。

- 遵守日本的八分饱传统。《蓝色区域》(The Blue Zones)一书中提到过"八分饱"的概念，它指的是吃到 80% 饱的时候就停下来。这样做等于给了你的身体一个机会，好让它跟上你的进度，这样你才能吃得正好，不越界。

- 尽可能和其他人一起用餐。欧洲人已经做到了，但对美国人来说很难。我们应该慢慢来，在吃饭的时候享受彼此的陪伴，而不是急着疯狂吞下食物然后回去工作。

- 安排你的进餐时间。保持一个规律的时刻表，让它成为你的生物钟。早点吃晚饭是关键。我会在下一部分详细阐述这一点。

- 避免"有毒的"饥饿。作为对饥饿或者情绪的一种反应而吃东西，是一种不健康的习惯。这种情况下，你更有可能去吃不健康但能安抚人的食物，而不是有营养的健康食物。如果你感觉到饥饿加剧，不要等到它把你变成一个疯狂渴望碳水化合物的怪物才进食。这种时候就到了少许水果或坚果发挥作用的时刻了，它们能帮你度过饥饿，直到下一个用餐时间的到来。

◎ 重要的不是吃什么，而是什么时候吃

我们的身体有一个自然的生物钟，叫作昼夜节律，这是一种内源性的，以24小时为周期的振荡。而且它是这个星球上所有生命体的一部分——包括其他动物、植物和真菌，它们也都存在昼夜节律。我们的肠道微生物也不例外！如果你扰乱了你的生物钟，那么你体内的微生物也会被扰乱。举例来说，时差实际上会诱发肠道菌群的失衡，这也是为什么你在进行国际飞行时会感觉很不好的原因，更别说还有一个全球共有的文化噩梦"夏令时"了。如果你是一个倒班工作者，你也许能知道这是种什么感觉。轮班制工作者患高血压、高血脂、肥胖和2型糖尿病的风险更高，因为昼夜节律紊乱会对肠道菌群产生影响。

我们的肠道微生物想要苗壮成长，就得依赖于24小时振荡呈现出的一致性，这意味着我们要及时进餐。比方说，你可以在一天中的不同时间里吃完全相同的食物，但这反应在血糖上却有不同的结果。早上的胰岛素敏感性

是最高的，而晚上的胰岛素抵抗水平最高。为了优化我们的进食模式，我们得在需要能量的时候进食，然后给我们的肠道留出休息的时间。这个方法就叫限时饮食法（TRE），有些人也叫它间歇性禁食法。但你不能断断续续地操作，它是一种需要每天坚持的生活方式。

要想正确操作 TRE，你需要完成两件事情。

首先，你应该设定时间界限，一个时段用来摄入食物，另一时间段则留给肠道休息。我的建议是：让你的肠道连续休息至少 13 小时，也就是说把进食时间控制在 11 小时以内。

其次，你需要让你的饮食模式与生物钟同步。这也是许多人都忽视了的地方。并不是任何时间段的 13 小时都行。想想看，我们会到了晚上必须吃大餐，或者在晚上 10 点必须吃零食吗？当然不会。TRE 也不是指上午 11 点吃第一餐，晚上 10 点吃最后一餐。这完全属于混乱的生物钟。为了让一切井井有条，你应该晚上早点吃晚饭，并且坚守住一条底线——晚饭后不要吃东西！只能喝水。同样重要的是，在你停止进食和上床睡觉之间至少需要留出 2 小时（如果 3 小时不现实的话）。晚餐吃得越早越好。

咖啡会打破禁食吗？

会，也不会。禁食对肠道微生物有益，因为肠道微生物们需要休息才能重新"上岗"。除了水，任何其他东西都会打断这个过程。但是如果你喝的是咖啡，且不吃固体食物，那么燃烧脂肪的代谢收益就能持续存在。我个人会在严格禁食（只允许喝水）12 小时后喝咖啡，并把早上的第一顿固体食物推后几小时，靠着这样的方法，我获得了巨大成功。

说到优化生物钟这个话题，就绕不开餐食分量。美国人往往会在晚餐时大吃一顿，但这实在是没有道理。我们根本不需要丰盛的晚餐，因为很快就睡觉了。另一方面，我们又一直忽视了午餐的重要性。中午是我们最需要能量的时候。因此，让我们多上点心，吃一顿令人满意的午餐吧。

◎ 补充剂的用意是补充膳食和生活方式的不足，不是取而代之

我们在第 7 章里论证过，你无法用补充剂来抵消糟糕的饮食或不健康的生活方式带来的伤害。我们也目睹了许多有关补充剂的虚假宣传，而且它们往往缺乏科学依据。市面上最受欢迎的补充剂，几乎都没有实验结果的支撑。这纯属浪费钱，或者更甚，它们会给你造成伤害，因为这跟吃药没什么区别。但至少我们知道药物有哪些风险。如果你出于"纯天然"这一理由而服用 5 种或 5 种以上补充剂，那我可以向你保证：没人知道它们混合在一起会产生什么效果。

但我相信，如果补充剂使用得当，它一定是有用的。补充剂能让我们的饮食实现最优化。我们在第 7 章里提到过，我是益生元和某些益生菌的信奉者。我通常会推荐以下三种补充剂，来解决我们 21 世纪生活方式中遇到的一些问题：维生素 B_{12}、维生素 D 和海藻基 ω - 3 脂肪酸补充剂。你最好和你的医生一起商讨它们是否对你适用。如果适用的话，你又该使用何种剂量。

◎ 睡眠具有强大的恢复力

只需要让身体适当休息，它就能得到恢复和治愈，这真是很赞的一件事。你可以把 TRE 看作是肠道的休息。那么睡眠就是全身上下的休息，包括肠道。如果我们剥夺自己的睡眠，我们将会感受到微生物群发生的变化，因为它逐渐转向了走向肥胖的方向，一夜没睡好会让人感觉那么糟糕也就不足为怪了。睡眠不足与食欲增加，体重增长，心脏病、中风、糖尿病风险增加，免疫功能损伤，抑郁，注意力、生产力、工作表现低下，甚至运动表现差都

有关系。虽然睡眠是免费的，但它可以显著提升健康水平，包括你的微生物健康水平。

重要的不仅仅是充足睡眠，还要保证睡眠与我们的生物钟挂钩。睡眠和清醒组成的昼夜节律，要与太阳的起落保持同步。当你早上起床后，一定要让自己在自然的阳光下活动活动。此时，就算是短暂地出门散个步也能产生奇效。另一方面，晚上太阳下山时，我们需要减少工作和活动。理想状态下，我们应该在这段时间里停用电子设备，因为强光会削弱褪黑素的释放。我们还应该争取更早就寝。用本·富兰克林（Ben Franklin）的话说，"早睡早起使人健康、富有，且智慧"。

◎ 是时候与自然重连了

再说晒太阳这件事。想想在过去几百年里，我们人类的生活发生了多么大的变化，我们从主要在户外进行活动的状态，转移到了在家庭和办公室的无菌、经消杀的室内环境中。看起来更安全了，但事实真是如此吗？实际上，我们已经远离自然了。这本书提到过，活着的生灵要么拥有自己的微生物群，要么是组成微生物群的一部分。在地球上，微生物是生命的基础组成部分。那么，当我们把化学物质喷洒在周围无生命的物理结构（我们的家）时，会发生什么呢？自然界是微生物繁茂的栖息地，而人造建筑是微生物的荒地，这样的环境并不能促进你体内微生物的多样性。从农村环境搬到城市后，有益微生物开始流失，而危险基因开始逐渐增加，这个现象真的已经不足为奇了。

从概念上讲，这就回到了我们第 1 章讨论过的卫生假说。在生命早期阶段，暴露于户外的经历被证实对提高免疫系统功能有帮助。那些热衷于户外运动的成年人，有更具多样性的微生物群。园艺可以改善心情，缓解压力，提升生活满意度，甚至有利于减肥，更不用说自己动手种蔬菜会让你更加喜欢吃蔬菜了！我们发现，与大地赤足相亲能改善情绪，提高创造力，让你睡得更加安稳。

　　重点就在于我们需要找机会到户外去。当你能在室外跑步时，就不要在跑步机上跑；当你能自己种菜时，就不要去买菜；当你可以在外面铺上毯子、脱下鞋子的时候，就不要在沙发上读这本书。由于我们会继续生活在室内，那我们就该充分利用盆栽来装饰我们的家和办公室。花时间和大自然交换交换微生物，这对于人类健康来说，是一件非常有必要但是却往往被低估的事情。我们每个人，在一年中的每个季节都应该有一个户外爱好。

◎ 有规律的运动有助于肠道健康

　　锻炼身体对肠道健康的贡献度是惊人的。无论激烈还是迟缓的运动模式，最终都会对我们体内的微生物产生影响。通过对小鼠的实验，我们发现运动可以引起肠道微生物群的巨大变化，产生更多的短链脂肪酸生产者，肠道完整性也得到了提升。信不信由你，运动能让健康微生物的数量增加40%。同样，在成年人身上，我们发现有规律地锻炼可以增加产短链脂肪酸的肠道微生物。但当你停止运动时，这一效果就会消失。

　　产短链脂肪酸的微生物是通过运动产生的这一事实，说明了很多问题。大自然会奖励我们拥有良好行为，而它用的货币就是短链脂肪酸。无论是健康的饮食还是锻炼，它们共享着一条通往健康的路。所有迹象再次表明，短链脂肪酸与人类健康息息相关。这就解释了为什么健康的饮食和运动单拎出来很好，结合起来就能产生协同效应。

　　拿饭后散步15~30分钟举例吧。研究显示，饭后散步有助于胃的活动和排空，有助于消化，减少胃酸倒流的可能性。简单散散步就可以稳定血糖、降低甘油三酯、降低患冠心病的风险。脂肪得到燃烧，体重也减轻了。你的免疫系统会变强大，被感染的风险也降低了。你的精力和情绪状态都会得到提升和改善。外出走走甚至还能解锁你大脑的创造力。一切的一切，仅仅来自饭后散步这么一个健康的日常活动。就是这么简单！

　　但别搞错了，你不可能靠运动来摆脱不良的饮食习惯。我已经用自己的例子证明过这一点了。运动和植物性饮食的好处是齐头并进的。如果目前运动还不是你生活方式中的一部分，先试着每周步行 3 次，每次至少 30 分钟。如果你只有 10 分钟空闲，那就从 10 分钟开始，你可以想办法增加时长。刚开始锻炼的时候可能会有点酸痛，但随着你越来越强壮，情况也会好转起来。这就跟我们锻炼肠道是一样的。

◎ 我们需要人与人之间的联结才能活得精彩

酷刑的最高形式是孤立，将一个人与其他人隔离。我们都是社会性动物，这是人类生物学的一部分。我们生活在社交媒体时代，但却比以往任何时候都更加孤独。社交媒体不仅是反社会的，对我们的心理健康和肠道可能也有坏处。

生活和微生物本来是应该与其他人共享的。不管你信不信，每个人都有一朵独特的"细菌云"紧紧跟随在我们身边。每个人每小时向环境中排放大约 100 万个粒子。与他人亲密接触，可以让我们的"细菌云"实现共享。研究显示，你和与你一起生活的人很可能有着相似的微生物群。这种关联可以影响我们的基因表达。我们毛茸茸的朋友——狗和猫甚至也有助于我们的菌群健康，帮我们远离疾病。我们生活的环境和我们周围的人，让我们得以进行微生物交换，最终实现生存和繁荣。在一个超无菌的世界里，我格外看重那些被一些人称作"细菌"或"肮脏"的微生物。

我们需要回归与真实人类相处的要素上来：握手、击掌、直视说话者的眼睛。是时候放下手机，然后回归到我们的人际关系中去了。

◎ 压力管理是关键

压力会影响肠道。事实上，压力本身就能改变肠道菌群，增加肠道通透性，最终导致肠道菌群失衡。这就是为什么你需要喝蔬果奶昔、吃植物性食物、健身，然后睡个好觉的原因，但如果你的心和大脑都不平静的话，你的微生物也无法平静下来。在我的诊所里，我见过最严重的消化问题发生在那些受虐待的受害者身上，或者是那些从饮食失调中恢复过来的人身上。

好消息是，这个推导反过来同样成立。像冥想这样的减压练习（有些人把这个称为"正念"），实际上会给你的肠道带来好处。当压力释放以后，肠道菌群会增加短链脂肪酸和抗炎代谢物的生产。所有迹象都指向了自我保健和压力管理练习的重要性。

正念很简单，每天在安静的地方至少待上 5 分钟，找到一个舒适的位置，松开衣物。这是独属于你的时间，你要把它奉献给生活中的积极事物。正念总共有四个步骤：第一步，想一些你感激的东西，专注于发生在你身上的积极向上的事情。第二步，想想你爱的人，花点时间感谢他们在你生命中扮演着的积极作用。第三步，明确你的意图，比如，你需要画一张你想去的目的地的地图，或者你希望生活中发生什么？答案可以是任何东西——一种情感、行为或者目标，确保它是积极的，并且短期内马上就能适用的就行。第四步，释放你的思想，专注于你的呼吸，让思想自然地进入你的大脑。最后，做几次深呼吸，然后轻轻地让眼睛回到聚焦状态。

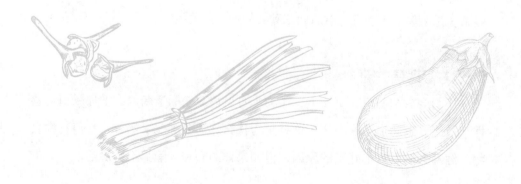

10

纤维饮食4周计划

成为一个植物性饮食界的摇滚明星吧!

我在脑海中想象着我和你面对面坐在咖啡店里的场景——地点不在我的办公室,因为这并不是一次接诊。我们聊着所有宏大的命题:生活、健康、家庭和我们的价值观。对我来说,照顾好我们的健康,对我们生活的各个方面都至关重要。我希望我已经说服了你。纤维饮食4周计划就是那个全新的你的开始——让你的生活充满能量、活力和自信,让你的身体远离疾病。

显而易见,要完成植物性饮食的转变会遇到许多挑战。我们要对抗习惯、贪吃,甚至对抗肉、奶制品、糖、脂肪和加工谷物的热爱。放弃这些食物会造成脱瘾症状,对这些食物的渴望也肯定会出现。改变旧习惯需要付出努力,相信我,我懂。

但你要知道,我们都在一起。你不是一个人在战斗。我可以为你提供你完成这次转变需要的工具。这个方法是我为我的患者设计的,可以优化肠道、消除过于旺盛的食欲、增强免疫力、提高能量水平,并解决消化问题。如果这方法对那些患者有用,那对你肯定也有用。只需要28天,你就能回到健康状态,打破食物成瘾的链条,扩大植物多样性,找到应对食物敏感的策略,最终成为一个更健美、更快乐的人。你准备好了吗? 来吧,让我们开始吧!

什么是纤维饮食 4 周计划?

在接下来的文章中，你将看到超过 65 种令人垂涎欲滴的植物性食谱，它们组成了一个 28 天的日历供你参考。我相信这个悬念让你好奇坏了，所以如果你想要跳着往后翻翻提前看其中几个，我不怪你! 超级种子早餐粥（198 页）配抹茶拿铁（253 页）、每日沙拉（205 页）配超动力烤根菜（207 页）和无油橘子酱（206 页）、多植物波伦塔酱（211 页）……朋友们，这还只是第一天的食谱哦。

你接下来一个月都会被美味的餐食填满，这还得感谢我的朋友亚历珊德拉·卡斯佩罗（Alexandra Caspero）。她是注册营养师、食谱编制人，与我有着同样的食物哲学。我们都相信植物性食物兼具美味和健康，是值得被人们大量享用的。所以，我们要一起启用纤维饮食 4 周计划，让这本书的教学部分能够得到证明，同时也为你提供个性化的体验。毕竟我们都知道，这世界上根本不存在"一刀切"的方法。

为此，28 天里的每一天，你都会被提供 3 个食谱。当然就是早餐、午餐和晚餐了! 它们会被详细整理出来，供你每日食用。也会有每周饮品、加餐和甜品食谱。我们每周都会给你一些诸如此类的食物，以增强你的体验感。你可以每日摄入这些食物，也可以一点都不吃: 哪种方法最适合你，你就用哪种。

纤维饮食 4 周计划的首要任务就是要让它越简单越好。说实话，执行一个长达 28 天的计划并不简单。我们都明白这一点。漫长的一天工作结束后，在回家路上买一些快餐要简单得多。但你要做的，是自己做饭，自己去采购，而且还需要买很多，这就是植物性饮食多样性的意义所在。在执行纤维饮食 4 周计划时，我们需要尽可能控制自己能控制的部分，尽可能减轻你的负担。

因此，我们有意让食谱在保持简单的同时，兼顾到植物多样性。我们还会给你提供一些额外的资源，让你能更容易执行这个计划。本书为你提供了每周购物清单。

我们还设立了每周一次的烹饪日。我们建议你挑那种你能花几小时准备一周饭菜的日子。我们把它定为星期天，因为这是适合大多数人的日子。但如果你觉得换一天更适合你，随意更改就行了。在准备日你可以提前准备好一些东西，如此一来，在这周接下来的日子里你就能在 2 秒钟内把餐食全部完成。

也有一些日子是需要重复用到同一个食谱，但在第二次使用的时候，通常会有新花样。比方说，第一周里的生物群系蔬菜汤（226 页，植物性"骨头汤"），第二天菰米蔬菜超级汤（208 页）里会用到它，甚至第二周的味噌蘑菇荞麦面（248 页）里也会继续用到它。再比如说，第二天用到丹贝塔可（213页）之后，第四天是丹贝塔可沙拉（213 页）配香菜酱（213 页）。都把你看饿了对不对？

这个计划并不是想考验你的毅力。这个计划就是本书的中心思想：追求进步而非完美，追求植物多样性，处理膳食纤维和 FODMAPs 时采取小剂量、慢慢来的方法，训练肠道。记住这些要点之后，我们鼓励你根据个人需要进行调整。如果你想在餐食上面加点肉，那就加吧。毕竟我们追求的是进步，而非完美。如果你不喜欢这个食谱，想要再用一次本周早先时候用过的食谱，也是可以的。如果你下班回家后没有时间做饭，别担心，我们是有应急菜单的（196、233、261、298 页），在你没有兴致做饭的时候就可以用。基本上，我们想让你通过这个计划，最终变成一个更健康的自己，而且是通过你自己的方式和你觉得最有效的方式来达成。

◎ 在开始之前

我们为你列了一个购物清单。我建议你在开启 4 周计划之前，花一天时间看看你的厨房里有什么，还缺什么。别中途发现自己缺东西，以至于完成不了后几日的食谱。我们要准备好所有的调味料，因此，我们制作了一个预购清单，包括不易变质的食物和厨房用品。

◎ 纤维饮食 4 周计划背后的哲学

亚里克斯（亚历珊德拉的昵称）不仅是一个完成了正式课程、监督实习、注册营养师国家考试的营养学专家，还知道怎么制作美味的食谱。也就是说，她非常了解这门科学。你可能已经注意到了，科学对我来说很重要。没错，我是个书呆子。

你将在纤维饮食 4 周计划中获取的，远不止一系列植物性食谱这么简单。这个计划有很多复杂的层次。亚里克斯和我想出了一些小技巧和策略来帮你获得最佳体验。无需担心，你只需要遵照这个计划就好，在这个过程中你会获得所有应得的益处。这就是忍者的方式——用直接和容易遵循的方法，来达成强大和先锋的效果。

如果你想知道幕后发生了什么，这就是接下来的流程：第一周，我们要用一周时间排毒，让你慢慢进入植物性饮食。这一周的食谱我们特意用了对肠道无负担的美味植物性食物。它给了你一个清除原有饮食中垃圾物质的机会，让你可以慢慢进入膳食纤维和 FODMAPs 饮食状态，为菌群的复兴打下基础。我们也没有忽视植物性饮食多样性，只是需要慢慢来而已。把它理解成轻负荷运动就对了，就像一次轻快的散步或一次随意的单车骑行。

度过第一周之后，就到了训练肠道的时候了。我们将从适度训练开始，然后在接下来的 3 周里慢慢加码（指的是我们食物中的 FODMAPs 成分）。在执行 4 周计划的过程中，你也会同步开展 FODMAPs 进阶之旅。就像贯穿全书的那句话，"小剂量、慢慢来"，这是我们的格言。我们还将提高植物性饮食多样性。植物品种的增加，会促进我们体内菌群的细菌丰富度的增加。

该如何处理麸质呢?

信不信由你,纤维饮食 4 周计划里并不会出现大量麸质。美式松饼是无麸质的,荞麦实际是不含小麦成分的;面包也通常用的是酸面包,几乎无麸质。如果你想严格避免麸质摄入,那你就时刻记住这些要点,然后按照说明进行适当的替换。

◎ 为什么是 28 天?

也许我没必要告诉你这些,但这个计划的长度并不是随意选定的时间段。诚然,7 天或 14 天排毒会更简单,还能大幅缩短计划长度,但你值得用更好的饮食计划。排毒是条没结果的路,因为不久你就会回归旧习惯,什么都没有改变,流行一时的饮食方法也是如此。这并不是一个单独的 28 天计划,而是你全新的开始。我们在做的,就是为菌群复苏打基础。28 天后,你将继续走在纤维饮食计划为你开启的道路上。

研究显示,菌群需要 28 天才能适应膳食纤维,获取处理纤维时必要的消化酶,增加短链脂肪酸的生产。主要的变化发生在 28 天内,在那之后,情况会保持在相当稳定的状况。我们都知道,在使用抗生素后,菌群需要花 4 周时间才能恢复到近似服药前的状态。在对氧化三甲胺的研究中,克利夫兰诊所的医生发现,增加氧化三甲胺的生产需要花费 4 周时间;如果把红肉从饮食中剔除出去,也需要 4 周时间才能让菌群得到恢复。4 周的长度展露了它的神奇之处。

但这并不意味着你的工作在 4 周后就完成了。特别是如果你还存在潜在的菌群失衡问题的话,那可能需要更长的时间来建立菌群的优势力量。但科学告诉我们,4 周左右就是见证你的努力逐渐显现的时间。这就是为什么我们的计划定在了 4 周的原因。

◎ 如何充分利用纤维饮食 4 周计划

你是独一无二的个体！这个世界上没有一个人的肠道菌群与你一模一样，这也意味着没有人与你有相同的味蕾或食物敏感。在这趟健康之旅上，你有自己的起点，也有自己想要达到的目标。以下是一些让这趟旅程发挥最大效用的小贴士。

就当这是一次美食冒险吧

在接下来的 1 个月里，你将首次尝试超过 70 种全新的食谱。我敢打包票这是全新的口味、全新的质地和全新的材料。如果比作旅游的话，这将是前往墨西哥、意大利、希腊、土耳其、印度、泰国、韩国和日本的一日游。旅游很累人，那何不舒适待在厨房的同时，把你的味蕾送上环球之旅呢？当然，我们也会留出时间给美国经典菜式的膳食纤维版本：布法罗鹰嘴豆沙拉（281 页）、无金枪鱼葵花沙拉（244 页）佐酸面包，以及新奥尔良的秋葵浓汤（283 页）。

我很爱这些食谱，简直等不及想分享给你了。我觉得你也会喜欢它们！我想为你提供多种不同的风味，好让你找到自己对植物食物的热情藏在哪儿。这是实现我们终极目标——365 天都是植物性饮食的生活方式的开始。你完全不用担心自己不喜欢这些食物，这个计划中的多样性，足够让你找到你爱的食物，而且你的味蕾也一定会随之改变的。这在我身上得到过验证，也一定会发生在你身上的。

我希望你能写一下日志，来记录自己的纤维饮食 4 周计划。把关于你对每个食谱看法写下来，并给每个食谱打分（0~10 分）。0 分意味着它不适合你，那就可以跟它说拜拜。而 10 分就意味着你一想到这道菜就会垂涎三尺，一看到它出现在菜单上就会高兴得手舞足蹈。

当 4 周计划结束的时候，我希望你能回顾一下食谱，挑选出得分最高的 3 道早餐、得分最高的 5 道午餐，以及得分最高的 5 道晚餐。在味蕾完成了 4

周环球之旅后，最终我们还是希望你能适应这样的现实生活，并拥有整周都能用的首选食谱，也不必每周都用，你可以在觉得适合的时候使用它们。现实情况是，我们大多数人都会进行核心食谱的轮换，并且在纤维饮食 4 周计划中，你会更加青睐于你最喜欢的那些菜肴。

变身夏洛克·福尔摩斯，专攻食物敏感的侦探

在第 5 章里，我们提到过要找出你肠道的优势和劣势，并运用这一点，通过慢慢引入不同的食物来训练你的肠道。在 4 周计划里，我们将把这些想法付诸实践。通过 FODMAPs 食物进阶过程，我们将系统性地引入这些最健康、最具挑战性的食物，让你的肠道有机会开始适应它们。在这个过程中，我希望你能记录下那些引起嗳气、腹胀和排便习惯改变等肠胃问题的菜肴。在你的日志里标记下引起问题的食谱，这样我们就能追踪问题了。

我在食谱后都附上了 FODMAPs 注解。这些注解将说明食谱中原材料 FODMAPs 含量是中等还是高等，并提供替代物的指导。这样能帮你找出你最敏感的特定 FODMAPs 种类（果糖、果聚糖、半乳聚糖、多元醇或甘露醇）。在 4 周计划的最后，你可以回看自己的日志，找出是哪种 FODMAPs 给你造成了最多问题。这是一个很有用的信息，因为它将揭示你的食物敏感性对象。随着时间的推进，你最终会安然耐受那些低 FODMAPs 食物，这就是你的肠道得到强化的证明。

纤维饮食 4 周计划是一个很好的用来确定你对食物敏感程度的方式，但对那些存在更严重菌群失调问题的人来说，他们可能需要有资质的健康专业人士来提供个性化帮助。正式的低 FODMAPs 饮食法，包括食物排除和再引入的过程在内，需要花费 28 天以上的时间。因此，如果你在结束纤维饮食 4 周计划之后，仍然还存在未解决的问题，我建议你约一位注册营养师，一起来解决这个问题。

你的定制化体验

纤维饮食4周计划的美妙就在于，我们将携手共度这趟旅程，而且我们每个人都会有自己个性化的体验。肯定会有个性化体验的！我们需要一个能适应你的生物个性化的计划。考虑到这一点，这个计划应该是灵活的。我们希望你能懂得变通规则！

每一周都会有饮品、加餐小吃和甜品食谱。它们是可选项，也就是说你不是非做不可，但如果你有兴致的话，做做也不错。当然，如果你喜欢的话，你也可以用非常简单的方式，比如，吃一片水果、一些浆果或者一些坚果。

每周也会有早、午、晚餐的应急食谱。如果你出现做不了饭的情况，那就用这些食谱代替，这样就能确保4周计划进行下去了。同样，如果你觉得合适的话，是可以调整食谱的。最后一点，尽量不要提前用后面日程表里的食谱，但已经尝试过的食谱是可以再用的。

纤维饮食挑战：赚取你的植物积分，以达到更好的健康状态

从每一顿饭中赚取植物积分（表10-1），让你的肠道健康达到更高的层次。每个食谱的植物积分都不同，与植物多样性成正比。这也是追踪你状态的一个很好的方式。这个积分并不是一周植物性食物的总数，而是记录植物多样性的一个简单方法，只要你不是每顿饭都吃同样的8种植物就行！

植物积分将帮你在这场植物多样性积分赛里更上一层楼。在一周的时间里，持续在日志上记下你的植物积分。在一周结束的时候把分数加起来，在下表里找到对应分数。如果一开始分数低也完全没关系，我刚开始时也是这样的。通过记录植物积分，我们能帮你增加植物多样性的水平，这样你就能逐步发展到最高水平。从你内心的植物摇滚明星那里获得灵感，提升你的层次吧。

表 10-1 植物积分

植物积分	你是哪一层次的植物性"摇滚明星"？
少于 150 分	菜鸟 你才刚刚起步，还没有感受到植物性食物带来的益处，但我很高兴你已经走上了这趟旅程，并且将要体验到它带来的改变。
150~174 分	艺术家 你开始能注意到一些变化。你的精力变好了，睡眠更佳了，饭后也不会感到难受了。你也许还需要做一些调整，但已经出现了进步的迹象。
175~199 分	巨星 这一天终于来了！你的肠道正在发生变化，你也靠植物多样性实现了健康的排便和更好的消化。
200~224 分	传奇 你真的很棒！成功让自己达到了这种植物多样性水平后，它会反过来用健康的肠道和通体康健来回馈你。
超过 225 分	摇滚之神 你是被膳食纤维赋能的摇滚之神，你体内的菌群多样化程度非常之高，而且它会像一台运转良好的机器一样，让你保持快乐和健康。

但 4 周之后，挑战并未结束！在一般情况下，你不用记录植物积分，因为在拥有了"健康心态"之后，你无论如何都能实现植物多样性的增长。但每隔一段时间，你可能会想找一些乐趣，挑战一下自己。出现这种情况的时候记录下你的得分，这样你就可以比较之前的得分，看看自己到底表现如何。你甚至可以在社交媒体上发起挑战，邀请你的朋友或者趁此交一些新朋友！让我们组建纤维饮食社群，一起云派对。

如果你好奇的话，那我告诉你，积分是根据食谱中包含的植物性食物的数量来计算的。每种不同的植物，算作 1 个植物积分。很简单，对不对？新鲜草本植物也计分，干草本和干香料不算。但我是爱它们的，而且非常推荐你把香料加在餐食里，享受它带来的健康益处吧！

◎ 让多吃膳食纤维成为生活常态

在执行纤维饮食 4 周计划的时候，时刻牢记这一点：它不仅仅是一个饮食计划。我们正在建立一种能激励健康习惯的生活方式，同时积极运用我们的"健康心态"。因此，你一定要回顾我们在第 9 章里讨论过的生活方式元素，并且把那些健康习惯融入到自己的日常生活中。无数小小的改变，能孕育出巨大的成果。我们的目标就是形成一个日常生活习惯，让你能毫不费力地获得健康。

最后的叮嘱

在你迈出纤维饮食 4 周计划的第一步和你余生的第一步前，我希望你知道这一点：我完全相信人类精神的力量，它能战胜挑战。没有什么能够阻挡内心充满激情、态度端正的人。所以无论你来自哪里，只要你的任务是治愈肠道、重获健康，我就会很高兴。你的旅程从今天开始，我也很高兴看到这本书将成为它其中的一部分。

准备工作清单

为了让事情进展顺利，以下是我列出的所需的家用电器和耐贮存食材清单，有些可能比较难找到，这取决于你的所在地，可能需要提前订购。

- ☐ 240 毫升的量杯
- ☐ 慢炖锅 [①]
- ☐ 搅拌机
- ☐ 中号炖锅
- ☐ 小号炖锅
- ☐ 有框烤盘
- ☐ 食物加工机 [②]
- ☐ 玛芬蛋糕模具
- ☐ 大号平底煎锅
- ☐ 玻璃备餐容器
- ☐ 不同大小的玻璃储存容器，用来放剩菜
- ☐ 不同容量的备菜碗

食物

- ☐ 干香菇
- ☐ 57 克包装的海带条
- ☐ 抹茶粉（有机礼仪级）
- ☐ 营养酵母
- ☐ 无麸质面粉（在第一周里可以用）

---

① 慢炖锅只用来做生物群系蔬菜汤（226 页）这个食谱。

② 如果你没有食物加工机，但有一台好用的搅拌机的话，那么你可以在食谱提到食物加工机的时候用搅拌机，不过你到时候得把盖子去掉，刮几次边缘，然后搅拌几次才能得到同样的效果。

□ 蒜香橄榄油（222 页）

□ 蘑菇粉

□ 裙带菜

草本植物和调味料

□ 生姜粉

□ 肉桂粉

□ 肉豆蔻粉

□ 盐①

□ 现磨黑胡椒

□ 干牛至

□ 干罗勒

□ 干欧芹

□ 粗辣椒面（可选项）

□ 姜黄粉

□ 辣椒面

□ 烟熏甜辣椒粉②

□ 黄咖喱粉

□ 葛拉姆马萨拉③

□ 孜然粉

□ 香草精

---

① 由于植物性膳食的含碘量较少，我建议你使用碘盐以确保自己能获得这种至关重要的营养来源。
但如果你在吃发酵食物的话，使用无碘盐就行了。

② 烟熏甜辣椒粉（Smoked paprika），这种带甜味的红椒粉可以用来提升菜、汤和各种开胃菜的红色
色泽和微辣的甜味。

③ 葛拉姆马萨拉（Garam masala）是印度的一种咖喱粉，由多种调味料磨成粉末混合而成。

☐ 香菜粉

☐ 卡宴辣椒粉 [1] （可选项）

☐ 干百里香

☐ 干芥末

☐ 干小豆蔻

☐ 大蒜粉

◎ 周日准备日

　　每一周都将从备餐日开始，以便减少本周晚些时候的烹饪时间。在每周刚开始的时候花费几小时，可以确保你即使工作繁忙也能遵循 28 天饮食计划。

　　在每周开始的时候，你将会看到一个准备部分，其中重点标出了推荐和可选的烹饪步骤。我们制订这个计划的时候是考虑了效率这方面的，这也是为什么有些早餐、加餐小吃和甜品会重复出现的原因。要么是这些食谱很简单，要么做一次就能保存好几个星期。

◎ 关于饮品、加餐和甜品

　　由膳食纤维供能并不意味着活在被剥夺的状态，而是在享受丰富的美味食物的同时，仍然能获得自己想要的结果。考虑到这一点，每周我们都会提供一种饮品、两种加餐和两种甜点来丰富你的烹饪体验。只要你愿意，你可以经常把它们纳入日常饮食中。比方说，如果你喜欢第一周的椰子燕麦球（227 页），那第三周的时候你可以毫不犹豫地再做一回。只要你不往后跳着执行的话，你完全可以重复使用那些你喜欢的食谱。同样，如果你喜欢每天都吃一样的加餐或甜品，也是可以的！

---

① 　卡宴辣椒（Cayenne pepper）原产南美，味道比较辣，一般用于增加菜品辣味。

◎ 关于应急食谱

生活有时候能让我们变成最好的自己。但有些时候，当你回到家只想穿上运动裤，吃一顿简单到几乎不需要费什么力的晚餐。我完全懂你！这就是为什么每周都有应急推荐的原因。如果你决定来点简单的，你可以选用应急食谱来代替原计划中的餐食。

第一周

朋友们，经过了之前的阅读和准备阶段，我们终于要正式开始了。你将要推着自己去尝试新的食物、新的风味和新的烹饪技术。拥抱挑战，在 # 纤维饮食 4 周 # 这个线上话题里分享你的经验。我会一直关注着你，迫不及待想为你加油了！

记住，有必要的话你可以自由进行调整，让食谱更贴合你的口味或者你的特定生活方式。别忘了记录下哪些是你最爱的食谱，哪些是没有也可以的，以及哪些是让你出现食物敏感的。

第一周的购物清单

农产品

☐ 1 块中等个头、新鲜的姜

☐ 7 个大柠檬

☐ 6 个大红柿子椒

☐ 约 28 克干蘑菇

☐ 约 450 克胡萝卜

☐ 约 450 克芹菜芯

☐ 1 品脱（约 550 升）圣女果

☐ 1 包约 140 克的菠菜叶

□ 3 个猕猴桃

□ 约 450 克草莓

□ 2 根香蕉

□ 1 包约 280 克的绿叶蔬菜沙拉

□ 2 个甜菜

□ 1 包 100 克的西兰花芽

□ 1 捆新鲜欧芹

□ 1 捆新鲜罗勒

□ 1 个大牛油果

□ 1 个大茄子

□ 2 个西葫芦

□ 7 个罗马番茄①

□ 1 个小球茎茴香

□ 1 个大菠萝

□ 1 小捆新鲜香葱

□ 1 捆羽衣甘蓝（拉齐纳多羽衣甘蓝或圆白菜）

□ 1 个墨西哥胡椒

□ 1 捆新鲜香菜

□ 1 个青柠

□ 550 毫升蓝莓

□ 3 个大红薯

□ 2 个欧防风

□ 6 个较大的樱桃萝卜

---

① 罗马番茄也称"李子形番茄"，产于加拿大和美国，茄味重，肉质熟软，果肉多，汁液少，常用于做番茄酱。

□ 2 根青葱

□ 1 头长叶莴苣

□ 1 罐约 140 克的芝麻菜

□ 1 个红辣椒

□ 1 颗花椰菜

□ 2 颗白菜

□ 1450 克平菇

□ 2 个大橙子

□ 2 份大番茄沙拉

橱柜

□ 1 罐 800 克的花生酱

□ 1 瓶 450 克的白味噌酱

□ 1 瓶 450 克的有机葵花子油

□ 1 盒 225 克的无糖可可粉

□ 1 罐 800 克的杏仁酱

□ 1 包 225 克的无糖椰子片

□ 1 盒 1800 克的杏仁奶

□ 1 包 450 克的奇亚籽

□ 1 包 450 克的大麻籽

□ 1 包 450 克的亚麻籽粉

□ 2 罐 425 克的鹰嘴豆

□ 1 罐 140 克的葵花子仁

□ 1 罐 425 克的芝麻酱

□ 1 罐 425 克的棕色小扁豆

□ 1 包 680 克的黄色玉米面粉

- [ ] 1 包 225 克无糖椰子片
- [ ] 1 包 225 克的海枣
- [ ] 1 盒 113 克的蒟米
- [ ] 1 条 850 克的酸面包
- [ ] 1 包 225 克的丹贝
- [ ] 1 包 450 克的整颗杏仁
- [ ] 4 个小号的墨西哥玉米饼
- [ ] 约 450 克装在水里的老豆腐
- [ ] 1 包 225 克的米粉
- [ ] 1 包 510 克的燕麦片
- [ ] 1 包 85 克的南瓜子
- [ ] 1 罐 6.3 克的切片黑橄榄
- [ ] 1 包 225 克的无麸质意大利面
- [ ] 1 包 225 克的藜麦
- [ ] 1 罐 425 克的椰奶
- [ ] 1 包 225 克的糙米
- [ ] 1 罐 910 克的蔬菜汤
- [ ] 1 罐 85 克的竹笋罐头
- [ ] 1 包 570 克的艾保利奥米 [①]
- [ ] 1 包 280 克的碎核桃仁

厨房基本用品（如果你手头没有这些，那就提前买好吧）

- [ ] 100% 枫糖浆

---

① 艾保利奥米产自意大利，是一种圆谷粒稻米，和亚洲的短粒米相比，吸水能力更高，米粒更大，不容易被煮烂。

- ☐ 意大利黑醋
- ☐ 橄榄油
- ☐ 孜然粉
- ☐ 海盐
- ☐ 黑胡椒粉
- ☐ 干辣椒面
- ☐ 干海带
- ☐ 姜黄
- ☐ 日本酱油
- ☐ 营养酵母
- ☐ 香草精
- ☐ 红酒醋
- ☐ 日式白米醋
- ☐ 腌制香料（或芥菜籽、丁香、胡椒粒）
- ☐ 苹果醋
- ☐ 干牛至
- ☐ 干罗勒
- ☐ 辣椒粉
- ☐ 烟熏辣椒粉
- ☐ 卡宴辣椒
- ☐ 意大利调味料
- ☐ 芝麻油
- ☐ 玉米淀粉或葛根粉
- ☐ 生姜粉
- ☐ 肉桂粉
- ☐ 肉豆蔻粉

☐ 蔓越莓干（可选项）

☐ 黄咖喱粉

☐ 葛拉姆马萨拉

☐ 泡打粉

☐ 小苏打

◎ [第一周的备餐]

第一周的准备工作

☐ 超动力烤根菜（207 页）

☐ 生物群系蔬菜汤（226 页）

☐ 意式烤杂烩（218 页）

☐ 无油橘子酱（206 页）

☐ 红椒核桃泥酱（224 页）

☐ 格兰诺拉燕麦脆片（203 页）

☐ 椰子燕麦球（227 页）

☐ 柠檬奇亚籽布丁（228 页）

第一周可选的准备工作

☐ 香菜酱（213 页）

☐ 浆果烤红薯片（202 页）

☐ 丹贝塔可馅料（213 页）

第一周的饮料、加餐小吃、甜品

记住，这些是只要你觉得时机合适就可以享用的食谱。

饮料配方：柠檬姜茶（224 页）

加餐食谱 1 号：红椒核桃泥酱（224 页）配胡萝卜和黄瓜

加餐食谱 2 号：味噌蔬菜饮（226 页）

甜品食谱 1 号：椰子燕麦球（227 页）

甜品食谱 2 号：柠檬奇亚籽布丁（228 页）

第一周的应急菜单

如果进展得比较困难，别担心。从以下这些超级简单的菜单里面选一个就好了。

─── 小贴士 ───

如果你喜欢的话，可以用浆果代替甜品。

为了确保这一周的浆果是低 FODMAPs 的，

我们推荐你一次不要吃超过 ¼ 杯蓝莓或 10 颗草莓。

对于第一周来说，超过这个数或者吃其他类型的浆果，

都属于高 FODMAPs。

第一周吃超过 10 颗杏仁也是属于高 FODMAPs 的。

应急早餐：超级食物奶昔（201 页）

应急午餐：红椒核桃泥酱三明治（209 页）

应急晚餐：菰米蔬菜超级汤（208 页）

应急加餐：10 颗杏仁

应急甜品：¼ 杯蓝莓或 10 颗草莓

第一周饮食计划（表10-2）

友情提醒：第一天，通常是星期天，你可以用水果代替加餐，或者多吃点水果。

表 10-2　第一周饮食计划

时间	餐次	食谱	植物积分
第一天	早餐	超级种子早餐粥（198 页）+ 柠檬姜茶（224 页）	8
	午餐	每日沙拉（205 页）+ 超动力烤根菜（207 页）+ 无油橘子酱（206 页）	12
	晚餐	多植物波伦塔酱（211 页）	8
第二天	早餐	奶油椰子布丁配菠萝（199 页）	4
	午餐	菰米蔬菜超级汤（208 页）	7+
	晚餐	丹贝塔可（213 页）	5+
第三天	早餐	超级食物奶昔（201 页）+ 浆果烤红薯片（202 页）	9+
	午餐	红椒核桃泥酱三明治（209 页）	7+
	晚餐	营养番茄汤面（215 页）+ 余下的超动力烤根菜（207 页）+ 沙拉、莴苣和无油橘子酱（206 页）	5+
第四天	早餐	超级种子早餐粥（198 页）	6
	午餐	丹贝塔可沙拉（213 页）	5+
	晚餐	青酱意大利面（216 页）+ 意式烤杂烩（218 页）	11
第五天	早餐	浆果烤红薯片（202 页）	3~5
	午餐	每日沙拉（205 页）+ 无油橘子酱 + 酸面包蘸红椒核桃泥酱（224 页）	13~18
	晚餐	方便炒菜（219 页）	7

续表

时间	餐次	食谱	植物积分
第六天	早餐	超级食物奶昔碗淋坚果酱（201 页）+ 燕麦脆片（203 页）	12
	午餐	青酱意大利面（216 页）+ 脏脏羽衣甘蓝沙拉（210 页）	11~13
	晚餐	咖喱豆腐白菜（220 页）	7~11
第七天	早餐	无麸质美式松饼（239 页）	2+
	午餐	方便炒菜（219 页）	7
	晚餐	蘑菇意大利烩饭（222 页）	5

早　餐

超级种子早餐粥

这道超级种子早餐粥里有富含 α- 亚麻酸的大麻籽和奇亚籽。配料表可能看起来有点长，但主要都是一些辛香料和调味料。如果你手边有南瓜派香料，你可以用它来代替姜、肉桂和肉豆蔻。

对那些喜欢甜粥的人来说，可以根据需要加一点 100% 枫糖浆。最好是在表面放一点新鲜浆果或淋一些杏仁酱。

材料 / 做 2 份用量 /

⅔ 杯燕麦片

半杯无糖杏仁奶

2 汤匙[①] 生南瓜子，稍微切一下

1 撮生姜粉

———————————

① 1 汤匙约为 15 毫升。

1 撮肉桂粉

1 撮肉豆蔻粉

2 汤匙大麻籽

1 汤匙杏仁酱，再多准备一些作为佐餐

2 茶匙奇亚籽

½ 茶匙香草精

100% 枫糖浆（可选）

浆果，作为佐餐

制作方法

1. 把燕麦和⅔杯水放入一个中等大小的平底锅中，用中火加热至沸腾。转至小火，加入杏仁奶、南瓜子、生姜、肉桂和肉豆蔻进行搅拌。煮大概5分钟，偶尔搅拌一下，直至燕麦变软。

2. 关火，加入大麻籽、杏仁酱、奇亚籽和香草拌一下。尝尝味道，如果需要的话可以加一些100%枫糖浆做成甜粥。

3. 喜欢的话，可以搭配一些浆果和少量杏仁酱。

（植物积分 6 分）

奶油椰子布丁配菠萝

我们都爱菠萝和椰子这对热带搭档，其他可用在第一周里的配料包括30颗覆盆子或¼杯蓝莓。

材料 / 做 2 份用量 /

2 杯无糖杏仁奶

¼ 杯奇亚籽

2 汤匙亚麻籽粉

1 汤匙 100% 枫糖浆（可选）

1 茶匙香草精

1 汤匙无糖椰丝

2 杯切片菠萝

1 个切好的海枣

制作方法

① 把杏仁奶、奇亚籽、亚麻籽粉、100% 枫糖浆（如果用的话）和香草放进一个大的带盖玻璃罐里，使劲摇晃它们至混合。放在冰箱里 20 分钟，然后拿出来再摇一次。再次把它放回冰箱至少 30 分钟，或者过一夜。

② 准备端上桌时，把它们分成 2 碗，倒入椰子中搅拌，然后在上面撒上菠萝和碎海枣。

低 FODMAPs 选项

把菠萝的总量减至 1 杯。

海枣是高 FODMAPs 食物，所以第一周需要把它限制到每份只放 ⅓ 颗。到了第二周，用量可以增加到半颗。第三周以后，如果确定海枣不会触发任何问题的话，你就能吃一整颗了。

—— 打包小贴士 ——

晚上在你最喜欢的带盖玻璃容器里把它放好，到了第二天早上，在上面加好配料，繁忙的早上把它打包带走就行了！

（植物积分 4 分）

超级食物奶昔

我们把它叫作"超级食物"奶昔是有理由的，因为它里面全是好东西：富含 α - 亚麻酸的大麻籽、菠菜、西兰花芽、浆果和花生酱。如果你喜欢甜一些的奶昔，可以在第一周和第二周的时候加一点 100% 枫糖浆。之后就能随意添加更多浆果或猕猴桃，并省去甜味剂了。你还可以把这道菜做成奶昔碗版本。

材料　/ 做 1 份用量 /

1 杯杏仁奶

2 汤匙大麻籽

½ 杯菠菜叶

1 小把西兰花芽

1 个去皮猕猴桃

5 个中等个头的草莓

2 汤匙花生酱

½ 根冻香蕉

1~2 茶匙 100% 枫糖浆（可选）

制作方法

1. 把所有食材放进搅拌机里，直至打得非常顺滑，呈现奶油状。根据你所用的搅拌机的功率，你可能需要加入更多液体。

2. 想做奶昔碗的话，那就把液体减半（只用半杯杏仁奶），然后按照步骤进行混合。把混合物分成 2 碗，淋一些花生酱，喜欢的话可以再放一些浆果在最上面。还可以用更多的新鲜水果、种子、坚果酱和格兰诺拉燕麦脆片（203 页）做装饰。

打包小贴士

把奶昔或奶昔碗放进带盖玻璃罐或带盖的防漏容器中。如果是做奶昔碗的话，可以把放在顶部的配料单独用防漏容器打包，准备吃的时候再混合到一起。

低 FODMAPs 选项

未成熟香蕉的 FODMAPs 成分比成熟香蕉少。½ 根成熟香蕉或 1 根中等个头的未成熟香蕉均为低 FODMAPs。如果你对果糖敏感的话，那就用半根香蕉吧。

（植物积分 6 分）

浆果烤红薯片

我们都爱酸面包，而这个红薯版本则是与法式吐司联动的绝佳方式。我们会配上杏仁酱和蓝莓，过了第一周之后顶部配料的选择就更多了。这份食谱也包含了提前准备的部分，我们需要提前烘烤红薯，在准备吃的时候把它们放进烤面包机里。

你还需要一把锋利的刀子把红薯切成厚片，或者你也可以用切片神器把它切成更统一的大小。

材料 / 做 10 或 11 片用量 /

1 个大红薯，洗好晾干

2 汤匙杏仁酱

20 颗蓝莓

制作方法

① 烤箱预热至 176 摄氏度。把一个金属网架放在大号有边的烤盘上，放在一旁备用。

② 用刀把红薯两头切掉，然后用刀或切片神器把它纵向切成 6 毫米厚的片。

③ 把红薯片铺一层在金属网架上（或直接放在烤盘里），然后放在烤箱中间层烤 15~20 分钟，直到红薯变软但又不至于全熟的状态，每 5 分钟看一次，确保没有烤焦。红薯片越薄，烹饪时间就越短，反之亦然。如果你用的不是金属网架，记得中途要给红薯翻一次面。

④ 从烤箱中取出后放在金属网架上等待完全冷却，然后把它们转存在密封容器中，放在冰箱里保存 4 天。

⑤ 准备吃的时候，把红薯片（2 片就差不多了）放进烤面包机或中等温度设定的烤箱中，烤至热且边缘酥脆（烹饪时间取决于你的烤面包机）。搭配杏仁酱和蓝莓食用。

低 FODMAPs 选项

第一周你需要把红薯的用量控制在半杯。这样就能确保红薯处在低 FODMAPs 分量。

给它加点码！

加少许肉桂，撒上一点无糖椰子片，甚至一些大麻籽在吐司上面，来获取更多植物积分和营养。

（植物积分 3 分）

格兰诺拉燕麦脆片

格兰诺拉燕麦片是做奶昔和奶昔碗的完美配料。我也喜欢吃这种酥脆而略带甜味的麦片，无论是搭配植物性牛奶还是单独食用，都很好。蔓越莓是可选的附加食材，我们都爱它们酸酸甜甜的味道和耐嚼的口感。

材料 / 做 4¼ 杯用量 /

> 2 杯燕麦片
>
> 1 杯无糖椰丝
>
> 1 杯切好的核桃
>
> 2 汤匙奇亚籽
>
> 2 汤匙大麻籽
>
> 2 汤匙亚麻籽粉
>
> 1 茶匙肉桂粉
>
> ¾ 茶匙盐
>
> 2 汤匙有机葵花子油
>
> ¼ 杯 100% 枫糖浆
>
> 1 茶匙香草精
>
> ½ 杯蔓越莓干（可选）

制作方法

① 预热烤箱至 120 摄氏度。在有边烤盘上铺上烘焙油纸。

② 在一个大碗里，混合燕麦、椰丝、核桃、奇亚籽、大麻籽、亚麻籽、肉桂和盐。

③ 开中火，把葵花子油倒入小号炖锅，与 100% 枫糖浆一起搅拌。小火慢熬，然后关火，加入香草精。

④ 将糖浆混合物添加至燕麦中，充分混合。在准备好的烤盘上铺上一层燕麦混合物。烤上 90 分钟，每 15 分钟搅拌一次，直到它变成金黄色。

⑤ 等到完全冷却后，加入蔓越莓干进行搅拌（如果加了蔓越莓干的话）。把它放入密封容器中，在冰箱冷藏层里储存几个星期，或者也可以放在冷冻层，最久能保存 3 个月。

───── 提前制作小贴士 ─────

这道菜比较耗时耗力。我建议你在第一周刚刚开始的时候就把它做好，然后就能在后续整个 28 天饮食计划里，直接享用了。记得把它储存在密封容器里，防止变干。

低 FODMAPs 选项

每份放 1 汤匙蔓越莓干就能确保低 FODMAPs。

（植物积分 6 分）

午 餐

每日沙拉

我把这道菜称为"每日沙拉"。因为我相信每天吃生蔬菜的力量，还有什么比沙拉更好的方式吗？如果你想要的是一道能让人饱腹、令人满足、制作简单的食物，那说的就是它了。这道菜要用到的是腌甜菜。虽然普通甜菜属于 FODMAPs 相当高的食物，但腌甜菜是低 FODMAPs。

材料 / 做 2 份用量 /

沙拉

4 杯切好的绿叶蔬菜

半杯腌甜菜（食谱附后，或者直接在商店里买也行）

半杯熟鹰嘴豆

¼ 杯葵花子

一把西兰花苗

1 个中等大小的胡萝卜，切丝

10 颗圣女果，切片

无油橘子酱

¼ 杯鲜榨橘子汁

2 汤匙苹果醋

2 汤匙芝麻酱

¼ 茶匙盐（想要味道重可以多放一点）

¼ 茶匙现磨黑胡椒（想要味道浓可以多放一点）

制作方法

① 制作沙拉：把绿叶蔬菜、腌甜菜、鹰嘴豆、葵花子、西兰花苗、胡萝卜、圣女果和超动力烤根菜（207 页，如果用的话）放在一个大碗中摇匀，备用。

② 制作酱：把橘子汁、苹果醋、芝麻酱、盐和黑胡椒放入小碗或玻璃罐里，搅拌均匀。每次加入 1 汤匙水，搅拌直至达到理想的稠度（酱应该做成可倾倒但又不至于太稀的状态）。喜欢的话可以再加一点盐和黑胡椒。如果想以后再吃的话，可以放冰箱保存 5 天。

③ 准备吃的时候，再在每份沙拉上淋上 ¼ 杯橘子酱，搅拌均匀，然后加入盐和黑胡椒粉调味。

④ 可将超动力烤根菜（可选，食谱附在后面）作为搭配。

给它加点码！

加 1 杯超动力烤根菜、欧芹和烤豆腐块。第二周过后，你就能在上面加半个牛油果了。

（植物积分 9 分）

腌甜菜

2 杯蒸过的甜菜片

¼ 杯多一点的红酒醋

1 汤匙 100% 枫糖浆

1 汤匙腌制香料 [①]

把蒸熟的甜菜片、红酒醋、100% 枫糖浆和腌制香料放进一个小号炖锅里，大火煮沸。然后转为小火慢炖，盖上锅盖煮 3 分钟。关火后静置 30 分钟。

做好的腌甜菜能在冰箱里储存 1 周时间。

超动力烤根菜

这道配菜是专门为了给你的餐食加码而设计的，任何时候你想多来点膳食纤维，都能用上它。把它加到沙拉、营养佛陀碗（274 页）里，或者烟花女酱炒豆腐（263 页）里，或者单独吃都好。

这道菜最适合第一周，但这一技巧几乎适用于任何蔬菜料理，不过具体的烹饪时间可能需要调整。

材料 / 做 4 份用量 /

2 杯红薯块

2 个切好的欧防风

6 个大号樱桃萝卜，切片

1 汤匙橄榄油或蒜香橄榄油（222 页）

2 汤匙蔬菜汤

———————

① 如果你没有腌制香料，可以用一撮芥菜籽、两三粒丁香或一撮胡椒粒代替。

½ 茶匙盐

½ 茶匙现磨胡椒

制作方法

① 烤箱预热至 218 摄氏度。

② 把红薯、欧防风、樱桃萝卜、橄榄油、蔬菜汤、盐和胡椒放入大碗中搅拌，直至完全混合。在有边烤盘上铺一层（根据烤盘尺寸大小，你可能会需要用到两层），盖上锡箔纸。

③ 烤 35 分钟（大部分变软的程度，根据你的烤箱调整）。从烤箱中取出，打开锡箔纸进行搅拌。再次放进烤箱烤 10 分钟，直到看到食材边缘变脆。

（植物积分 3 分）

菰米蔬菜超级汤

菰米和鹰嘴豆让这道丰盛的汤菜变得美味和令人饱足。虽然你在一年中的任何时候都能享用这道汤，但它尤其适合寒冷的雨天。

材料 / 做 2 份用量 /

1 汤匙橄榄油

2 个胡萝卜，切好

1 根芹菜梗，切好

2 汤匙切好的新鲜细香葱

¼ 茶匙盐（想要味道重可以多放一点）

⅛ 茶匙现磨黑胡椒（想要味道重可以多放一点）

2 杯半生物群系蔬菜汤（226 页）

⅓ 杯菰米

半杯鹰嘴豆

1 杯羽衣甘蓝，切掉茎部，粗略切一下

制作方法

① 在中号炖锅里，用中高火加热橄榄油。加入胡萝卜、芹菜、香葱、盐和黑胡椒，炒 3~5 分钟，直至蔬菜外表酥脆，内里松软。

② 加入蔬菜汤、菰米和半杯水。把这锅混合物加热至沸腾。然后盖上锅盖，转至小火，煨 40 分钟，直至菰米变软。

③ 拌入鹰嘴豆和羽衣甘蓝，煮至羽衣甘蓝刚刚变蔫儿，时长大概是 5 分钟。加入盐和黑胡椒调味。

───── 打包小贴士 ─────

把它放在保温瓶里，以便在单位就餐时它还能是温热的，或者把它放在防漏容器里，吃之前加热一下。我喜欢保温瓶。

给它加点码！

搭配酸面包和红椒核桃泥酱（224 页）一起食用，撒上新鲜的葱花。

（植物积分 7 分）

红椒核桃泥酱三明治 ·······························

如果想把这个三明治作为午餐，可以把吐司、烤意大利蔬菜、菠菜和蘸酱分别打包，然后在吃之前把它们混合在一起。我们会把它做成外馅三明治的形式。

材料　/做 1 份用量/

红椒核桃泥酱

意式烤杂烩（218 页）

酸面包

新鲜菠菜叶

在开吃之前，烤一下面包，再热一下蘸酱和烩菜。给面包的两面都抹上红椒核桃泥酱，然后铺上蔬菜和菠菜叶。把它做成外馅三明治，或者切片吃。

（植物积分7分）

脏脏羽衣甘蓝沙拉

这是我最爱吃的羽衣甘蓝的方式之一！牛油果杏仁酱口感很绵密，香味四溢。它制作简单，口感丰富，还满是植物提供的营养素！这是一道能用来给4周计划里许多餐食做配餐的菜。

材料　/做2份用量/

1杯堆得满满的羽衣甘蓝（恐龙羽衣甘蓝最好），去掉坚硬的茎部，切碎

3茶匙低碘日本酱油

1杯满满的菠菜

2汤匙香葱

¼茶匙盐

⅛茶匙现磨黑胡椒

¼个牛油果，捣成泥状

2汤匙杏仁酱

半根芹菜秆，切碎

2汤匙核桃，稍微切碎（可选）

¼杯切碎的青葱（只要绿色部分）（可选）

制作方法

① 在中号碗里，把1茶匙日本酱油淋在羽衣甘蓝上，用手按摩，让羽衣甘蓝变软。加入菠菜、香葱、盐和黑胡椒，然后再次搅拌。

② 在另一个小号碗中，将牛油果和杏仁酱捣成泥，加入剩下的 2 茶匙日本酱油，搅拌成比较稀的状态。

③ 把牛油果混合物倒在羽衣甘蓝上，使其充分混合均匀，让每一片羽衣甘蓝都粘上酱汁。

④ 加入芹菜、核桃和青葱，就能吃了。

FODMAPs 替代建议

如果你能耐受高于半杯的份量，那你可以增加每份羽衣甘蓝的用量。这个食谱可以搭配很多餐食食用！

提前制作小贴士

这道沙拉在做出来后的第二天味道还很不错，但赏味期不能再后延了。如果你计划现在吃一份，第二份下次再吃，那就只在一半蔬菜上拌上一半的酱料和配料，把余下的羽衣甘蓝、菠菜、酱、芹菜碎、核桃和青葱分开存放，直到准备再次享用。

（植物积分 5 分）

晚　餐

多植物波伦塔①酱

奶香波伦塔是一种又饱腹又美味的食物，特别是配上速烤意大利蔬菜和小扁豆的时候。过了第一周以后，你就能用这款波伦塔酱配上南瓜子帕尔玛干酪（280 页）一起吃了，后者是一种坚果帕尔玛干酪，配意大利面、波伦塔和爆米花都很好吃。

---

① 波伦塔 (Polenta) 在意大利语中的意思是玉米面。

材料 / 做 2 份用量 /

超简单酱料

2 茶匙橄榄油、蒜香橄榄油（222 页），或蔬菜汤

1 杯切好的西红柿

盐和现磨黑胡椒

1 杯小扁豆罐头

2 杯意式烤杂烩（218 页）

半茶匙干牛至（想要口味浓可以多放一些）

半茶匙干罗勒（喜欢口味浓可以多放一些）

干辣椒面（可选）

波伦塔

一杯半纯杏仁奶

半杯玉米面

半茶匙盐

现磨黑胡椒

切碎的欧芹（供搭配食用）

切碎的新鲜罗勒（供搭配食用）

制作方法

① **制作酱料：** 在一个中号的炖锅中加橄榄油，用中火加热。加入西红柿、一撮盐和黑胡椒，烧大约 10 分钟，多多搅拌，直至西红柿被煮碎。加入小扁豆、意式烤杂烩、干牛至、干罗勒和辣椒面（如果用的话），再煮约 10 分钟，时不时搅拌一下，直到它变稠。尝一下，根据需要加入适量的盐、黑胡椒和干香料。

② **制作波伦塔：** 把半杯水和杏仁奶放入中号炖锅搅拌，中火加热。当表面出现泡泡的时候，边搅拌边加入玉米面和盐，然后转至小火，煨 10~15

分钟，直到它变浓稠。尝一下，加入适当的盐和黑胡椒调味。

❸ 上桌前，把波伦塔分成 2 碗，放上酱料。再来点切碎的新鲜欧芹和新鲜罗勒装点一下。

（植物积分 8 分）

丹贝塔可和塔可沙拉

丹贝塔可馅料和香菜酱既可以用于塔可，又可以用在塔可沙拉里。为了节省时间，你可以先多做一些，然后分出一半来，留到本周晚些时候用。

材料 /做 4 份用量/

丹贝塔可馅料

1 汤匙橄榄油

约 226 克丹贝，切碎

1 汤匙辣椒粉

2 茶匙烟熏甜辣椒粉

半茶匙盐

¼ 茶匙卡宴辣椒粉

1 杯扁豆罐头，沥干其中的水分

香菜酱

1 个墨西哥辣椒，切碎

半捆香菜

¼ 杯切片杏仁

1 个青柠，取用皮和汁

1 茶匙盐

做塔可还需要

4 个墨西哥玉米饼

做沙拉还需要

4 杯切碎的生菜

半杯切好的西红柿

⅓ 杯切片黑橄榄

2 个切碎的青葱（只要绿色部分）

⅓ 杯切好的香菜

制作方法

① **制作丹贝塔可馅料：** 在一个大号平底煎锅中放入橄榄油，用中火加热，加入丹贝，用木勺将其分成小快，再加入辣椒粉、烟熏甜辣椒粉、盐和卡宴辣椒粉。翻炒 10 分钟直到丹贝变软，如果丹贝粘锅或者太干的话，可以加入一点汤或水。加入扁豆，搅拌均匀并使其充分受热。

② **制作香菜酱：** 把墨西哥辣椒、香菜、杏仁、青柠皮、青柠汁、半杯水和盐放进搅拌机里，打成奶油般顺滑。黏稠度应该近似厚厚的沙拉酱。如果酱太厚重的话，加一汤匙水来调整。

③ **做成塔可：** 在食用之前，加热玉米饼。将一半丹贝塔可馅料加入墨西哥玉米饼，再放上切碎的生菜、西红柿、黑橄榄、青葱、香菜和香菜酱。

本周晚些时候可以用剩下那一半的馅料制作塔可沙拉了：

把生菜、西红柿、黑橄榄、青葱和香菜混合在一起，分成 2 碗。再放上剩下的丹贝塔可馅料，淋上香菜酱。

─────── 提前制作小贴士 ───────

提前 3 天准备丹贝塔可馅料和香菜酱。把丹贝塔可馅料和香菜酱分出一半来，留到本周晚些时用来制作丹贝塔可沙拉。

低 FODMAPs 选项

如果你使用的是调制辣椒粉，其中可能含有大蒜，所以你一定要仔细阅读配料表，并且观察自己饭后的感受。

（植物积分 5+）

营养番茄汤面

这是一碗充满灵魂的番茄汤面。这道低 FODMAPs 汤面非常抚慰人心，不仅营养，还很美味。

材料 /做 2 份用量 /

3 杯生物群系蔬菜汤（226 页）（想要味道浓一些可以多加）

1 根切好的青葱（只要绿色部分）

2 茶匙新鲜姜蓉

1 个罗马番茄，切成小方块

1 汤匙日本酱油

170 克老豆腐，沥干，轻压 ①，切成小方块

半茶匙姜黄粉

140 克米粉

───────────

① 按住豆腐，把它切成小方块，然后用干净的厨房毛巾或厨房纸将其包好。放在有边烤盘上，然后用食物罐头或平底煎锅这样的重物压住，静置 10 分钟，直到大部分水都被吸走。

2 汤匙味噌酱

1 茶匙烤芝麻油（可选）

超动力烤根菜（可选，207 页）作为佐餐

制作方法

① 用中号炖锅，中火加热 2 汤匙蔬菜汤。加入青葱、姜黄粉、番茄和日本酱油，煮大约 10 分钟，直到番茄充分变软烂，再根据需要加少量蔬菜汤。

② 加入豆腐，再煮 1~2 分钟，偶尔搅拌一下防止粘锅。加入姜黄粉和剩下的蔬菜汤，煮至微开。炖 10 分钟，让味道慢慢变浓。

③ 转至小火继续煨煮，然后加入米粉，煮 2~3 分钟，直到米粉变软煮透。

④ 关火，加入味噌搅拌，淋上芝麻油（如果用的话）。如果喜欢，还可以放上烤根菜。

给它加点码！

放上一片烤紫菜，或切成紫菜丝，还可以撒上芝麻和葱花。

（植物积分 5 分）

青酱意大利面

这道丰盛的意大利面晚餐很快就能做好，它用到了本周早些时候剩下的意式烤杂烩。

材料 ／做 4 份用量／

芝麻菜核桃青酱

3 杯包装好的芝麻菜

半杯微微烤过的核桃

2 汤匙营养酵母

2 汤匙鲜榨柠檬汁

¼ 杯蔬菜汤或水

¼ 茶匙盐（想要味道浓一些可以多加）

¼ 杯现磨黑胡椒（想要味道浓一些可以多加）

1 汤匙橄榄油（可选）

226 克无麸质意大利面

2 杯意式烤杂烩（菜谱附后）

制作方法

① **制作青酱：** 把芝麻菜、核桃和营养酵母放在食物加工机的底部，搅拌至完全切碎。马达运转时，加入柠檬汁、蔬菜汤、盐和黑胡椒，再加点盐和黑胡椒调味，淋上橄榄油（如果用的话），放一旁备用。

② 将一大锅盐水烧开，加入意大利面，按照包装上的说明煮到弹牙。留下半杯煮过意面的水，然后沥干意面。

③ 把意面和青酱一起放回锅里搅拌，并且根据需要加入面汤水，让酱均匀包裹上意面。拌入剩下的意式烤杂烩就可以吃了。如果你喜欢有点辣的意面，那就配上粗辣椒面一起享用吧。

低 FODMAPs 选项

古代丰收牌（Ancient Harvest）和诺奥牌（NOW Foods）都有很棒的藜麦意面品牌，鹰嘴豆意大利面也不错。但如果吃 1 杯以上的话，FODMAPs 含量会达到中度级别。

如果在第三周后建立了耐受，可以在青酱里加入 1~2 瓣大蒜。

如果在第二周后建立了耐受，可以再放上南瓜子帕尔玛干酪（280 页）。

（植物积分 6 分）

意式烤杂烩 ·

这道杂烩式餐食可以让第一周的准备工作变得更加容易。你会以不同的方式反复用到这道菜。在多植物波伦塔酱（211页）、红椒核桃泥酱三明治（209页），以及在青酱意大利面（216页）里。

材料 / 做6杯用量 /

1个大茄子，切成方块

2个中等大小的西葫芦，切成丁

1个红柿子椒，去籽，切块

2个罗马番茄，切丁

1个小号球茎茴香（一杯半），去掉叶子，切丁

1茶匙干意大利风味调料

¼杯蔬菜汤

2~3茶匙橄榄油

半茶匙盐

半茶匙现磨黑胡椒

¼茶匙辣椒面（可选）

制作方法

① 预热烤箱至204摄氏度。

② 用一个大碗，把茄子、西葫芦、柿子椒、罗马番茄、球茎茴香、意大利风味调料、蔬菜汤、橄榄油、盐、黑胡椒和辣椒面（如果用的话）搅拌在一起。在有边烤盘上单铺一层（你也许需要2个烤盘，这取决于烤盘大小），然后放在烤箱上层。

③ 烤35~40分钟，具体取决于食材用量的大小，烤至蔬菜变软就好了。

它能在冰箱里存放长达 6 天。你还可以把额外多出来的部分用在沙拉上，或者跟全谷物意面一起吃。

低 FODMAPs 选项

球茎茴香含有中等量的甘露醇和果聚糖。把它控制在少于半杯的量，就属于低 FODMAPs 了。

（植物积分 5 分）

方便炒菜

简单就是胜利。这道炒菜是为第一周准备的，但是由于它够简单，你可以在第一周后把它与其他蔬菜混合搭配。我们并没有用到传统的蛋白质来源，而是将其与藜麦搭配食用，而藜麦是一种伪谷物，每杯富含 8 克蛋白质和 5 克膳食纤维。在本周的晚些时候，我们会把它剩下的部分作为午餐食用。

材料　/做 4 份用量/

⅓ 杯日本酱油

¼ 杯白米醋

2 汤匙烤芝麻油

2 茶匙玉米淀粉或竹芋粉

¼ 杯生物群系蔬菜汤（226 页）或水

2 汤匙新鲜姜蓉

1 个红辣椒，去籽，切成末（可选）

4 根青葱（只留绿色部分），切成小段

2 杯西兰花的花球部分，切碎

4 个胡萝卜，斜切

1 个红柿子椒，切片

2 杯白菜，切片，叶子和茎部分开

226 克平菇，切成薄片

4 杯熟藜麦作为佐餐食用

制作方法

① 在一个小碗中，把日本酱油、白米醋、芝麻油和玉米淀粉（或竹芋粉）搅拌至顺滑，放一旁备用。

② 用大号平底煎锅或炒锅，开中火加热蔬菜汤。加入姜蓉、辣椒（如果用的话）和青葱段，煮大概 1 分钟，煮的时候多搅拌一下，直到有香味散发出来。

③ 加入西兰花、胡萝卜、柿子椒和白菜茎，煮 5~7 分钟，多搅拌一下，直至蔬菜颜色鲜亮，略微变软。再加入白菜叶和平菇，一起搅拌 30 秒。

④ 在炒锅中加入之前的日本酱油混合物，继续搅拌，直到酱料变稠、蔬菜完全熟透。

⑤ 搭配熟藜麦一起食用。

低 FODMAPs 选项

第二周后，在日本酱油混合物中加入 1 瓣或 2 瓣蒜末。

（植物积分 7 分）

咖喱豆腐白菜

这道简单的晚餐结合了我最爱的两种植物性食物：富含钙、铁的豆腐和白菜。小白菜比大白菜更嫩，所以如果你喜欢味道更温和的蔬菜，那就用小白菜代替吧。

材料 / 做 2 份用量 /

1.25 杯加 2 汤匙蔬菜汤或生物群系蔬菜汤（226 页，需要时可以使用更

多分量）

半杯罐装椰浆

1 汤匙黄咖喱粉

1 汤匙葛拉姆马萨拉

2 根青葱（只留绿色部分），切成薄片

1 汤匙新鲜姜蓉

2 汤匙日本酱油

3 杯白菜，叶子和茎分开

85 克竹笋罐头（冲洗干净）

200 克老豆腐，轻压，切成小块（235 页，炒豆腐一碗端）

1 茶匙芝麻油

1¼ 杯糙米作为配餐

制作方法

① 在一个中号碗中，把蔬菜汤、椰浆、黄咖喱粉和葛拉姆马萨拉搅拌在一起，直到香料充分混合，放一旁备用。

② 开中高火，用大号平底煎锅或炒锅加热，余下的 2 汤匙蔬菜汤直至烧热，加入青葱、姜蓉和日本酱油，搅拌 1 分钟，直到香气被激发出来，姜也变得细碎。

③ 加入白菜茎和竹笋，炒 5 分钟直到食材变软。如果你需要更多液体，可以再加一点点蔬菜汤。

④ 将豆腐和芝麻油拌匀备用，放入炒锅并搅拌 30 秒，让它和白菜、竹笋融合得更好。

⑤ 减至中小火，加入椰浆混合物和余下的白菜叶，盖上锅盖，并调至小火，煨 10 分钟，直到酱汁变浓稠，全部蔬菜变软且充分熟透。配合煮熟的糙米一起食用。

提前制作小贴士

在做菜前先切好青葱和白菜，将其放入密封容器并存于冰箱。整道菜都可以提前制作、冷却，然后放在密封的容器里冷藏在冰箱里，等你想吃的时候再加热！

低 FODMAPs 选项

阅读配料表标签，以确保你用的咖喱粉和葛拉姆马萨拉不含大蒜或洋葱。

给它加点码！

撒上切碎的香菜、芝麻和豆芽。

（植物积分 7 分）

蘑菇意大利烩饭

没错，制作烩饭比其他餐食要久，但做饭过程中不断地搅拌对于我们来说就像冥想。打开一个播客，享受站在炉灶旁做出一碗热腾腾的美味且顺滑的米饭的感觉吧。30 分钟后，你将得到一道不添加奶油、芝士或黄油，但仍然有丰富口感且豪华的意大利烩饭。不用谢！

材料 / 做 4 份用量 /

4 杯生物群系蔬菜汤（226 页）或 FODMAPs 友好的蔬菜汤

2 汤匙蒜香橄榄油[①]

[①] 如果想吃低 FODMAPs 饮食，我们应该避免富含果聚糖的大蒜。但蒜香橄榄油是低 FODMAPs 的绿灯食物，因为果聚糖并不是脂溶性的，所以它们不会渗入油里。因此，你确保自己只用到了橄榄油，没吃其中的大蒜就行。你可以自己做蒜香橄榄油。把几瓣蒜压碎，去掉蒜皮（1 杯橄榄油需要用到 5~6 瓣蒜）。用中小火加热几分钟油和蒜，然后把油放凉。把大蒜挑走，然后把油储存在冰箱里。

226 克平菇，切好

盐

1.25 杯艾保利奥米或其他短粒米

1 汤匙鲜榨柠檬汁

3 汤匙营养酵母

新鲜欧芹或新鲜香葱，切好备用

制作方法

① 在一个小号炖锅里加入蔬菜汤，开中火加热。一旦沸腾，就转为小火保持温度。

② 加热蔬菜汤的同时，中火加热另一个大号炖锅。锅热后加 1 汤匙橄榄油，油热后加入平菇和一点盐。炒 10 分钟，直到平菇变软、变成褐色。将平菇从锅中铲出，放一旁备用。

③ 在大号炖锅中加热余下的 1 汤匙油，然后加入米，加热 1 分钟，同时多多搅拌，稍微烤一下它。将热过的蔬菜汤加进去，一次加半杯，并持续不断地搅动，让米充分吸收所有的液体。注意不要让水煮开了，因为煮开会导致烩饭太黏；加热温度不应高于中火，让混合物处于微微沸腾的程度就好。

④ 继续加入蔬菜汤，还是每次半杯，搅拌至液体基本吸收，然后再加入更多的蔬菜汤。全过程需要耗时大约 20 分钟，直到米饭变得弹牙。

⑤ 加入柠檬汁、营养酵母和炒好的平菇，搅拌以充分融合。是否需要再加盐取决于你用的蔬菜汤的咸度，根据自己的口味调味就行。根据喜好，可以与切碎的香葱或欧芹一起食用。

低 FODMAPs 选项

我们推荐第一周使用平菇，因为它属于低 FODMAPs。若想在第一周里用其他蘑菇来替代，则要小心它们含有甘露醇和果聚糖。

第二周后如果你能耐受大蒜和洋葱了，那么可以在铲出平菇后，用平底锅翻炒 1 杯切碎的洋葱和 2 瓣蒜末。

（植物积分 5 分）

加餐小吃、甜品和饮品

 柠檬姜茶

我们喜欢把柠檬姜茶作为餐后饮品。姜有助于消化，而柠檬足以让你酸到起褶子，打消你对甜点的渴望。只要你觉得合适，就尽情地喝吧。

材料 / 做 2 份用量 /

1 小块生姜，切成 4 个 2.5 厘米的小块

1 个大柠檬，榨成汁

100% 枫糖浆或甜叶菊，看你口味

制作方法

① 在一个中号炖锅里，把 4 杯水和姜煮 10~15 分钟，或者更久，这取决于你爱喝的茶的浓度。

② 关火，加入柠檬汁搅拌，滤去姜，然后把茶分成 2 大杯。加入 100% 枫糖浆搅拌，然后就能喝了。

想喝冷饮版：把姜和水的混合物倒入 4 杯冰里，然后加入柠檬汁和 100% 枫糖浆。

（植物积分 2 分）

红椒核桃泥酱

红椒核桃泥酱是一种源自叙利亚的辣椒酱，由烤红辣椒、核桃、孜然和辣椒面制成。我们喜欢用这种烟熏酱配上蔬菜和烤酸面包，也喜欢做成红椒

核桃泥酱三明治（209 页）。

材料 / 做大约 2.5 杯蘸酱用量 /

　　6 个大红柿子椒

　　1 杯生核桃，切碎

　　2 汤匙橄榄油

　　¼ 杯鲜榨柠檬汁

　　¼ 杯意大利香醋

　　1 茶匙孜然粉

　　1 茶匙海盐（喜欢味道浓可以多加一些）

　　半茶匙辣椒面（想要更辣一些可以多加）

制作方法

① 预热烤箱至 230 摄氏度。

② 把整个红柿子椒直接放在有边烤盘上，烤 25 分钟；15 分钟后翻面，好让红柿子椒每一面都微焦。

③ 把红柿子椒放在大碗里，然后马上用厨房纸把它们包起来，至少蒸 10 分钟。这样能让辣椒皮变软，更易去除。

④ 冷却后去皮，去核，去籽。粗切一下备用。

⑤ 在食物加工机的底部放入核桃、橄榄油、柠檬汁、醋、孜然、盐和辣椒面。按下"脉冲"键 8~10 次，让食材混合在一起。加入烤辣椒，再"脉冲"几次使其融合。你可以把它做成奶油状、胡姆斯酱状或坚果酱状。品尝并根据需要进行调整，想要酸就加入更多柠檬，想要辣就加辣椒面，想要加深口感或咸度就加香醋。

　　它可以在冰箱里保存 4 天。

　　（植物积分 3 分）

生物群系蔬菜汤

这道蔬菜汤可以抑制炎症，滋养你的肠道，还富含一些主要的抗氧化剂。我们建议你每周日用慢炖锅做一批出来，这样准备起来就很容易了。随着 4 周计划的持续，你可以随意添加更多芳香植物进去，比如洋葱和大蒜，来让这道汤更加健康。可以从 1 个切碎的洋葱和 2 瓣蒜开始，然后适度调整。

想要快速开餐，可以先加热 1 杯（或 2 杯）蔬菜汤，然后加入 1 汤匙味噌酱搅拌至溶解。就这样直接啜饮，或者再加入豆腐块、葱花、烤蘑菇和蒸过的羽衣甘蓝。

材料 / 大概做 8 杯用量 /

1 大片干昆布

1 杯切好的胡萝卜

1 杯切好的芹菜

⅓ 杯干香菇或 1 茶匙蘑菇粉

2.5 厘米长的新鲜生姜，切片

2 汤匙营养酵母

2 汤匙橄榄油

3 汤匙日本酱油

¼ 茶匙姜黄粉

味噌蔬菜饮

2 杯生物群系蔬菜汤

2 茶匙新鲜姜蓉

2 茶匙味噌酱

制作方法

① 把昆布、胡萝卜、芹菜、香菇、姜、营养酵母、橄榄油、日本酱油、姜黄粉和 8 杯水放入慢炖锅，小火煨至少 6 小时。或者你也可以放在大号汤锅里，小火煨至少 2 小时，并偶尔搅拌一下。

② 放凉，然后用一个细筛网过滤。把它们分装进玻璃容器，一部分放冰箱冷冻层留晚一点使用，一部分放冷藏层随时用。如果你是用玻璃容器冷冻它，那你得确保为液体膨胀留出足够的空间，如果没留出空间，玻璃可能会碎！

③ 想要制作味噌蔬菜饮，你需要用中火加热蔬菜汤，然后关火，加入姜和味噌酱搅拌至溶解，此过程大约 30 秒。然后分装进 2 个大马克杯就能喝了。

给它加点码！

在你加热蔬菜汤的时候，加入半茶匙蘑菇粉，再撒上青葱的绿色部分。

（植物积分 6 分）

椰子燕麦球

制作大约 14 个球，这取决于你做成多大的

1 杯老式燕麦，需要的话可以多加一些

⅓ 杯不加糖的椰子片

⅓ 杯花生酱，需要的话可以多加一些

2 汤匙 100% 枫糖浆

2 汤匙奇亚籽

1 茶匙香草精

¼ 茶匙肉桂粉

28 克切碎的黑巧克力

制作方法

① 把燕麦、椰子片、花生酱、100% 枫糖浆、奇亚籽、香草精和肉桂粉放在食物加工机的底部，按"脉冲"键 10~12 次，直到它们初步混合到一起（你也可以用一个大碗手动把它们搅到大体混合）。试着把混合物搓成球，如果太黏以至于搓不成球，那就再加燕麦。如果太干了，就加入一些花生酱。

② 加入黑巧克力，按下"脉冲"键将它们混合。

③ 用勺子挖出 1 汤匙大小的球状物，揉搓成一个球形，然后重复这个过程，把余下的食材混合物都搓成球。它能在密封容器里保存 1 周，或者放冷冻层保存 3 个月。

FODMAPs 注意事项

所有食材都属于较低 FODMAPs，但一顿不要吃超过 2 个球。

（植物积分 4 分）

柠檬奇亚籽布丁

这道柠檬奇亚籽布丁是对柠檬布丁的即兴重复，不过这次是以高膳食纤维形式进行再演绎。当你有奇亚籽的时候，不需要奶制品和蛋黄也可以做出一份布丁。奇亚籽和液体混合的时候会膨胀，与柠檬汁和杏仁奶混合后，就会诞生一道厚重的、奶油般顺滑的布丁。要想口感更顺滑，可以在第三周后换成罐装椰浆。

材料 /做 2 杯用量/

1 杯无糖的杏仁奶

1 茶匙现磨碎的柠檬皮

¼ 杯鲜榨柠檬汁

1~2 汤匙 100% 枫糖浆

¼ 茶匙姜黄粉

少许盐

¼ 杯奇亚籽

在一个中号碗里，将杏仁奶、柠檬皮、柠檬汁、100% 枫糖浆、姜黄粉和盐放在一起搅拌。加入奇亚籽，搅拌直至充分混合，然后把它们放入冰箱里等待 15 分钟。拿出来以后，再次搅拌，然后盖上盖，放回冰箱至少 2 小时或一整夜，等待它凝胶化。

───── 提前制作小贴士 ─────

提前做好奇亚布丁，能在冰箱里保存 1 周。

给它加点码！

撒上浆果和半杯无糖椰丝。第二周后，你还能往里添加搅打椰奶奶油。

（植物积分 3 分）

搅打椰奶奶油 ·······················

材料　/做 4 份用量 /

1 罐全脂椰奶（或椰奶油），在冰箱里放一夜

制作方法

①　小心打开罐子，把凝固的上半部分挖出来。如果你用的是椰奶的话，那你要注意只用凝固的部分，而其中的水可以倒掉，也可以留到其他食谱中用。如果你用的是椰奶油的话，那么你就能用一整罐了。

②　把凝固的部分放入碗中，用手提搅拌器或立式搅拌器搅打至奶油状。

（植物积分 1 分）

第二周

第一周完成！目前为止出现你爱的食谱了吗？你的植物积分怎么样了？你已经到摇滚明星那一档了吗？第二周也被设计得比较温和，但我们会开始引入一些小扁豆来稍微锻炼一下你的肠道。当然我们还是提供了低FODMAPs替换选项的，如果你认为需要的话，直接替换就好。别忘了发酵食物！如果你有勇气，你大可以在任何你觉得合适的食谱中，添加一种发酵食物作为装饰菜，来为自己赢取额外的植物积分。

第二周的购物清单

农产品

- [ ] 1 个中等大小的新鲜生姜
- [ ] 4 个大柠檬
- [ ] 1 个大红柿子椒
- [ ] 1 个大青柿子椒
- [ ] 28 克干香菇
- [ ] 1 个小洋葱
- [ ] 450 克胡萝卜
- [ ] 450 克芹菜心
- [ ] 1 个大号烤土豆
- [ ] 550 毫升圣女果
- [ ] 1 包 140 克的菠菜叶
- [ ] 450 克草莓
- [ ] 3 根香蕉
- [ ] 1 个猕猴桃
- [ ] 1 包 280 克的沙拉用绿叶蔬菜

□ 2 个甜菜

□ 1 盒 100 克的西兰花苗

□ 1 捆新鲜欧芹

□ 1 个泰国辣椒

□ 1 个西葫芦

□ 1 小捆新鲜香葱

□ 3 个羽衣甘蓝（拉齐纳多羽衣甘蓝或圆白菜）

□ 1 个墨西哥辣椒

□ 1 捆新鲜香菜

□ 2 个青柠

□ 1 捆新鲜薄荷

□ 550 毫升蓝莓

□ 3 个大红薯

□ 2 捆青葱

□ 1 头长叶莴苣

□ 7 个大橙子

□ 2 个大西柚

□ 3 个个头较大的小番茄

□ 1 个小冬南瓜

□ 1 包 170 克的荷兰豆

□ 1 头小紫甘蓝

橱柜

□ 1 包 680 克的无麸质面粉

□ 1 盒 1.8 千克的杏仁奶

□ 113 克抹茶粉（最好是礼仪级抹茶）

- ☐ 1 包 226 克冻毛豆
- ☐ 226 克荞麦面
- ☐ 3 罐 425 克的鹰嘴豆
- ☐ 1 小包燕麦粉
- ☐ 1 罐 425 克的南瓜泥
- ☐ 南瓜派香料
- ☐ 芥菜籽
- ☐ 1 包 450 克的干红扁豆
- ☐ 1 罐 794 克的番茄丁
- ☐ 1 罐 425 克的番茄丁
- ☐ 3 罐 425 克的棕色扁豆
- ☐ 1 条酸面包
- ☐ 4 个墨西哥玉米饼
- ☐ 900 克老豆腐，装在水里
- ☐ 1 包 396 克的嫩豆腐
- ☐ 1 罐 64 克的切片黑橄榄
- ☐ 1 包 226 克的黑巧克力碎或可可豆碎
- ☐ 1 包 226 克的蔓越莓干
- ☐ 226 克干枸杞（可选）
- ☐ 2 罐 425 克的椰奶
- ☐ 1 罐 425 克的番茄酱
- ☐ 1 罐 226 克的第戎芥茉酱
- ☐ 1 包 283 克的核桃碎
- ☐ 900 克切碎的冷冻菠菜

第二周的饮品、加餐小吃和甜品

记住，只要你觉得时机合适，就可以享用这些食谱。

饮品食谱：抹茶拿铁（253 页）

加餐小吃食谱 1 号：南瓜鹰嘴豆泥（254 页）配黄瓜和胡萝卜

加餐小吃食谱 2 号：多植物什锦杂果（255 页）

甜品食谱 1 号：巧克力慕斯（255 页）

甜品食谱 2 号：鹰嘴豆曲奇饼（256 页）

第二周的应急菜单

应急早餐：简易隔夜燕麦（238 页）

应急午餐：每日沙拉（205 页）配烤酸面包，佐南瓜鹰嘴豆泥

应急晚餐：无金枪鱼葵花沙拉（244 页）配当日剩下的蔬菜或南瓜鹰嘴豆泥

应急加餐小吃：15 个杏仁

应急甜品：⅓ 杯蓝莓或 15 个草莓

◎［ 第二周的备餐 ］

第二周的准备工作

红扁豆咖喱汤（240 页）

鹰嘴豆曲奇饼

南瓜鹰嘴豆泥

简易隔夜燕麦

第二周非必选的准备工作

冬南瓜和藜麦辣椒（243 页）

第一天，把切片黄瓜和胡萝卜作为加餐小吃。然后将它们放入装有水的容器中，放入冰箱，第二天和南瓜鹰嘴豆泥一起享用。

无油橘子酱（206页）

巧克力慕斯（255页）

第二周饮食计划（表10-3）

表10-3　第二周饮食计划

时间	餐次	食谱	植物积分
第一天	早餐	炒豆腐一碗端（235页）+ 柑橘薄荷沙拉（242页）	3~5
	午餐	红扁豆咖喱汤（240页）+ 酸面包	8
	晚餐	扁豆核桃塔可（246页）	5
第二天	早餐	南瓜派早餐奶昔（237页）	4~5
	午餐	蘑菇意大利烩饭（222页）+ 脏脏羽衣甘蓝沙拉（210页）	10~12
	晚餐	冬南瓜和藜麦辣椒（243页）	10~11
第三天	早餐	简易隔夜燕麦（238页）	4
	午餐	每日沙拉（205页）+ 无油橘子酱 + 红扁豆咖喱汤（240页）	17
	晚餐	塔可红薯（247页）	6
第四天	早餐	超级食物奶昔（201页）+ 坚果酱	6
	午餐	冬南瓜和藜麦辣椒（243页）+ 脏脏羽衣甘蓝沙拉（210页）	15~18
	晚餐	味噌蘑菇荞麦面（248页）	9~10

续表

时间	餐次	食谱	植物积分
第五天	早餐	简易隔夜燕麦（238页）	4
	午餐	每日沙拉（205页）配酸面包 + 南瓜鹰嘴豆泥（254页）	12~15
	晚餐	印度菠菜豆腐（250页）	5
第六天	早餐	超级种子早餐粥（198页）	6
	午餐	印度菠菜豆腐（250页）	5
	晚餐	扁豆红薯一锅炖（251页）	7~9
第七天	早餐	无麸质美式松饼（239页）+ 浆果	2+
	午餐	无金枪鱼葵花沙拉（244页）+ 酸面包 + 柑橘薄荷沙拉（242页）	9~10
	晚餐	扁豆红薯一锅炖（251页）+ 脏脏羽衣甘蓝沙拉（210）	12~16

早 餐

炒豆腐一碗端

这个值得成为你新晋的最爱早、午餐。豆腐里的饱和脂肪酸及单不饱和脂肪酸含量少，而多不饱和脂肪酸多，相比鸡蛋，它还不含胆固醇，简直就是鸡蛋理想的替代品。

如果你是第一次用豆腐做菜，那你得先做压豆腐的步骤。你可以用压豆腐机，或者用厨房纸把豆腐包起来，再在上面放一些重物，静置10分钟，让水尽可能排出来。这个步骤可以让豆腐更加有嚼劲，让它成为像蛋一样的凝乳状。

材料 / 做 2 份用量 /

5 汤匙蔬菜汤

226 克老豆腐，把水沥掉，压走豆腐里的水，然后弄碎或切丁

1 根青葱，只留绿色部分，切片

半茶匙烟熏甜辣椒粉

半茶匙姜黄粉

¼ 茶匙孜然粉

少许盐和现磨黑胡椒

2 片上周剩下的浆果烤红薯片（202 页），切成小方块

2 杯切碎的羽衣甘蓝，不要茎部

制作方法

① 在中号的平底煎锅中加入 2 汤匙蔬菜汤，中火加热至快要沸腾的状态。此时，加入豆腐煮大约 2 分钟，然后加入青葱、烟熏甜辣椒粉、姜黄粉、孜然粉和一撮盐，调至小火煮 5 分钟或以上，不时搅拌一下，让它热透。

② 在另一个平底煎锅里，放入剩下的 3 汤匙蔬菜汤，用中火加热。再加入红薯煮 5 分钟，不时搅拌一下。加入羽衣甘蓝、盐和胡椒，盖上锅盖，煮大约 3 分钟，直到绿色蔬菜变软。

③ 把羽衣甘蓝和红薯分成 2 碗，然后加入豆腐混合物。要想吃得更健康，可以加一片酸面包，还可以选择是否加花生酱和杏仁酱。

给它加点码！

在餐食的上面再撒点切碎的欧芹、香菜末和番茄丁。

（植物积分 3 分）

南瓜派早餐奶昔

早上吃派？听起来真不错！尤其是当它以可吸的、营养丰富的奶昔形式呈现，简直太适合忙忙碌碌的早晨了。直接吃或者和格兰诺拉燕麦脆片（203页）搭配食用都不错。

材料 /做 2 份用量/

2 根冰冻香蕉

1 杯罐装的椰奶

1 杯罐装的无糖杏仁奶

半杯南瓜泥

2 汤匙 100% 枫糖浆

2 汤匙大麻籽

1 茶匙南瓜派香料

半茶匙肉桂粉

1½ 杯冰

制作方法

① 把香蕉、椰奶、杏仁奶、南瓜泥、100% 枫糖浆、大麻籽、南瓜派香料、肉桂粉和冰放在搅拌器里，搅拌至奶油般顺滑。

② 如果想做成奶昔碗，可以把液体的用量减半（使用半杯罐装椰奶和半杯罐装杏仁奶），然后按步骤进行搅拌。把混合物分成 2 碗，加 1 汤匙山核桃和 1~2 汤匙格兰诺拉燕麦脆片。

低 FODMAPs 选项

未成熟的香蕉比成熟香蕉的 FODMAPs 含量更低，如果你对果糖敏感的话，你也可以把每份奶昔的香蕉用量减至半根。半根成熟香蕉或 1 根中等大小的未成熟香蕉都属于低 FODMAPs 食物。

给它加点码！

加少量新鲜或冻菠菜，为你的奶昔增添更多维生素、矿物质和膳食纤维，也让它绿意更浓一些。

（植物积分 4 分）

 简易隔夜燕麦 ....

每个人都需要一份好的隔夜燕麦食谱，而这份就是我们的首选。隔夜燕麦的美妙之处在于，它可以根据你的需求进行定制：想要更多蛋白的早餐就加豆奶，想要低 FODMAPs 就加杏仁奶，想要更奶油般顺滑就加椰奶。用这道美食里的超级种子来撬动 ω-3 脂肪酸吧！

材料 ／做 2 份用量／

⅔ 杯老式燕麦

1 汤匙奇亚籽

1 汤匙杏仁酱或花生酱

半茶匙肉桂粉

1 杯无乳制品的奶，或者 1 ⅓ 杯口感更清爽一点的燕麦奶

¾ 杯你爱的水果

需要的话，还可以备一些 100% 枫糖浆

制作方法

① 在一个可以重新封口的玻璃罐或碗里，把燕麦、奇亚籽、坚果酱和肉桂粉混合在一起。加少许奶，把所有食材混在一起，尽可能把坚果酱与燕麦搅到一起。然后加入剩余的奶，搅拌至混合。

② 把碗盖上，或者给玻璃罐盖上盖子，这样能在冰箱里保存 4 天。想吃的

时候，再把水果混合进去，如果需要的话还可以淋上一点 100% 枫糖浆。

低 FODMAPs 选项

更低 FODMAPs 的水果包括覆盆子、蓝莓、草莓、菠萝、猕猴桃和木瓜。

给它加点码！

加入大麻籽、更多的奇亚籽、水果（特别是浆果类）和无糖椰丝。

（*植物积分 4 分*）

无麸质美式松饼

为美式松饼欢呼 3 次！这道无麸质美式松饼最适合慵懒的周末早晨了。
单吃它，或者将鲜切水果混合到面糊中做成浆果松饼来吃，都很不错。

材料 / 做 6 个松饼用量 /

1 汤匙亚麻籽粉

3 汤匙水

1 杯无麸质面粉

1 茶匙泡打粉

¼ 茶匙小苏打

¼ 茶匙盐

1 杯无糖杏仁奶

1 汤匙苹果醋

1 汤匙有机葵花子油，再备一点润锅

1 汤匙香草精

制作方法

① 把亚麻籽粉和 3 汤匙水混合到一起，然后放一旁等待它形成胶质，过程大约 5 分钟。

② 在一个大的搅拌碗里，把无麸质面粉、泡打粉、小苏打和盐混合到一起，放一旁备用。

③ 在另一个中号碗里，加入杏仁奶和苹果醋，然后加入葵花子油、香草精和起胶的亚麻籽，搅拌以混合。然后把杏仁奶混合物倒进面粉混合物里，充分搅拌，直到没有任何结块。

④ 用椰子油或烹饪喷雾给大号平底煎锅预热，并开中火热油。把面糊放进热好的平底煎锅里。等待有大气泡形成后，翻面再煎 60 秒，直到两面金黄。需要的话，可以搭配浆果和 100% 枫糖浆一起吃。

给它加点码！

在面糊里加入一些切碎的浆果类水果。

（植物积分 3 分）

午 餐

红扁豆咖喱汤

没有什么比喝一碗营养丰富的汤，更能舒缓身心的了。一碗下肚，我们就好像可以去征服世界了！如果征服不了世界，至少可以征服我们的待办清单。想要吃一顿更健康的饭，可以把这碗汤与脏脏羽衣甘蓝沙拉（210 页）或烤酸面包一起吃。

材料 ／做 4 份，剩下的部分留在本周稍后食用／

1 汤匙蒜香橄榄油（222 页）

¼ 杯洋葱碎

1 根芹菜茎，切碎

3 个大胡萝卜，切碎

1 个大烤土豆，切碎

1 茶匙孜然粉

1 茶匙姜黄粉

1 茶匙烟熏辣椒粉

半茶匙生姜粉

半茶匙咖喱粉

半茶匙盐（想要味道浓一些可以多加）

半茶匙现磨黑胡椒（想要味道浓一些可以多加）

4 杯蔬菜汤或生物群系蔬菜汤（226 页）

1¼ 杯红扁豆

1 罐约 800 克的番茄丁，沥干水

半杯新鲜欧芹或新鲜香菜，切碎

1 汤匙现榨柠檬汁

制作方法

1. 在大号炖锅中加入橄榄油，烧热。加入洋葱，炒 5~7 分钟让它变软。

2. 加入芹菜、胡萝卜和土豆，花 10 分钟翻炒至软和、呈浅褐色。再加入孜然粉、姜黄粉、烟熏辣椒粉、生姜粉、咖喱粉、盐和胡椒粉，搅拌至香味四溢，耗时大约 30~60 秒。

3. 加入蔬菜汤、扁豆和番茄，煮至快要沸腾的状态。然后盖上锅盖煮 20 分钟，或者煮到扁豆变软。关火，放凉，然后用搅拌机或浸入式搅拌机将一半的汤打成泥。把搅成泥的汤放回锅里，然后加入草本植物和柠檬汁搅拌。再加入盐和胡椒粉调味。

低 FODMAPs 选项

洋葱含有中度的低聚半乳糖。用 ¼ 杯新鲜香葱或者干香葱替代它，然后再和菜谱里的芹菜、胡萝卜、土豆去搭配。

红扁豆也含有中等量的低聚半乳糖，把用量缩减至 1 杯，也就是说，每份咖喱汤里使用 ¼ 杯红扁豆。

（植物积分 8 分）

柑橘薄荷沙拉

这道清爽的沙拉是我们最爱的不含生菜的沙拉之一，作为配菜、甜点或简单的小零食都不错。我们这里要用的是橙子和西柚，但也可以用其他柑橘类水果代替。作为一个在纽约雪城长大的人，我得借用一句："橙色[①] 冲呀！"

材料 / 做 2 份用量 /

2 个大橙子，剥皮，去掉皮下海绵层，然后分成一瓣一瓣的

1 个大西柚，剥皮，去掉皮下海绵层，分成一瓣一瓣的（黄灯请注意，半杯的量就足够亮起果聚糖黄灯信号了）

1 个青柠，取皮和汁

1 茶匙 100% 枫糖浆

1 汤匙新鲜薄荷碎

制作方法

把一瓣一瓣的橙子和西柚，与青柠皮、青柠汁、100% 枫糖浆混合。分成两个盘子，上面撒上新鲜的薄荷。

---

① 雪城大学的官方颜色为橙色。

低 FODMAPs 选项

西柚含有中等果聚糖。把本食谱中的西柚用量减少至半个（也就是每份沙拉用 ¼ 个西柚），就属于低 FODMAPs 的范围了。

（植物积分 3 分）

冬南瓜和藜麦辣椒

冬南瓜和藜麦辣椒是一道用蔬菜做成的厚重且温暖心灵的菜。

材料 /做 2 份用量/

1¼ 杯生物群系蔬菜汤（226 页）

⅔ 杯去皮切丁的冬南瓜

¼ 杯切好的青葱，只要绿色部分

¼ 个中等个头的青柿子椒，切小块

¼ 个中等个头的红柿子椒，切小块

半个墨西哥辣椒，去掉籽和蒂，切成小块

约 226 克罐装番茄丁

1 个大胡萝卜，切丁

半个中等大小的西葫芦，切小块

1.5 茶匙的烟熏辣椒粉

1 茶匙孜然粉

盐和现磨黑胡椒

1 杯熟藜麦

制作方法

① 在大号炖锅中加入 1 汤匙蔬菜汤，中火加热。加入冬南瓜烹煮，多多搅拌，需要的话可以加入更多蔬菜汤以防止冬南瓜粘锅，搅拌至刚刚变软的程度，耗时 5~8 分钟。

② 加入青葱、柿子椒和墨西哥辣椒，烹煮大约 5 分钟，偶尔搅拌一下。如果需要的话，可以再加 1 汤匙蔬菜汤防止粘锅。

③ 加入切好的番茄、胡萝卜、西葫芦、烟熏辣椒粉、孜然粉和余下的蔬菜汤。

④ 把混合物煮至沸腾，然后盖上盖子，把火调小，煨 15 分钟，直到蔬菜变软。

⑤ 尝尝味道，加入适量的盐和黑胡椒调味。加入煮熟的藜麦，然后再煮 5 分钟。开吃。

低 FODMAPs 选项

有些罐装番茄含有大蒜和洋葱。记得要看一下配料表。

提前准备小贴士

这道菜需要熟藜麦，所以提前煮好藜麦可以让制作过程更加简单一点。

给它加点码！

可以撒上一些新鲜的草本植物，比如欧芹。

（植物积分 10 分）

无金枪鱼葵花沙拉

这是一道用葵花子代替金枪鱼来制作的经典美食。柠檬、欧芹和香葱为这道沙拉带来了鲜美的口感，把所有的食材放进食物加工机里搅拌一下，就会产生一种与金枪鱼沙拉相似的口感。

材料 / 做 4 份，剩下的部分留在本周稍后食用 /

1 杯葵花子

2 个大柠檬榨的汁

1 汤匙第戒芥末

半杯粗切新鲜欧芹，不要茎

半杯粗切新鲜香葱

¼ 茶匙烟熏辣椒粉

2 根芹菜茎，切碎

4 根青葱，只要绿色部分，切碎

半茶匙盐

少许现磨黑胡椒

8 片酸面包，搭配食用

沙拉用绿叶蔬菜，搭配食用

番茄切片，搭配食用

制作方法

① 把葵花子放进一个密封容器里，加水浸泡，室温至少浸泡 24 小时，葵花子会吸水膨胀到 2 倍大。准备使用食材的时候，把水倒掉，换入新鲜的水没过葵花子，然后再沥干一次。

② 把半杯葵花子、柠檬汁、芥末放进食物加工机里，按下"脉冲"键 10次，直到食材充分被切碎。

③ 加入余下的半杯葵花子、欧芹、香葱、辣椒粉、芹菜茎、青葱、盐和黑胡椒。至少按下"脉冲"键 10 次，直到食材质地接近传统的金枪鱼沙拉。

④ 搭配烤过的酸面包、沙拉（用绿叶蔬菜和切片番茄制成）一起食用。

提前制作小贴士

至少提前一天准备葵花子。

给它加点码！

在沙拉中加入 1 茶匙奇亚籽，增加"嘎吱——嘎吱"的口感、健康的脂肪和更多的植物积分！

（植物积分 6 分）

晚　餐

扁豆核桃塔可 ··

扁豆核桃塔可馅料要同时用在扁豆核桃塔可和塔可红薯里。我们就爱这种能一谱多用的食谱，它帮你大大节省了花在厨房里的时间。

材料　/做 4 份，好留出余裕来制作塔可红薯/

半杯核桃，切碎

1 汤匙橄榄油或生物群系蔬菜汤（226 页）

1 个大番茄，切块

2 罐 411 克的褐色扁豆，沥干水，清洗干净

2 茶匙干牛至

2 茶匙孜然粉

2 汤匙辣椒粉

半茶匙盐

¼ 杯水

塔可

4~6 个墨西哥玉米饼

半份依照食谱做的扁豆核桃馅料

香菜酱（213 页），搭配食用

番茄丁、新鲜香菜碎、生菜碎和（或）黑橄榄切片，搭配食用

塔可红薯

2 个中等大小的红薯

半份依照食谱做的扁豆核桃馅料

香菜酱

番茄丁、新鲜香菜碎、生菜碎和（或）黑橄榄切片，搭配食用

制作方法

1. 在一个大号平底煎锅中，加入核桃，中火炒约 2 分钟，多多搅拌，直到核桃微微变黄，散发出香味，注意不要炒糊了。把核桃盛出来，放一旁备用。

2. 把油和番茄放进刚才的锅里，翻炒 3~4 分钟，直至番茄变软。加入罐装扁豆、干牛至、孜然粉、辣椒粉、盐和水。翻炒约 5 分钟直到食材充分熟透，其间用木勺或锅铲的背面轻轻捣碎一些扁豆。

3. 品尝味道，如果需要的话可以再加一些辣椒粉或盐。

做塔可：加热墨西哥玉米饼，再放上我们做好的扁豆核桃馅料和你爱的配料。

做塔可红薯：预热烤箱至 204 摄氏度。用叉子在红薯的每一面戳几下，以便在煮的时候能把水汽释放出来。把红薯烤到变软，小一些的红薯需要 45~55 分钟，个头大一些的要 55~70 分钟。把红薯从烤箱拿出来，然后把它们从中间分成两半，放上扁豆核桃馅料、香菜酱和你喜欢的配料。

（塔可——植物积分 5 分）

（塔可红薯——植物积分 6 分）

低 FODMAPs 选项

半杯罐装熟扁豆属于低 FODMAPs。但更大份的扁豆中所包含的低聚半乳糖，就足够归为中等程度了。如果你对它敏感，那就得仔细注意食物分量的大小了。

有些调制辣椒粉含有大蒜和洋葱。大蒜属于高 FODMAPs 食物（富含果聚糖），洋葱则富含高果聚糖、中低聚半乳糖。如果你发现自己对其中任何一种敏感，那就用纯辣椒粉代替吧。

味噌蘑菇荞麦面

日语 "Soba" 就是 "荞麦" 的意思，指的是不含小麦的荞麦面。日语 "Oishi" 是 "美味" 的意思，也就是接下来当你尝到这口荞麦面时，会说到的话。

材料 /做 2 碗用量/

半杯冰冻的去壳毛豆

113 克生荞麦面

10~20 个荷兰豆，切丝

2 茶匙芝麻油

¼ 杯生物群系蔬菜汤（226 页）或蔬菜汤

1 茶匙味噌酱

¼ 茶匙 100% 枫糖浆

1 茶匙新鲜生姜碎

¼ 茶匙盐（想要味道更咸可多备一点）

1 茶匙蒜香橄榄油（222 页）

1 杯切成薄片的紫甘蓝

4 个泡发的干香菇，去掉茎部并切片

1~2 个胡萝卜，用蔬菜削皮器切成条状（1 个大的或 2 个小胡萝卜）

4 根青葱（只留青色部分），切片

制作方法

① 用中号炖锅盛水，开中高火煮至沸腾。加入毛豆和荞麦面，煮 2 分钟。

② 加入切好的荷兰豆，再煮 1 分钟，直到面条变软。捞出面条，沥干水分，再过一遍凉水，放一旁备用。

③ 小碗中搅拌芝麻油、蔬菜汤、味噌酱、100% 枫糖浆、姜和盐，放一旁备用。

④ 中号平底煎锅中，放入橄榄油，开中火，然后加入紫甘蓝、香菇、胡萝卜和青葱，翻炒 3 分钟，直到食材微微变软。

⑤ 再把毛豆、荞麦面、荷兰豆和调料倒入平底煎锅里，翻炒 2~3 分钟，直至食材完全热透。

低 FODMAPs 选项

每份 5 个荷兰豆属于低 FODMAPs，而 7 个就达到中度了（果聚糖和甘露醇）。

每份 2 个香菇属于低 FODMAPs。如果你对甘露醇不敏感的话，那么干香菇的用量就没有太多限制了。

给它加点码！

加入一份煮熟的豆腐，让这道菜的蛋白质含量更高。

───── 提前制作小贴士 ─────

提前把酱料做好，把蔬菜切好，然后放在冰箱储存，准备用的时候拿出来。

（植物积分 9 分）

印度菠菜豆腐

希望你像我们一样，爱印度菜爱得停不下来！几乎所有蔬菜搭配咖喱酱后我们都爱吃，但印度菠菜豆腐是我们最爱的印度菜之一。这份食材清单虽然看起来长，但大部分都是香料。如果你第一次接触这些香料，你可以考虑去商店里的散装区买，这样就能买到一汤匙或两汤匙量的食材了。

材料 /做 4 份，留下足量的部分在本周的后面几天吃/

2 茶匙蒜香橄榄油（222 页）

2 汤匙现磨生姜碎

1 个泰国辣椒，去籽，切碎

一汤匙葛拉姆马萨拉

1 汤匙香菜粉

1 汤匙姜黄粉

1 汤匙孜然粉

半茶匙卡宴辣椒粉

1 茶匙芥菜籽

1 茶匙盐（需要的话可以备更多）

5 杯冰冻菠菜切碎，解冻并沥干水分

1 杯罐装全脂椰奶

1 杯番茄酱

1 包 396 克的老豆腐或特硬豆腐，沥干水，并把豆腐里的水压掉

2 茶匙玉米淀粉

现磨黑胡椒

2 杯煮熟的米，作为配餐

制作方法

① 在中号平底煎锅加入 1 茶匙橄榄油，开中火，加入生姜碎、泰国辣椒、葛拉姆马萨拉、香菜粉、姜黄粉、孜然粉、卡宴辣椒粉、芥菜籽和盐。炒 30~60 秒，让香味散发出来。

② 平底煎锅中加入菠菜叶，炒 1~2 分钟，直到软烂。关火，让它稍微放凉一下。

③ 把菠菜混合物放进食物加工机里，用脉冲功能充分把它搅碎。然后与椰奶、番茄酱一起放回平底煎锅里，煨 30 分钟，其间偶尔搅拌一下。

④ 菠菜在锅里煨着的时候，我们就可以开始处理豆腐了。把豆腐切成小块，在中号碗里和玉米淀粉一起搅拌，直到每一块豆腐都挂上淀粉。在另一个大号平底煎锅加入余下的橄榄油，开中火，然后加入豆腐。频繁地搅拌翻炒，直到豆腐变成金黄酥脆的样子。把做好的豆腐放入菠菜混合物里搅拌，使二者混合。

⑤ 到了调味时间，根据需要加入盐和黑胡椒，与煮好的米饭一起吃。

低 FODMAPs 选项

超过 2¾ 杯菠菜就达到中度果聚糖含量了。

（植物积分 5 分）

扁豆红薯一锅炖

蒜香橄榄油和新鲜生姜可以让咖喱菜的味道出类拔萃！周末做一些这样的汤菜，接下来繁忙的一周都能喝得上。

材料　/ 做 2 份用量 /

1 茶匙蒜香橄榄油（222 页）

1 茶匙新鲜姜末

1 个胡萝卜，切碎

盐和现磨黑胡椒

2 汤匙干香葱或新鲜香葱（如果是新鲜的要切碎）

1 个红薯，去皮切碎

2 茶匙咖喱粉，想要浓一点可以多加

2.5 杯的生物群系蔬菜汤（226 页）或蔬菜汤

半杯罐装扁豆

1 大把新鲜菠菜或羽衣甘蓝

制作方法

① 在一个中号锅中加入橄榄油、姜末、胡萝卜，中火加热。然后加一点点盐和黑胡椒，继续炒 3 分钟，不时搅拌一下。

② 加入香葱和红薯，再煮 5 分钟，其间偶尔搅拌一下。然后拌入咖喱粉。

③ 锅中倒入蔬菜汤，盖上锅盖，转至中高火，慢慢烧开。然后在汤里加入扁豆，搅拌使食材充分混合。把火调至文火，继续开盖炖 20 分钟左右，直到红薯软到能用叉子戳进去。

④ 加入盐、黑胡椒和咖喱粉调味。在端上桌之前，加入绿色蔬菜进行搅拌，直到它刚刚变软的程度。如果喜欢的话，还可以配上酸面包一起吃。

───── 提前制作小贴士 ─────

提前把红薯和胡萝卜切好。

给它加点码！

菜肴表面撒上点新鲜青葱和欧芹。

（植物积分 7 分）

加餐小吃、饮品和甜品

抹茶拿铁

这道富含抗氧化剂的饮品是一杯完美的提神醒脑必备良品。我们建议第一周饮用杏仁奶；第二周饮用豆奶，以获取更多蛋白质；第三周你就能用椰奶来制作一杯口感更加绵密的拿铁了。无论你更喜欢哪种植物奶，我们推荐你使用不含卡拉胶的那种。

材料　/ 做 2 份用量 /

1.5 杯不加糖的杏仁奶

2 茶匙抹茶粉（礼仪级有机抹茶粉的口感比烹饪级要好）

半杯沸水

100% 枫糖浆，用于调味

制作方法

1　开中高火，用小锅把杏仁奶煮至微开。

2　把 1 茶匙抹茶粉平均放入 2 个马克杯里。慢慢把 ¼ 杯开水倒入马克杯里，让抹茶粉充分溶解。持续搅拌，然后加入热杏仁奶，稍微倾斜杯子以产生更多的泡沫。如果需要的话，可以加入 100% 枫糖浆让饮品变甜一些。

3　如果想做成冰拿铁，可以将抹茶粉与足够多的水一起搅拌成糊状，只有持续的搅拌才能让它不结块。倒入冰过的无糖杏仁奶，然后大力开搅，让它们充分混合。再分成 2 杯，喜欢的话可以加入 100% 枫糖浆，然后加冰块饮用。

（植物积分 2 分）

南瓜鹰嘴豆泥

南瓜是一种获取膳食纤维、维生素 A 和抗氧化剂的绝佳食物。这道可口的南瓜蘸酱与新鲜蔬菜、全谷物酸面包或其他任何你能想到的食用配搭，都很美味！

材料 /做 2 杯用量/

1 罐 425 克的鹰嘴豆，沥干水，冲洗干净

⅔ 杯南瓜泥

半茶匙盐

1 茶匙孜然粉

半个大柠檬榨汁

1 汤匙蒜香橄榄油（222 页）

制作方法

① 把鹰嘴豆、南瓜泥、盐、孜然、柠檬汁和橄榄油放进食物加工机里，搅打、混合至奶油般顺滑，然后把挂到加工机内壁的食材都刮下来。

② 把得到的酱放入密封容器里，它能在冰箱里储存 1 周时间。

低 FODMAPs 选项

把每份南瓜鹰嘴豆泥减少至 2 汤匙。

给它加点码！

在南瓜鹰嘴豆泥上撒一些南瓜籽或大麻籽，可以获取更多的蛋白质、健康脂肪、爽脆口感和植物积分。

（植物积分 3 分）

多植物什锦杂果

这道什锦小吃能提供膳食纤维和植物性蛋白，让你一整天都保持活力满满。

材料 /做 2 份用量/

2 汤匙南瓜子

2 汤匙杏仁

2 汤匙核桃

2 汤匙黑巧克力碎或可可豆碎

2 汤匙蔓越莓干

制作方法

① 把南瓜子、杏仁、核桃、巧克力碎和蔓越莓干放入密封容器或密封袋里储存，要吃的时候再拿出来。

给它加点码！

加 1 汤匙枸杞。

（植物积分 4 分）

巧克力慕斯

这道巧克力慕斯① 是一道富含植物蛋白的甜食，会带给人们奶油一般甜蜜、完美的满足感。

材料 /做 4~6 份用量/

1 大块嫩豆腐，沥干水，但不用把豆腐里的水挤掉

---

① 记得把椰奶罐头倒置放入冰箱 3 小时以上。这能让椰奶中的脂肪变硬，并从液体中分离出来。这一步能让慕斯更加光滑细腻。

半杯罐装椰奶

半杯 100% 枫糖浆

半杯无糖可可粉

2 汤匙花生酱

1 茶匙香草精

1 茶匙盐

② 把豆腐、椰奶、100% 枫糖浆、可可粉、花生酱、香草精和盐放入食物加工机或高马力搅拌机里，打成非常顺滑的泥，把机器内壁挂上的食材刮下来。

③ 把它们分至 4~6 个小模具或小碗里，放入冰箱 30 分钟以上，使其成形。

给它加点码!

每份再加 30 颗覆盆子，以获取更多甜味、膳食纤维和植物积分。

低 FODMAPs 选项

嫩豆腐属于高 FODMAPs 食物，但如果使用的是老豆腐并且把用量控制在每份 2/3 杯以内，就不算高 FODMAPs。

（植物积分 3 分）

鹰嘴豆曲奇饼 ·····································

曲奇饼虽好，但它健康吗？别担心，我们所做的都是为了赢。如果你没有燕麦粉，可以把半杯燕麦片放在搅拌机或食物加工机里，把它打成粉。

材料 / 做大约 16 个球用量 /

1 罐 425 克的鹰嘴豆，沥干水，冲洗一遍，然后轻拍把水吸干

⅓ 杯燕麦粉

¼ 杯花生酱

3 汤匙 100% 枫糖浆，根据需要可以多加

1 茶匙香草精

¼ 茶匙盐

¼ 茶匙肉桂粉

⅓ 杯无奶巧克力碎

制作方法

① 把鹰嘴豆、燕麦粉、花生酱、100% 枫糖浆、香草精、盐和肉桂粉放进食物加工机里，把它加工成面团的形式。

② 尝尝味道，需要的话可以加入更多 100% 枫糖浆。

③ 拌入巧克力碎，然后按下"脉冲"键让它们充分混合。

④ 把它团成球状，然后放在铺有烤盘纸的有边烤盘里。放入冰箱至少 15 分钟使其变硬。再转移到密封容器里，可以在冰箱中保存 1 周时间。

───── **提前制作小贴士** ─────

提前准备好一周的小吃量。

（植物积分 2 分）

计划已经完成一半啦！你已经取得了巨大的进步。所以现在，经过 2 周的蓄力，接下来我们要开始加速了。这一周你将看到大蒜、洋葱和谷物的身影。我喜欢它们的口味，而且它们还能调动起你的味蕾。如果你想的话，还可以随时来杯柠檬姜茶。在第三周里，你还能看到一些眼熟的食谱客串出场，

它们来自第一周的食谱。必要时，别忘了可以用低 FODMAPs 选项来替代。

第三周的购物清单

农产品

- ☐ 1 块中等个头的新鲜生姜
- ☐ 5 个大柠檬
- ☐ 3 个大红柿子椒
- ☐ 1 个黄柿子椒
- ☐ 2 个大青柿子椒
- ☐ 28 克干香菇
- ☐ 2 个中等个头的洋葱
- ☐ 454 克胡萝卜
- ☐ 454 克芹菜心
- ☐ 4 根大黄瓜
- ☐ 550 毫升圣女果
- ☐ 1 包 142 克的菠菜叶
- ☐ 6 根香蕉
- ☐ 4 个猕猴桃
- ☐ 1 包 142 克的沙拉用绿叶蔬菜
- ☐ 1 盒 100 克的西兰花芽
- ☐ 1 捆新鲜欧芹
- ☐ 3 个大牛油果
- ☐ 1 捆新鲜香葱
- ☐ 1 个罗马番茄
- ☐ 1 捆羽衣甘蓝（拉齐纳多羽衣甘蓝或圆白菜）
- ☐ 1 个墨西哥辣椒

- [ ] 3 捆新鲜香菜
- [ ] 6 个青柠
- [ ] 1 个大意面南瓜[①]
- [ ] 1 个火葱
- [ ] 1 头大蒜
- [ ] 454 克花生
- [ ] 2 个白兰瓜（兰州蜜瓜）
- [ ] 1 捆新鲜薄荷
- [ ] 1,100 毫升你爱的浆果类水果
- [ ] 1 个大红薯
- [ ] 3 捆青葱
- [ ] 1 头长叶莴苣
- [ ] 2 捆小白菜
- [ ] 113 克香菇
- [ ] 2 茶匙番茄酱
- [ ] 450 克干褐扁豆
- [ ] ¼ 杯生腰果
- [ ] 1 个大番茄
- [ ] 1 头小的紫色大白菜或绿色大白菜
- [ ] 4 片宽叶羽衣甘蓝
- [ ] 1 个中等个头的洋葱
- [ ] 1 捆芦笋

橱柜

- [ ] 1 盒 1.8 千克的杏仁奶

---

① 意面南瓜，又称金丝瓜、鱼翅瓜，因其膳食纤维又粗又厚，酷似意大利面而得名。

☐ 1 包 227 克的冰冻毛豆（带豆荚的那种）

☐ 1 包 454 克的燕麦片

☐ 1 包 57 克的杏仁片

☐ 1 包 227 克的冻樱桃

☐ 57 克蘑菇粉

☐ 227 克荞麦面

☐ 3 罐 425 克的鹰嘴豆

☐ 1 罐 113 千克的卡拉马塔橄榄

☐ 1 罐 227 克的第戎芥末酱

☐ 1 包 340 克的冰冻秋葵

☐ 1 罐 397 克的芸豆

☐ 1 罐 454 克的泡菜

☐ 1 包 227 克的法老小麦 [①]

☐ 1 罐 425 克的南瓜泥

☐ 1 罐 425 克的黑豆

☐ 1 包 454 克的红扁豆

☐ 1 罐 425 克的火烤番茄丁

☐ 1 条酸面包

☐ 4 个墨西哥玉米饼

☐ 1.8 千克特硬豆腐，装在水里

☐ 刺山柑

☐ 1 罐 64 克的切片黑橄榄

☐ 1 罐 425 克的番茄酱

---

① 法老小麦 (Farro) 是小麦家族中一种古老的品种。用它能加工成硬质小麦粉，这种小麦粉就是制作意大利面的原材料。

☐ 1 盒 907 克的蔬菜汤

☐ 素伍斯特调味汁

☐ 1 小罐辣酱

第三周的饮品、加餐小吃和甜品

记住，只要你觉得时机合适，就可以享用这些食谱。

饮品食谱：绿色饮品（289 页）

加餐小吃食谱 1 号：急速毛豆（290 页）

加餐小吃食谱 2 号：姜黄能量小吃（291 页）

甜品食谱 1 号：巧克力香蕉冰淇淋（292 页）

甜品食谱 2 号：蘑菇热可可（293 页）

第三周的应急菜单

应急早餐：巧克力花生酱超级奶昔（264 页）

应急午餐：地中海谷物沙拉（269 页）

应急晚餐：菰米蔬菜超级汤（208 页）

应急加餐小吃：20 个杏仁

应急甜品：1 杯蓝莓或 20 个草莓

◎ [第三周的备餐]

第三周的准备工作

生物群系蔬菜汤（226 页）

芝麻荞麦面一碗端（271 页）

制作脆脆烤豆腐（273 页）和芝麻荞麦面一碗端里要用的芝麻调料（271 页）

简易隔夜燕麦（238 页）

地中海谷物沙拉（269 页）

姜黄能量小吃（291 页）

第三周非必选的准备工作

提前做浆果烤红薯片，然后在第六天的时候烤一烤作为早餐吃。

在第一天的时候制作秋葵浓汤，把一半的量放冰箱里，作为第四天的晚餐，然后把剩下的一半放在冷冻层作为第 4 周第四天的晚餐。

第一天备好蔬菜，以制作第二天的泰国彩虹碗配花生豆腐（276 页）。

第三周饮食计划（表 10-4）

表 10-4　第三周饮食计划

时间	餐次	食谱	植物积分
第一天	早餐	烟花女酱炒豆腐（263 页）+ 抹茶拿铁（253 页）	9
	午餐	多彩宽叶羽衣甘蓝卷（268 页）	9
	晚餐	扁豆波隆那酱（278 页）+ 意面南瓜、脏脏羽衣甘蓝沙拉（210 页）+ 南瓜子帕尔玛干酪（280 页）	12~17
第二天	早餐	超级食物奶昔碗（201 页）	6
	午餐	剩下的无金枪鱼葵花沙拉（262 页）+ 酸面包	7
	晚餐	泰国彩虹碗配花生豆腐（276 页）	10
第三天	早餐	简易隔夜燕麦（238 页）	4
	午餐	芝麻荞麦面一碗端（271 页）	10
	晚餐	布法罗鹰嘴豆沙拉（281 页）	7

续表

时间	餐次	食谱	植物积分
第四天	早餐	巧克力花生酱超级奶昔（264）	4
	午餐	地中海谷物沙拉（269 页）	8
	晚餐	秋葵浓汤（283 页）	7
第五天	早餐	简易隔夜燕麦（238 页）	4
	午餐	芝麻荞麦面一碗端（271 页）	10
	晚餐	布法罗鹰嘴豆沙拉（281 页）	7
第六天	早餐	浆果烤红薯片（202 页）	3
	午餐	地中海谷物沙拉（269 页）	8
	晚餐	泡菜炒饭（285 页）	7
第七天	早餐	辣辣早餐塔可（266 页）	6
	午餐	营养佛陀碗（274 页）	6
	晚餐	扁豆马萨拉（287 页）	6

早　餐

烟花女酱炒豆腐

我们将把最爱的意面酱做成早餐版本。因为没有不这么做的理由！

材料 /做 2 份用量/

1 汤匙蔬菜汤或生物群系蔬菜汤（226 页）

1 汤匙橄榄油

1 根青葱（只留绿色部分），切成薄片

1 个罗马番茄，切碎

¼ 茶匙辣椒面，想要味道重可以多准备一些（可选）

半茶匙干百里香

半茶匙干牛至

227 克特硬豆腐，沥干水并把豆腐里的水压掉

¼ 茶匙姜黄粉

盐

1 汤匙刺山柑，沥干水

¼ 杯切片黑橄榄

现磨黑胡椒

新鲜欧芹，切碎备用

制作方法

1. 在大号平底煎锅中加入蔬菜汤和橄榄油，开中火，再加入青葱、番茄、辣椒面（如果用的话）、干百里香和干牛至，翻炒 5 分钟，直至蔬菜变软。

2. 用锅铲把蔬菜铲到锅子的边缘位置，然后加入豆腐，轻轻把豆腐捣碎成像鸡蛋一样的小块。加入姜黄粉和一撮盐，煮 2~3 分钟，多多搅拌，让豆腐彻底熟透。

3. 加入刺山柑和黑橄榄，并搅拌均匀。加入盐、黑胡椒和辣椒面调味，再撒上一些新鲜欧芹。单独吃，或者配上烤过的酸面包都行。

（植物积分 7 分）

巧克力花生酱超级奶昔

这道超级奶昔味道厚重且绵密，足以让你误以为它是一道传统意义上的奶昔！这道富含植物性蛋白质和健康脂肪的超级奶昔，能让你的饱腹感持续好几小时。

材料 / 做 2 份奶昔用量 /

2 根冻香蕉

¼ 杯可可粉

¼ 杯花生酱

2 汤匙大麻籽

3 杯杏仁奶或豆奶

2 茶匙 100% 枫糖浆或 1 颗海枣

一些冰块

制作方法

① 把香蕉、可可粉、花生酱、大麻籽、杏仁奶、100% 枫糖浆和一些冰块放在
搅拌机里，打成非常顺滑绵密的泥，分到 2 个杯子里。现在，可以享用了。

如果想做成奶昔碗，可以把奶的用量减少至 ¾ 杯，然后再放上你最爱的
配料就行了。我喜欢额外放一些香蕉片、格兰诺拉燕麦脆片（203 页）和花生
酱在上面。

低 FODMAPs 选项

未成熟香蕉的 FODMAPs 含量比成熟香蕉低。半根成熟香蕉或一根中等
大小的未成熟香蕉都属于低 FODMAPs 的范畴。如果你对果聚糖敏感的话，
那每份只用半根香蕉就好。由于海枣的果聚糖含量比 100% 枫糖浆更高，有
需要的话，你就直接使用后者吧。

给它加点码！

加 1 茶匙奇亚籽以获取更多健康脂肪吧。

（植物积分 4 分）

辣辣早餐塔可

早餐吃塔可？你没有看错！你可以通过减少萨尔萨辣酱里墨西哥辣椒的用量，来自由对调味料进行调整。

材料 / 做 4 个塔可用量 /

圣女果萨尔萨辣酱

¼ 杯圣女果切片

半个墨西哥辣椒，去籽，切片

2 茶匙蒜香橄榄油（222 页）

1 瓣蒜，切成末

1 个青柠（半个榨汁，另外半个搭配食用）

一撮盐

一撮现磨黑胡椒

辣辣豆腐塔可馅料

半杯黑豆

¾ 茶匙烟熏辣椒粉

¾ 茶匙孜然粉

2 茶匙新鲜葱花

少许卡宴辣椒（可选）

¼ 茶匙盐

¼ 茶匙现磨黑胡椒

1 茶匙橄榄油

170 克老豆腐，沥水、冲洗并挤掉水

4 个墨西哥玉米饼

¼ 杯新鲜香菜

¼ 个牛油果，切片

制作方法

① **制作圣女果萨尔萨辣酱：** 在一个小碗里，把切片圣女果、墨西哥辣椒、橄榄油、大蒜、青柠汁、一小撮盐和黑胡椒，混合到一起，放一旁备用。

② **制作塔可馅料：** 在小号炖锅中，放入 2 汤匙水加热，再加入黑豆、¼ 茶匙烟熏辣椒粉、半茶匙孜然粉、1 茶匙葱花和一小撮卡宴辣椒（如果用的话），继续煮 5 分钟，直到食材热透。用勺背轻轻捣碎混合物，留下部分黑豆保持完整，放一旁备用。

③ 在小碗里，加入剩余的半茶匙烟熏辣椒粉、剩余的孜然粉、1 茶匙葱花、一点卡宴辣椒（如果用的话）、盐和黑胡椒，加 2 汤匙水，搅拌到一起，放一旁备用。

④ 在中号平底煎锅中加入橄榄油，开中火加热。油热后，把沥干水的豆腐和备好的塔可馅料一起捣碎。翻炒 5 分钟，偶尔搅拌一下，或者直到食材熟透、调味料被充分吸收。

⑤ 准备端上桌的时候，把墨西哥玉米饼放在干净、干燥的平底煎锅里加热，直到它变软变热。上面放上豆腐、馅料、香菜、牛油果、圣女果萨尔萨辣酱和新鲜青柠汁，趁热吃。

低 FODMAPs 选项

大蒜属于含有高果聚糖。如果你对果聚糖敏感的话，可以把蒜香橄榄油换成普通橄榄油。

黑豆含有中度低聚半乳糖。可以用 ¼ 杯鹰嘴豆代替。

（植物积分 6 分）

午　餐

多彩宽叶羽衣甘蓝卷

宽叶羽衣甘蓝富含维生素 A、维生素 K 和钙，它们营养丰富却被严重低估，而且绝不是美国南方才有的菜！往这些绿色蔬菜中加入美味的东西，就是一顿完美的午餐。

材料 / 做 4 个宽叶羽衣甘蓝卷用量 /

170 克老豆腐或特硬豆腐，沥干水，并压走豆腐里的水

1 汤匙日本酱油

1 茶匙蒜香橄榄油（见 222 页）

4 片宽叶羽衣甘蓝

半杯南瓜鹰嘴豆泥（254 页）

半杯切成条状的红柿子椒或黄柿子椒

半杯切成薄片的紫甘蓝

1 个胡萝卜，切成短而细的条状

半杯黄瓜片（短而细的条状）

半个牛油果

2 汤匙大麻籽

制作方法

① 预热烤箱至 204 摄氏度。在一个大的有边烤盘里铺上烘焙纸（或稍微喷一点烹饪用油在上面），放一旁备用。

② 把豆腐切成矩形或条形，然后和日本酱油、橄榄油一起搅拌。把豆腐放在准备好的烤盘上，烤 30 分钟，中途翻一次面。从烤箱中端出来，放一旁备用。

③ 清洗并晾干宽叶羽衣甘蓝叶，然后用一个小号削皮刀刮掉茎部，使叶片底部齐平，这样后续就更容易把它卷起来了。

④ 把宽叶羽衣甘蓝放在一个平整的表面，然后在每片叶子的顶部或中部涂抹上 2 汤匙量的南瓜鹰嘴豆泥。

⑤ 把柿子椒、紫甘蓝、胡萝卜、黄瓜和牛油果分成 4 份放在叶子上，然后再撒上一些大麻籽。

⑥ 像卷墨西哥卷饼一样把它们卷起来，然后从中间切开就能吃了。

给它加点码!

加一些西兰花苗进去。

（植物积分 9 分）

地中海谷物沙拉

这道谷物沙拉很适合作为午餐或简易晚餐。把所有食材混合在一起，在端上桌之前，拌上调料就好了。想打包去公司吃的话，可以把没有放调料的沙拉放在一个容器里，把调料放在另一个容器里。想吃时，混合在一起就能享用了。

材料　/ 做 6 杯用量 /

地中海谷物沙拉

1 杯生法老小麦

1 杯鹰嘴豆

1 个大西红柿，切丁

1 个中等大小红柿子椒，切碎

1 个中等大小黄柿子椒，切碎

半杯去籽黄瓜丁

¼ 杯切片卡拉马塔橄榄

¼ 杯新鲜欧芹碎

柠檬皮酱

1 茶匙新鲜柠檬皮，磨碎

¼ 杯鲜榨柠檬汁

1 个中等个头的蒜瓣，剁成末

1 茶匙第戎芥末

盐

现磨黑胡椒

3 汤匙橄榄油

制作方法

① 制作谷物沙拉：将 3 杯水倒入一个中号炖锅中，用中高火烧开，加入法老小麦。盖上锅盖，把火调至中小火，煨 25~30 分钟，直到法老小麦变软。沥掉水，过一遍凉水，放一旁备用。

② 用一个大碗，把煮熟的法老小麦、鹰嘴豆、西红柿、红柿子椒、黄柿子椒、黄瓜、橄榄、欧芹混合搅拌到一起，备用。

③ 制作柠檬皮酱：拿出另一个小碗，混合柠檬皮、柠檬汁、蒜末、第戎芥末和一大撮盐和黑胡椒，然后慢慢倒入橄榄油。

④ 整合：把酱料和谷物沙拉搅拌到一起，直到它们充分混合，有需要的话还可以加入更多盐和黑胡椒调味。放在冰箱储存。吃剩的部分也能在冰箱里保存 2~3 天。

低 FODMAPs 选项

法老小麦的果聚糖含量很高。小米、藜麦和糙米可作为低 FODMAPs 食材进行替换。

鹰嘴豆含有中度低聚半乳糖，可以把用量减少至半杯。

大蒜富含果聚糖。如果不用，可以选择用 1 茶匙蒜香橄榄油（见 222 页）替代。

提前制作小贴士

提前煮熟法老小麦，它能在冰箱里保存最长 5~6 天。把法老小麦和其他蔬菜混合到一起，装在密封容器里放入冰箱储存。调料做好后，也同样可以放在可重新封口的密封容器里，放入冰箱储存。在准备吃的时候，拿出来混合在一起就行了。

（植物积分 8 分）

芝麻荞麦面一碗端

这道亚洲风味的冷面是周日备餐环节中的一部分，可用于本周晚些时候作为午餐食用。但如果你在准备这道菜的过程中就开始流口水了，我们是不会阻拦你偷偷尝一口的。

材料 ／做 4 碗用量／

芝麻调料

¼ 杯芝麻酱

2 汤匙温水

1 汤匙日本酱油

2 茶匙烤芝麻油

1 个青柠（榨汁）

半茶匙蒜末

半茶匙 100% 枫糖浆

¼ 茶匙红辣椒面（可选）

芝麻荞麦面一碗端

227 克荞麦面

2 杯冷冻毛豆仁，解冻

2 个中等个头的胡萝卜，切成很薄的薄片

2 杯黄瓜丁

1 份照食谱做的脆脆烤豆腐（273 页）

2 汤匙芝麻，搭配食用

2 汤匙大麻籽，搭配食用

制作方法

① 制作调料：把芝麻酱、水、日本酱油、芝麻油、青柠汁、蒜末、100% 枫糖浆和辣椒面搅拌均匀，放一旁备用。

② 把荞麦面煮熟，沥干水分后过凉水。然后放回煮面的锅里，与备好的一半调料搅拌在一起。

③ 把面条分装进 4 份可重新封口的容器里，然后放上毛豆、胡萝卜、黄瓜和豆腐，淋上剩余的调料、芝麻和大麻籽。冷食。

低 FODMAPs 选项

你可以用花生酱或杏仁酱来替代芝麻酱。大蒜属于高果聚糖的食材，可以用 1 茶匙香葱代替。

给它加点码！

柿子椒、西兰花和葱段加在这道菜里都很好吃。

─────── 提前制作小贴士 ───────

我喜欢用玻璃容器来储存食物。

植物积分 10 分

脆脆烤豆腐 ··

　　这道脆脆烤豆腐可以用在 28 天饮食计划的任何时候：在你想要获取更多蛋白质的时候，在你想要给沙拉加点配料的时候，或者单独把它作为加餐零食享用的时候。我们在第三周的芝麻荞麦面一碗端里用到了这份食谱，它也可以用于替换第三周泰式一碗端里的花生豆腐，还可以加在第 4 周的营养佛陀碗里。

材料　/ 做 4 份用量 /

　　396 克老豆腐或特硬豆腐

　　橄榄油烹饪喷雾

制作方法

① 把豆腐从包装盒里取出来，用干净的毛巾或厨房纸巾包起来。把它放在碟子上，然后压上另一个碟子或一些金属罐这样的重物。让它静置 30 分钟，直到大部分水都被毛巾（或纸巾）吸走。

② 预热烤箱至 204 摄氏度。

③ 把豆腐沥干后，放在砧板上切成你想要的形状。对于进行到第三周的纤维饮食计划，长方形和方形都是很适合的形状。在烤盘纸上少少地喷一些橄榄油，然后铺一层豆腐，再喷一些橄榄油以确保豆腐的表面都沾上油。

④ 烤 15 分钟后，从烤箱中端出来，翻面。再烤 15 分钟，或者烤到豆腐表面呈现金棕色。你可以在这一周的时间里，根据自己的需要来使用这份

食谱。做好后的豆腐需要放在密封容器中，放冰箱储存。

（植物积分 1 分）

营养佛陀碗 ....

　　这道餐食是我们最爱的"瞧瞧我们到底可以把哪些东西攒一起做顿饭"的食谱。这是一道食谱，却又不是真正的食谱。它的灵感来自于查尔斯顿那家我最爱的绿色餐厅（Verde）所创作的一道沙拉。但你完全可以对它进行自由改编！唯一必需的是芝麻调料，因为这款芝麻调料好吃到令你想把它放进任何一道菜里。

　　我们列出了一个相对宽松的食材清单，你也可以根据你这一周还有什么剩菜来进行私人订制。就把它当作那种冰箱一扫而空式的菜吧！

材料 ／做 1 份用量／

芝麻调料

¼ 杯芝麻酱

2 汤匙现榨柠檬汁

1 个蒜瓣，切成末

1 汤匙橄榄油

半茶匙盐

一碗端

半杯鹰嘴豆（或者其他煮熟的豆子）

2~3 杯沙拉用绿色蔬菜

半杯煮熟的谷物

半杯剩下的烤蔬菜（食谱附后），或者其他切好的蔬菜

制作方法

① **制作调料：** 把芝麻酱、⅓ 杯水、柠檬汁、蒜末和橄榄油混合到一起。根

据需要，用盐进行调味。放一旁备用。

2 **整合**：把鹰嘴豆、绿色蔬菜沙拉、熟谷物和其他蔬菜放在大碗里，每份一碗端可以淋 ¼ 杯芝麻调料。

低 FODMAPs 选项

芝麻酱的果聚糖含量较高。可以把用量减少至 1 汤匙，然后把橄榄油的用量增至 2 汤匙，水的用量减半。

大蒜属于高 FODMAPs 食物。可以选择不用大蒜，用蒜香橄榄油（222页）代替普通橄榄油。

鹰嘴豆含有中度低聚半乳糖，可以把用量减少至 ¼ 杯，或者改用半杯罐头装扁豆。

小米、藜麦、糙米和白米都属于低 FODMAPs 的谷物。

给它加点码！

烹煮谷物的时候，可以在水里加半茶匙姜黄粉，然后按照烹煮方法继续就可以了。

（植物积分6分）

 烤蔬菜

如前文提到，这道一碗端是一种充分利用剩余谷物和蔬菜的好方法。即使你没有什么剩菜的话，它也是一道很容易就能做好的菜。

材料 /做2份用量/

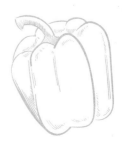

1 杯芦笋段，去掉根部

1 个青柿子椒，切丁

1 杯西兰花的花苞部分，切碎

2 茶匙橄榄油

一撮盐

一撮鲜榨黑胡椒

制作方法

① 预热烤箱至 204 摄氏度。

② 将芦笋、柿子椒、西兰花与橄榄油、盐、黑胡椒一起搅拌，让食材充分
　裹上调味料。在有边烤盘上单铺一层，烤 20~25 分钟，直到食材变软。

低 FODMAPs 选项

芦笋属于高 FODMAPs 食物。如果不用芦笋，可以选择用西葫芦或其他
低 FODMAPs 的蔬菜来替代。

晚　餐

泰国彩虹碗配花生豆腐

首先，辣味花生酱让我有点心跳加速。因为太——好——吃——了。我
们在这道菜里添加了相对高 FODMAPs 食物，比如大蒜。如果你注意到某些
肠易激症状又重现了的话，记得去看看下文的低 FODMAPs 替代项。

材料 / 做 2 份用量 /

半杯生糙米

227 克老豆腐或特硬豆腐，沥干水，切成小方块

辣味花生酱

⅓ 杯幼滑型花生酱

1 汤匙日本酱油

1 汤匙 100% 枫糖浆

3 汤匙鲜榨青柠汁

¼ 汤匙辣椒面（根据你对辣味的偏好进行调整）

1 瓣大蒜，切成末

2 汤匙花生，切碎，或者再多备一些作为装饰

3 汤匙热水

盐

现磨黑胡椒

1 个胡萝卜，用蔬菜削皮器把它切成面条一样的长条状

1 杯黄瓜片（切成半月形）

1 杯切碎的大白菜或紫甘蓝

半个红柿子椒，切片

2 根青葱（只要绿色部分），切段

制作方法

① 预热烤箱至 204 摄氏度。

② 开中高火，用一个中号炖锅把 1 杯水煮沸。加入糙米，盖上锅盖，调至小火。煨 30 分钟让糙米变软，然后用叉子轻轻把它弄松散，放一旁备用。

③ 把豆腐铺一层在有边的不粘烤盘里，烤 25 分钟，或者烤到豆腐微微呈现金褐色。如果你用的不是不粘烤盘的话，记得在盘底喷上薄薄一层烹饪喷雾。把豆腐从烤箱里端出来，放在一个浅浅的碗里，备用。

④ **制作酱：**把花生酱、日本酱油、100% 枫糖浆、青柠汁、辣椒面、大蒜和花生搅拌至奶油般顺滑和黏稠。一边慢慢倒入热水，一边继续搅拌，直到酱料变成可流动的状态。用盐和黑胡椒调味，然后在豆腐里加入 3 汤匙酱，通过搅拌，让豆腐裹上酱料。备用。

⑤ 把煮熟的糙米分成 2 碗，上面盖上豆腐、胡萝卜、黄瓜、大白菜、柿子椒和青葱，淋上剩下的辣味花生酱就能吃了。

─── 提前制作小贴士 ───

豆腐可以提前烤好，保存在密封的容器里，然后放冰箱储存。但是豆腐放冰箱之后就不脆了，所以你可以在准备吃之前，倒一点点油下锅煎一下。

辣味花生酱可以提前制作好，保存于密封容器中，最长可以放冰箱储存4天。

低 FODMAPs 选项

大蒜果聚糖含量高。你可以选择不用大蒜，用 1 茶匙青葱段替代。

如果你每份餐食里紫甘蓝、皱叶甘蓝和普通卷心菜的用量超过 ¾ 杯，那就属于中度 FODMAPs 的范畴了。

葱的白色球茎部分属于高果聚糖食物，所以想要确保低 FODMAPs 的话，记得只用它的绿色部分。

给它加点码!

撒上一些香菜和（或）大麻籽。

（植物积分 10 分）

扁豆波隆那酱配意面南瓜

如果你找不到意面南瓜，别担心！直接用煮熟的意大利面代替。这是一道王炸菜谱，真的很不错。

材料 / 做 2 份用量 /

1 个大号意面南瓜，对半开，然后刮出种子

4 茶匙橄榄油

¾ 茶匙盐（想要味道浓可以再加一点）

¼ 茶匙现磨黑胡椒（想要味道浓可以再加一点）

1 根中等大小的大葱，切成末

4 瓣蒜，切末

2 个中等大小的胡萝卜，切丁

2 根芹菜梗，切小段

4 杯番茄酱

¾ 杯干红扁豆

1 茶匙干罗勒

1 茶匙干牛至

一撮辣椒面

南瓜子帕尔马干酪（食谱附后），搭配食用

制作方法

1. 预热烤箱至 204 摄氏度。

2. 用 1 茶匙橄榄油涂抹意面南瓜，然后用 ¼ 茶匙盐和 ¼ 茶匙黑胡椒调味。把南瓜切面朝下放在有边烤盘里，烤 45~50 分钟，直至它变软。从烤箱中拿出来，将其放凉到可以用手触碰的程度，然后用叉子掏出那些像意面一样的南瓜丝，放一旁备用。

3. **制作酱料：**开中火，用大号平底煎锅加热余下的 1 汤匙橄榄油，然后放入大葱和大蒜，翻炒约 3 分钟，直到食材变软，香味散发出来，小心别炒糊了。

4. 加入胡萝卜和芹菜，再炒 4~5 分钟，让蔬菜变软。加入番茄酱、扁豆、罗勒、牛至、辣椒面和半杯水。调大火力，把这一锅食物煮开，然后再调至小火，盖上锅盖，煮 20 分钟，其间偶尔搅拌一下，让扁豆变软。如果这锅混合物煮开的速度太快了，可以再加水以防它变干。加入剩余的半茶匙盐，再加点黑胡椒调味。

⑤ 把意面南瓜丝分到 2 个碗里，上面盖上扁豆波隆那酱和其他的配菜作为
装饰。

低 FODMAPs 选项

大葱的果聚糖含量高。如果不用大葱，可以用大葱橄榄油（可以去商店
里买或者自己做）来代替常规橄榄油，或者也可以用 ¼ 杯青葱的绿色部分来
代替。

大蒜的果聚糖含量高，也属于高 FODMAPs 食物。省去大蒜，可以用半
杯香葱替代，或者用蒜香橄榄油（222 页）代替普通橄榄油。

芹菜也是高 FODMAPs 食物。可以把用量减少至⅔ 根中等大小的芹菜梗。

番茄酱里也可能含有洋葱和大蒜。记得找那种只含有番茄的牌子。如
果你想用意大利红酱来代替它，同时你又对果聚糖敏感的话，记得找那些低
FODMAPs 的牌子。

干红扁豆含有中度低聚半乳糖。可以用 1 杯罐头扁豆来代替它。

给它加点码!

放上些南瓜子帕尔玛干酪、新鲜罗勒碎和新鲜欧芹碎。

（植物积分 7 分）

南瓜子帕尔玛干酪

半杯杏仁薄片（20 颗杏仁）

¼ 杯生南瓜子

3 汤匙营养酵母

1 茶匙盐

制作方法

① 把杏仁、南瓜子、营养酵母和盐放在食物加工机里，处理成细小的粉末状，小心别把它做成杏仁酱。它可以在冰箱冷藏层放 2 周，或者在冷冻层放 6 个月。

低 FODMAPs 选项

杏仁薄片里的低聚半乳糖含量高，可以把它的用量减至 10 颗。

布法罗鹰嘴豆沙拉

我就是要让这道菜出现在 4 周计划里。辣味布法罗鹰嘴豆混合甜甜的鹰嘴豆泥酱，简直是天堂才有的搭配！

材料 / 做 2 份沙拉用量 /

甜味鹰嘴豆泥酱

¼ 杯南瓜鹰嘴豆泥（254 页）或其他鹰嘴豆泥

2 茶匙 100% 枫糖浆

2 汤匙红酒醋或现榨柠檬汁

2 茶匙热水

布法罗鹰嘴豆

半杯罐装鹰嘴豆，沥干水，冲洗一遍

2 茶匙蒜香橄榄油（222 页）

1 汤匙辣椒酱

¼ 茶匙蒜蓉

一撮盐

沙拉

4 杯长叶莴苣切碎

¼ 个牛油果，切片

¼ 杯对半切开的圣女果

制作方法

① 制作酱料：把鹰嘴豆泥、100% 枫糖浆和红酒醋搅拌至奶油般顺滑。一边持续地搅拌，一边慢慢加入热水，让酱料呈现出浓稠但又可流动的状态就对了。有需要的话，可以加些水。

② 制作鹰嘴豆：中火加热平底煎锅，把鹰嘴豆和蒜香橄榄油、辣椒酱、大蒜、盐搅拌到一起，再倒入鹰嘴豆，翻炒 3 分钟，或者翻炒至鹰嘴豆开始收干、充分熟透。用勺子背轻轻地把一小部分鹰嘴豆捣碎，但还是要保持大部分鹰嘴豆完整。关火，放一旁备用。

③ 制作沙拉：把长叶莴苣和酱料拌在一起，然后慢慢混入牛油果、圣女果和布法罗鹰嘴豆。分成 2 碗，然后尽快食用。

低 FODMAPs 选项

因为许多店里卖的鹰嘴豆泥都含有大蒜和（或）洋葱，所以你可以使用本书食谱里提到的低 FODMAPs 的南瓜鹰嘴豆泥（254 页）。

把鹰嘴豆的用量限制到每人 ¼ 杯。

大蒜属于高果聚糖的食材，可以用 1 茶匙香葱代替。

— 提前制作小贴士 —

提前准备甜味鹰嘴豆泥酱和布法罗鹰嘴豆。在开餐之前，加热鹰嘴豆，然后按照食谱所示把它们整合到一起。

（植物积分 7 分）

秋葵浓汤

这份食谱很简单，但煮熟蔬菜和小火慢炖秋葵汤都要花不少时间。如果这个时长对于工作日期间制作有点困难的话，你可以把这道食谱放在你的周日准备清单里，然后在周日晚上先把糙米煮好。把其中的一半冷冻起来留作第4周使用，剩下的一半放冰箱里，吃的时候再拿出来。

材料 /做 4 份用量/

2 杯生糙米

3 汤匙橄榄油

1 个中等个头的洋葱，切丁

1 个青柿子椒，切丁

3 根芹菜梗，切丁

3 瓣大蒜，切末

盐

¼ 杯中筋面粉

2 茶匙烟熏辣椒粉

2 茶匙干百里香

1 茶匙现磨黑胡椒

1 茶匙干牛至

4 杯蔬菜汤或生物群系蔬菜汤（226 页）

1 罐 397 克的火烤番茄，沥干水

1 罐 397 克的芸豆，沥干水，清洗一遍

1.5 杯冰冻切片秋葵

2 汤匙素食辣酱油

制作方法

① 制作糙米：把 4 杯水和一撮盐倒进大锅里，开中高火煮沸，然后加入糙米。调至小火，盖上锅盖，煮上 45 分钟，使其变软。

② 制作秋葵浓汤：在大号汤锅加入橄榄油，再加入洋葱、柿子椒、芹菜、大蒜和一点盐，中火炒 15 分钟，并偶尔搅拌一下，让蔬菜微微变成棕色且熟透。

③ 把面粉洒在蔬菜上并搅拌，继续炒 2~3 分钟，面粉经过微微烤制，会散发出坚果香味。加入烟熏辣椒粉、百里香、黑胡椒和牛至进行搅拌，再炒 30~60 秒，直到香味散发出来。

④ 加入蔬菜汤、番茄、芸豆、秋葵和辣酱油，搅拌使其混合，并不时把粘在锅底的蔬菜和面粉都刮起来。调至中高火，使其沸腾。一旦煮开后，把火调小，煨 30 分钟，期间偶尔搅拌一下，直到汤变浓稠。

⑤ 把 1 杯煮好的糙米分成 2 碗，在其中一碗中倒入秋葵浓汤。余下的糙米留用做泡菜炒饭（285 页）。把剩下的秋葵浓汤冻起来，留作下周的晚餐。

低 FODMAPs 选项

洋葱属于高果聚糖、中低聚半乳糖的食物。如果不想用，可以省去洋葱，用半杯青葱的绿色部分代替。

¼ 个青柿子椒属于中度 FODMAPs 食物的级别。把食谱里的用量减少至半个青柿子椒，或者用 1 个红柿子椒来代替。

3 根芹菜梗含有中度甘露醇。想要维持低 FODMAPs 水平的话，可以把用量控制在 1 根。

大蒜属高果聚糖的食材。省去大蒜，可以用蒜香橄榄油（222 页）替代常规普通橄榄油。

小麦粉属于高低聚半乳糖、高果聚糖的食材。如果不用，可以用无麸质面粉代替。

芸豆也是高低聚半乳糖、高果聚糖的食材。如果不想用，可以用1杯鹰嘴豆或罐头扁豆代替。

—— 备餐小贴士 ——

糙米和秋葵浓汤后续还会在4周计划里出现。留出2杯煮熟的糙米给泡菜炒饭，冻住余下的秋葵浓汤，为第4周的晚餐做准备。

如果你是在第三周做的这道菜，那么你可以直接用掉1¼杯糙米，让后续的泡菜炒饭也能用上这一波糙米。如果你只是想做秋葵浓汤的话，那么干糙米的用量控制在半杯就行了。

给它加点码！

撒上一些欧芹碎。

（植物积分7分）

泡菜炒饭

这道炒饭从泡菜中获取植物力量，而泡菜是一种由发酵卷心菜和蔬菜制成的食物。

材料 ／做2份用量／

1罐454克的泡菜

2茶匙芝麻油（需要的话可以多加一些）

3根青葱，切小段

227克老豆腐，沥干水，把豆腐里的水压掉

3瓣蒜，切成末

1汤匙新鲜生姜粉

2 捆小白菜，切成块

113 克香菇，切薄片

1 汤匙日本酱油，需要的话可以多加一些

2 杯煮熟且放凉的糙米，它是从秋葵浓汤（286 页）那份食谱中预留下来的

2 茶匙白米醋

制作方法

① 用滤器把泡菜沥干水，并把水保留下来备用。把泡菜大致切成适合入口的大小，备用。

② 在大号平底煎锅加入芝麻油、青葱，开中高火反复翻炒 2~3 分钟，直到食材变软。拌入豆腐碎，翻炒均匀，再炒 2~3 分钟，让豆腐表面呈现微微褐色。再加入蒜末和生姜粉。

③ 加入小白菜和香菇，翻炒 2~3 分钟，直至白菜变软，呈现浅绿色。

④ 加入泡菜和日本酱油，煮至食材全熟。

⑤ 再加入糙米、1 汤匙预留的泡菜卤水和白米醋，烹煮 3~4 分钟，记得多多搅拌，让食材充分熟透。加入更多日本酱油、烤芝麻油或泡菜卤水进行调味，即食口感更佳。

低 FODMAPs 选项

泡菜是一种高果聚糖的食物。许多泡菜都含有大蒜，如果你对果聚糖敏感的话，你可以选择直接省去泡菜或者选择另一份晚餐食谱。

想要确保低 FODMAPs，记住只用青葱的绿色部分。

大蒜属于高 FODMAPs、高果聚糖的食材。你可以选择不用它，而代以 2 茶匙蒜香橄榄油（222 页）。

1 杯小白菜的用量处在 FODMAPs 的安全值内。但如果每份餐食里的小白菜用量超过 1 ⅓ 杯的话，山梨醇就达到了中等程度。

香菇属于高甘露醇的食材。你可以选择用平菇代替，或者直接不用香菇。

给它加点码！

撒上海苔片、芝麻、青葱段或腌制生姜。

（植物积分 7 分）

扁豆马萨拉

摊牌了，我是印度食物的狂热爱好者。印度菜香气四溢，有富含抗生素的香料、芳香植物、蔬菜和豆类，是一种能够体验到纤维效果的传统美食。这道简化后的扁豆马萨拉用到了腰果奶油——一种美味的替代品，是一种植物奶油，它吃起来跟奶油一样绵密美味。如果你之前没接触过腰果奶油的制作，那么这份食谱很可能会成为你日后多次用到的一份食谱，因为它可以完美搭配那些提到要用"浓厚奶油"的食谱。

材料 / 做 2 份用量 /

香菜青柠饭

半杯生印度香米或糙米

盐

2 汤匙鲜榨青柠汁

¼ 杯香菜碎

扁豆

2 茶匙橄榄油或生物群系蔬菜汤（226 页）

半个洋葱，切小丁

2.5 厘米长的生姜，磨成粉或剁成末

2 瓣大蒜，切成末

一撮盐

现磨黑胡椒

半茶匙葛拉姆马萨拉

半茶匙辣椒粉

⅛ 茶匙肉桂粉

2 汤匙番茄酱

半杯干的绿扁豆或棕色扁豆

腰果奶油

¼ 杯生腰果（20 颗腰果）

⅓ 杯温水

鲜榨青柠汁，作为配餐

新鲜香菜，作为配餐

制作方法

① **制作米饭：** 用一个小号炖锅把 1 杯冷水开中高火煮沸，加入米，调小火，盖上锅盖，然后根据大米包装袋上的说明把米煮到变软。拌入 ¼ 茶匙盐、1 汤匙青柠汁和香菜，备用。

② **制作扁豆：** 在一个大号平底煎锅中加入橄榄油、洋葱、生姜、大蒜，开中火炒 5~7 分钟，让食材变软。再加入盐、黑胡椒、葛拉姆马萨拉、辣椒粉和肉桂粉，再炒 1 分钟，让香气散出来。

③ 加入番茄酱，再炒 1 分钟，让食材变成深红色，散发香味。加入扁豆和 2 杯冷水，煮沸，调至中小火，盖上锅盖，再煮 30 分钟，直到扁豆变软、大部分汤汁被吸收，其间记得偶尔要搅拌一下。

④ **制作腰果奶油：** 把腰果和温水放进搅拌机里，搅拌成厚重的奶油状。这个过程大概需要 5 分钟，不过具体还得取决于你所用的搅拌机的马力。

⑤ 把腰果奶油和剩下的 1 汤匙青柠汁拌入那锅扁豆中，根据需要加盐进行调味。搭配提前制作好的香菜青柠饭食用，喜欢的话也可以再撒上一些香菜和青柠汁。

低 FODMAPs 选项

洋葱含有中等水平的低聚半乳糖，且果聚糖含量较高。如果不用，可以用 ¼ 杯青葱的绿色部分代替。

大蒜属于高果聚糖食材。如果不用，可以用 2 茶匙蒜香橄榄油（222 页）代替。

有些葛拉姆马萨拉可能含有大蒜和洋葱，记得仔细检查一下配料表。

扁豆含有中等程度的低聚半乳糖。可以把绿扁豆或棕色扁豆的用量控制在 ¼ 杯，同时把水的用量减半。

20 颗腰果达到了高 FODMAPs 食材水平。你可以选择跳过腰果奶油的制作步骤，把这道扁豆马萨拉做成无腰果奶油的版本。

（植物积分 6 分）

加餐小吃、饮品和甜品

 **绿色饮品**

这杯绿色饮品是一款介于水果奶昔和青柠汁之间的混血儿！有非常清爽的口感，是绝佳的下午 3 点提神醒脑必备之良品。它与姜黄能量小吃（289 页）或鹰嘴豆曲奇饼（256 页）都很搭。

材料　/做 2 份用量/

2 杯切成小块的白兰瓜

4 个猕猴桃，去皮

1 个青柠的皮和汁

10 片薄荷叶

2 杯碎冰

① 把白兰瓜、猕猴桃、青柠皮、青柠汁、薄荷、冰和半杯水放入搅拌机里，打至顺滑。分成 2 杯，开喝。

低 FODMAPs 选项

把白兰瓜的用量减少至 1 杯，或者改用半杯哈密瓜。

（植物积分 4 分）

急速毛豆

我们将其命名为"急速毛豆"，是因为它 5 分钟就能做好，而且还是一道完美的植物性小吃。如果你喜欢辣一些的口味，除了加盐，还可以加一撮辣椒粉，或干辣椒碎。

材料 /做 2 份用量/

半茶匙盐
1 杯冰冻或新鲜的毛豆荚
颗粒较粗的精制盐

制作方法

① 把 3 杯水和盐倒入一个中号炖锅中，开高火煮沸。加入毛豆煮 5 分钟，把毛豆煮软，让它很容易就能脱粒。沥干水，撒上一小撮粗制收尾盐，比如犹太盐或盐之花。热食或冷食均可。

—— 提前制作小贴士 ——

毛豆可以提前做好，既可以冷食，也可以放微波炉里加热一下再吃。

（植物积分 1 分）

姜黄能量小吃 ·······························

姜黄含有植物化合物姜黄素，这种物质因抗炎和抗氧化特性而闻名，也是咖喱呈现黄色的原因。我们把它和柠檬加进这道小吃里，就是想呈现出一道甜甜的球形小吃。这道小吃作为两餐之间的零食或者餐后甜点都很不错。当你的嘴唇接触到它的时候你就知道了，它真的很好吃！

材料 / 做 16~18 个用量 /

1 ⅓ 杯燕麦片

¼ 杯杏仁碎或杏仁片

¼ 杯大麻籽

半杯杏仁酱或花生酱

¼ 杯 100% 枫糖浆

1 茶匙柠檬皮

2 汤匙现榨柠檬汁

1 茶匙姜黄粉

一撮盐

一撮现磨黑胡椒

制作方法

① 在一个中号碗中放入燕麦、杏仁、大麻籽，混入杏仁酱（或花生酱）、100% 枫糖浆、柠檬皮、柠檬汁、姜黄粉、盐和黑胡椒，搅拌均匀。

② 在小托盘或碟子上铺上烤盘纸。把混合食材揉成汤匙大小的球状，放在铺有烤盘纸的托盘上。

③ 把托盘放到冰箱里冷却定型，然后转移到密封容器里，它在冷藏层可以放 1 周、冷冻层可以放 2 个月。

低 FODMAPs 选项

杏仁属于高 FODMAPs 的食材（富含低聚半乳糖），但对于敏感人群来说，10 颗杏仁的量或者 1 汤匙杏仁酱的量都属于可接受范围。一汤匙半杏仁酱的量则达到了中度低聚半乳糖的标准。

本周内，记得关注你自己在增加摄入某些 FODMAPs 指数较高的食物后的身体感受，必要的时候可以用低 FODMAPs 的食材来调整食谱。

花生酱的 FODMAPs 含量比杏仁酱低。

给它加点码！

加 1 汤匙亚麻籽或奇亚籽（或者二者都加），来获取更多 ω-3 脂肪酸和膳食纤维吧。

（植物积分 4 分）

巧克力香蕉冰淇淋

你尖叫，我尖叫，我们都忍不住为冰淇淋尖叫！这道巧克力香蕉冰淇淋[1]是一道完美的餐后甜点。

材料 /做 2 份用量 /

4 根切碎的去皮冻香蕉

1~2 茶匙可可粉

半茶匙香草精

制作方法

①　把香蕉、可可粉和香草精放进食物加工机里，打成非常柔软顺滑的状态。[2]

---

[1]　如果想做成樱桃版本的话，就把食谱里的可可粉删掉，换成 1/3 杯去核冻樱桃。

[2]　这道甜品不易保存，所以如果你没打算一口气吃完这份食谱量的话，那就把食谱中的用量都减半。

低 FODMAPs 选项

如果你用了樱桃代替可可粉，且你对果糖敏感的话，可以把樱桃的用量减少至 2 颗。

1 个中等大小的未成熟香蕉属于低 FODMAPs 食材的范畴。成熟香蕉（微褐色）的果糖含量稍高。⅓ 根成熟香蕉则是 FODMAPs 绿灯食物，但半根成熟香蕉所含的果聚糖已经达到了中等程度。

（植物积分 2 分）

蘑菇热可可

保持冷静，让蘑菇顶上。我知道在可可里放蘑菇听起来有点奇怪，但这里要用的不是传统的蘑菇！我们都崇尚灵芝、猴头菇或冬虫夏草所能带给我们的力量，因为这些药用蘑菇都是适应原，且已被证明有助于缓解压力、提高能量水平、让人睡得更安稳。

花生酱或杏仁酱的加入，则能让这道热可可的口感更加丰富，其中的脂肪还有助于增加饱腹感。

药用蘑菇

选择贴合你目标的蘑菇，来做蘑菇热可可：增强免疫力——灵芝；提高专注力——猴头菇；使人精力充沛——冬虫夏草。

材料 / 做 2 份用量 /

2 茶匙蘑菇粉

1 汤匙 100% 枫糖浆

1 汤匙花生酱或杏仁酱

2 汤匙无糖可可粉

一撮盐

半茶匙肉桂粉

量本版无乳奶制品

制作方法

① 把蘑菇粉、100% 枫糖浆、花生酱（或杏仁酱）、可可粉、盐、肉桂粉和奶放进搅拌机里，处理成奶油状。

② 把打好的可可混合物放进小号炖锅里，用中火加热，大力搅拌，直到食材起泡，充分混合。

③ 尝一尝，根据需要进行调味。分成 2 杯，趁热食用。

（植物积分 3 分）

第四周

你应该为自己走了这么远而感到自豪。现在是第 4 周了！你差不多已经准备好过渡到纤维饮食 365 天的计划中去了。记得记录下你最爱的食谱和你观察到的食物敏感现象。欢迎你把结果发到"纤维饮食 4 周"的线上话题里。让我们鼓起勇气，互相支持，去完成我们共同的任务——通过饮食和生活方式来增进健康。

第 4 周的购物清单

农产品

☐ 1 个中等个头的新鲜生姜

☐ 4 个大号柠檬

☐ 3 个大号青柿子椒

☐ 2 个黄柿子椒

☐ 1 个大号橙柿子椒

☐ 28 克干香菇

☐ 3 个中等大小的黄洋葱或白洋葱

☐ 1 个红洋葱

☐ 454 克胡萝卜

☐ 454 克芹菜心

☐ 1 根大黄瓜

☐ 1 个大杧果

☐ 1 个小号凉薯

☐ 1100 毫升圣女果

☐ 1 包 283 克的菠菜叶

☐ 6 根香蕉

☐ 2 个猕猴桃

☐ 1 包 142 克的绿叶沙拉

☐ 1 盒 100 克的西兰花芽

☐ 4 个大牛油果

☐ 1 捆新鲜香葱

☐ 2 捆羽衣甘蓝（拉齐纳多羽衣甘蓝或圆白菜）

☐ 2 个墨西哥辣椒

☐ 2 捆新鲜香菜

☐ 1 捆新鲜罗勒

☐ 550 毫升草莓

☐ 550 毫升浆果

☐ 1 包 227 克的海枣

☐ 1 包 283 克的核桃

☐ 1 包 142 克的腰果

☐ 1 包 227 克的杏仁

☐ 5 个青柠

☐ 1 头大蒜

☐ 2 个大橙子

☐ 1 个大西柚

☐ 2 捆青葱

☐ 1 棵西兰花

☐ 1 个大西红柿

☐ 1 包 142 克的芝麻菜

☐ 1 盒 1.8 千克的杏仁奶

☐ 1 罐 57 克的芝麻

☐ 1 罐或 1 盒 425 克的低钠蔬菜汤

☐ 227 克烤豆腐

☐ 1 包印度香料茶（茶包形式）

☐ 1 包 227 克的丹贝

☐ 1 包 28 克的裙带菜

☐ 1 包 454 克的棕色扁豆

☐ 4 罐 425 克的鹰嘴豆

☐ 1 罐 425 克的白豆

☐ 1 罐 425 克的椰奶

☐ 1 罐 425 克的是拉差辣椒酱

☐ 1 罐 425 克的面包屑

☐ 1 罐 425 克的番茄酱

☐ 3 罐 425 克的番茄丁

☐ 2 罐 425 克的黑豆

☐ 1 罐 425 克的芸豆

☐ 1 罐 425 克的斑豆

☐ 2 罐 425 克的白腰豆

罐头装的意大利红酱（选择属于低 FODMAPs 品牌的产品，翻阅 309 页的鹰嘴豆丸子这个菜谱了解更多详情）

1 包潜水艇面包

1 包全谷物小圆面包

57 克荞麦面

1 包 227 克的弯管意面

1 包 227 克的干意面

1 包 227 克的全谷物意面

1 包 397 克的白米

月桂叶

大蒜粉

干芥末

1 包 28 克的紫菜片

1 条酸面包

1 包 454 克的老豆腐，用水包装

第 4 周的饮品、加餐小吃和甜品

记住，只要你觉得时机合适，就可以享用这些食谱。

饮品食谱：姜黄拿铁（321 页）

加餐小吃食谱 1 号：白豆泥（322 页）配蔬菜

加餐小吃食谱 2 号：ω-3 丸子（323 页）

甜品食谱 1 号：草莓芝士蛋糕（325 页）

甜品食谱 2 号：花生巧克力小零食（327 页）

第 4 周的应急菜单

友情提示：既然我们现在已经到了计划的第 4 周，是可以相应增加你摄入浆果数量的时候了。

应急早餐：超级食物奶昔碗（201 页）

应急午餐：鹰嘴豆丸子三明治（311 页）

应急晚餐：剩下的四豆辣椒（307 页）配白豆泥（322 页）和酸面包

应急加餐小吃：一小把杏仁

应急甜品：一碗浆果

◎ [第 4 周的备餐]

第 4 周准备工作

白豆鹰嘴豆泥

营养佛陀碗（274 页）

ω-3 丸子（323 页）

第 4 周非必选的准备工作

第三天的晚餐和第四天的午餐吃鹰嘴豆丸子。额外的丸子可以用于本周任何时刻的应急午餐。

四豆辣椒

提前煮好扁豆 [为第五天晚餐的扁豆酱三明治（313 页）做准备]

香蕉烤燕麦（300 页）

第四周饮食计划（表10-5）

表 10-5　第四周饮食计划

时间	餐次	食谱	植物积分
第一天	早餐	无麸质美式松饼（239 页）	2
	午餐	超动力味噌汤（303 页）	8
	晚餐	四豆辣椒（307 页）	7~10
第二天	早餐	超级食物奶昔碗（201 页）+ 格兰诺拉燕麦脆片（203 页）	12
	午餐	营养佛陀碗配芝麻酱（274 页）	6
	晚餐	无鱼寿司卷（304 页）	6
第三天	早餐	香蕉烤燕麦（300 页）	4
	午餐	无鱼寿司碗（306 页）	6
	晚餐	鹰嘴豆丸子（309）+ 意大利红酱意面 + 快速大蒜拌西兰花（312 页）	5
第四天	早餐	顺滑茶煮燕麦（302 页）	5
	午餐	鹰嘴豆丸子（309 页）+ 酸面包或潜水艇面包	4
	晚餐	剩下的秋葵浓汤 + 糙米（283 页）	8
第五天	早餐	香蕉烤燕麦（300 页）	4
	午餐	剩下的四豆辣椒（307 页）+ 辣味通心粉（308 页）	7+
	晚餐	扁豆酱三明治（313 页）+ 凉薯薯条（314 页）	7

续表

时间	餐次	食谱	植物积分
第六天	早餐	巧克力花生酱超级奶昔（265 页）	4+
	午餐	鹰嘴豆牛油果三明治（315 页）+ 柑橘薄荷沙拉（242 页）	7+
	晚餐	恐龙羽衣甘蓝汤（316 页）+ 脏脏羽衣甘蓝沙拉（210 页）	13~16
第七天	早餐	辣辣早餐塔可（264 页）	6
	午餐	剩下的恐龙羽衣甘蓝汤（316 页）+ 酸面包 + 白豆泥（322 页）	14~16
	晚餐	星期天意面（318 页）	6+

早 餐

香蕉烤燕麦

烤燕麦是我最爱的热早餐之一。虽然它刚出锅的时候就已经很美味了，但我们还是推荐你淋上冷杏仁奶、坚果碎和浆果再吃。

想要提前开始准备的话，你可以在前一天晚上把所有东西都准备好、组合好，第二天早上直接开烤，或者也可以周日把它做好，开吃前再多配上一点杏仁奶一起加热，因为它放在冰箱里会稍微变干一点。

材料 /做 4 份，剩下的部分可以留给本周晚些时候享用/

1 根大香蕉，切片

1.5 杯快熟燕麦

2 汤匙亚麻籽

半茶匙肉桂粉

1 茶匙泡打粉

¼ 茶匙盐

¾ 杯杏仁奶或其他无乳奶制品

⅓ 杯 100% 枫糖浆

2 汤匙有机葵花子油

1 茶匙香草精

¼ 杯核桃碎或其他坚果碎

制作方法

① 烤箱预热至 177 摄氏度。在（20 厘米 ×20 厘米）烤盘上轻轻喷一些油。

② 把切好的香蕉片放在盘子底部，排成一列，备用。

③ 用中号碗把燕麦、亚麻籽、肉桂粉、泡打粉和盐搅拌在一起。

④ 再拿出另一个中号碗，混合杏仁奶、100% 枫糖浆、葵花子油和香草精。把它们跟燕麦混合，充分搅拌到一起。再拌入坚果碎，轻轻地把燕麦混合物垒到烤盘里的香蕉片上。再放进烤箱烤 30 分钟，或者烤至金黄就能吃了。

低 FODMAPs 选项

快熟燕麦含有中度低聚半乳糖和果聚糖。如果不想用，可以选择用燕麦片代替。

给它加点码！

撒上浆果、坚果碎，淋上杏仁奶。

（植物积分 4 分）

顺滑茶煮燕麦

让具有各种辛辣爽口风味的印度拉茶，融入你早上这碗顺滑如奶油的燕麦中吧。

材料 / 做 2 份用量 /

1 个印度拉茶茶包

1.5 杯无糖杏仁奶

半茶匙肉桂粉

¼ 茶匙小豆蔻粉

¼ 茶匙肉豆蔻粉

1 杯老式燕麦

1 茶匙亚麻籽粉

1 茶匙奇亚籽

1 汤匙大麻籽

1 根香蕉，打成泥

1 茶匙香草精

一撮盐

1 茶匙 100% 枫糖浆（可选）

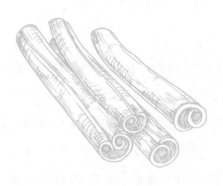

制作方法

1. 开中火，用中号炖锅，把印度拉茶茶包、半杯水、杏仁奶、肉桂粉、小豆蔻粉、肉豆蔻粉加热至沸腾。把火调小，煨 2 分钟，其间偶尔搅拌一下。

2. 把茶包拿出来，用中高火再次煮至沸腾。拌入燕麦、亚麻籽、奇亚籽和大麻籽。调至中小火，再煮 3 分钟，直到燕麦的质地变得厚重。

3. 拌入香蕉泥，煮 1 分钟，关火，加入香草精和盐进行搅拌。然后盖上锅盖，再焖 5 分钟。需要的话还可以再拌一些 100% 枫糖浆进去，然后就能吃了。

低 FODMAPs 选项

一根成熟香蕉的 FODMAPs 含量较高，青一些的 FODMAPs 含量较少。

给它加点码！

为这碗燕麦加上你最爱的浆果，来获取更多甜味和植物积分。

— 提前制作小贴士 —

你可以提前把它做好，放在密封容器里，然后放冰箱储存。冷食或热食皆可。

（植物积分 5 分）

午　餐

超动力味噌汤

味噌是一种由发酵的大豆制成的酱，在亚洲料理中非常常见。这碗汤不仅很暖，而且还很宽慰人心，很美味。

材料 /做 2 份用量 /

57 克荞麦面

2 杯蔬菜群系汤（226 页）

1 汤匙裙带菜

¼ 杯白味噌酱

半杯嫩叶菠菜碎

半杯青葱碎

¼ 杯老豆腐，沥干水，切成块

¼ 杯泡发的香菇

制作方法

1. 取一中锅，放水，用中高火烧开。根据包装袋上的指示把荞麦面煮熟，然后沥干水，过凉水，放一旁备用。

2. 用同一口锅，开中高火，把 2 杯冷水和蔬菜汤煮沸。加入裙带菜后，调低火力，用小火煨 5 分钟。

3. 再拿一个小碗，把味噌和 1~2 茶匙温水混合，稀释成浓稠的奶油状酱料，备用。

4. 在蔬菜汤里加入嫩叶菠菜、青葱、豆腐和香菇，用中高火把它煮开，然后盖上盖，调至小火，煨 5 分钟。

5. 关火，拌入味噌酱和熟荞麦面。开吃。

低 FODMAPs 选项

青葱的白色部分果聚糖含量较高，记住只用绿色部分。

给它加点码！

撒上芝麻和青葱碎，以增加质地和风味。

（植物积分 8 分）

无鱼寿司卷

此处并无鱼！这可能是本书里我们最爱的食谱之一了。但有件事要提前预警一下，是拉差蛋黄酱是让人上瘾的。你可以在这道三明治里享用它，也可以在其他任何你想尝到辣奶油风味时用上它。

我们将其称为"卷"，是因为我们会像做生菜卷一样把食材卷在一起。把所有食材堆在烤海苔片上，松松地包裹起来，然后享用。但我们更喜欢把这些食材分开端上来，用碗装着所有的配料，好让每个人都可以自由选择配料、自由选择自己要吃什么。

这份食谱中的剩菜也能做成无鱼寿司碗。就如字面听起来的那样，用一个碗装上所有食材，然后加入剩下的是拉差蛋黄酱搅拌，就能吃了。

材料 /做 4 份，剩下的部分可以用于制作无鱼寿司碗/

是拉差蛋黄酱

半杯生腰果，在 1 杯开水里浸泡 10 分钟，然后沥干水分

1 汤匙鲜榨青柠汁

1 汤匙是拉差辣椒酱

2 茶匙 100% 枫糖浆

2 茶匙日本酱油

半茶匙盐

1.5 杯白米（短粒米更容易黏在一起，但任何米都可以）

2 茶匙日本酱油

6 片烤海苔片，每片切成 4 块

1 根黄瓜，去皮，切成条状

1 个大号的成熟杧果，去皮，切成条状

约 227 克烤豆腐，照烧风味，切片

1 个大牛油果，去核，切薄片

芝麻，搭配食用

制作方法

1 **制作蛋黄酱：** 把腰果放入搅拌机里，再倒入 ¼ 杯冷水、青柠汁、是拉差辣椒酱、100% 枫糖浆、日本酱油和盐，打至非常顺滑的奶油状态，记得把搅拌机内壁上的食材刮下来。

2 **组装卷：** 往一个大锅中倒入 3 杯水，用中高火煮开，然后加入米。调至

小火，盖上锅盖，煮 15~20 分钟，直到米变软（如果你用的是糙米，你的烹饪时间可能需要额外增加几分钟）。将温热的米饭、醋和日本酱油搅拌均匀。如果你用的是剩饭，可以加一点温水，这样米饭更容易黏在一起。

③　将一小撮热米饭压成一个球，然后压在 ¼ 片烤海苔上，再配上黄瓜、杧果、豆腐和牛油果。

④　淋上蛋黄酱，撒上芝麻，把卷折叠在一起享用，还可以根据自己的喜好蘸上更辣的蛋黄酱！

⑤　想要做成一碗端的形式，可以把所有剩下的食材配料搅拌到一起。

低 FODMAPs 选项

腰果属于高低聚半乳糖、中度果聚糖的食材。如果你对低聚半乳糖或果聚糖敏感的话，不用担心，这道食谱里腰果的用量仍属于你能耐受的范围。

¼ 杯杧果含有中等程度的果糖，半杯就属于高果糖了。如果你对果糖敏感的话，可以减少用量，让每份无鱼寿司卷里的杧果控制在 3 汤匙（也就是总共 ¾ 杯）。

半个牛油果里的山梨醇已达到很高的含量。如果你对山梨醇敏感的话，可以削减用量，让每份寿司卷里的牛油果用量控制在 ⅛ 个。

― 提前制作小贴士 ―

想要做无鱼寿司碗，可以把米饭、配料和剩下的是拉差蛋黄酱分装进密封容器里，再放到冰箱里。当你准备着手制作的时候，简单把所有东西混合在一起就能享用了。

（植物积分 6 分）

晚　餐

四豆辣椒 ....

　　这道四豆辣椒将作为你的一道晚餐，同时它也是本周后几天食谱辣味通心粉的一部分。如果想要吃得更丰盛一点，可以搭配煮熟的谷物，比如藜麦。这份食谱可能含有许多高 FODMAPs 属性的食材配料，有必要的话可以用冬南瓜和藜麦辣椒（243 页）替代。

材料　/ 做 6 份用量 /

　　1 汤匙橄榄油

　　1 个白洋葱或黄洋葱，切碎

　　1 个黄柿子椒，切碎

　　2 瓣大蒜，切成末

　　3 汤匙辣椒粉（想要味道浓一点可以多加）

　　1 汤匙孜然粉（想要味道浓一点可以多加）

　　2 茶匙干牛至（想要味道浓一点可以多加）

　　2 杯低钠蔬菜汤

　　1 杯番茄酱

　　1 罐 425 克的番茄丁

　　1 罐 425 克的黑豆

　　1 罐 425 克的芸豆

　　1 罐 425 克的斑豆

　　1 罐 425 克的白腰豆

　　¼ 茶匙盐（想要味道浓一点可以多加）

制作方法

① 在大号炖锅中放入橄榄油，开中火，加入洋葱、柿子椒和大蒜，炒 8~10

分钟，其间偶尔搅拌一下，把洋葱烧成半透明的状态。再加入辣椒粉、孜然粉和干牛至，炒 30~60 秒，激发出香味。

②　倒入蔬菜汤、番茄酱、番茄丁、黑豆、芸豆、斑豆、白腰豆和盐，把火调至中高火，将其煮开。再把火力调至小火，开盖煨 30~45 分钟，偶尔搅拌一下，直到这锅食材的质地变浓，味道变浓。根据需要可以进行调味。

③　开吃。把 3 杯四豆辣椒保存起来制作辣味通心粉。

辣味通心粉

简易芝士酱

¼ 杯生腰果，泡在沸水里 30 分钟，然后沥干水

半个黄色柿子椒，粗略切一下

半杯无糖杏仁奶

1 汤匙满满的营养酵母（想要味道浓一点可以多加）

1 茶匙辣椒粉（想要味道浓一点可以多加）

¼ 茶匙盐（想要味道浓一点可以多加）

辣味通心粉

2 杯熟弯管意面

3 杯预留的四豆辣椒

制作方法

①　把腰果、柿子椒、杏仁奶、营养酵母、辣椒粉和盐放在食物加工机里，打成非常顺滑的奶油状态。加入一些盐、辣椒粉或营养酵母进行调味。

②　根据包装袋上的步骤指示，把意面煮至弹牙，然后沥干水，备用。

③　热一下预留的四豆辣椒，然后加入煮好的意面和芝士酱，拌在一起就能享用了！

低 FODMAPs 选项

番茄酱可能含有洋葱和大蒜。如果你对果聚糖敏感的话，可以找低 FODMAPs 的番茄酱。

腰果属于高低聚半乳糖、中果聚糖的食材。可以用半杯核桃来代替 ¼ 杯腰果。在使用核桃前，把它放在水里泡一晚，然后根据上述步骤操作就行了。

如果你对弯管意面中小麦所含的果聚糖敏感的话，可以用藜麦或大米做的意大利面来代替。

黑豆是一种含有高度低聚半乳糖、中度果聚糖的食材。

芸豆则是含有高度低聚半乳糖、高度果聚糖食材。

斑豆也是含有高度低聚半乳糖、高度果聚糖食材。

白腰豆也是高 FODMAPs 食材。

提前制作小贴士

周日把这道菜做出来，作为周日的晚餐和周四的午餐，也可以用辣味通心粉来代替四豆辣椒。

给它加点码！

撒上青葱段、香葱碎和墨西哥辣椒圈。

（植物积分 7 分 +）

鹰嘴豆丸子

你所准备的这些肉丸会和意面、意大利红酱和快速大蒜拌西兰花一起作为晚餐享用，也可以和剩下的意面酱一起塞进潜水艇面包里，作为第二天的午餐。

任何剩菜都可以单独冷冻，然后储存在冰箱里。注意，这些食材在加热的时候会保持自己的形状，但如果在酱汁中浸润很长时间，它们就会变碎。

材料　/ 做成 18 颗肉丸用量 /

1 汤匙半亚麻籽粉

3 杯罐装鹰嘴豆，沥干水并冲洗一遍（半杯鹰嘴豆属于低聚半乳糖黄灯食物）

¾ 杯核桃

¾ 杯面包屑（想要味道浓一点可以多加）

3 汤匙橄榄油（也可以准备多一些作为食物浇头）

1.5 茶匙干牛至

1.5 茶匙干罗勒

1.5 茶匙干欧芹

¾ 茶匙盐

现磨黑胡椒

意大利红酱意面

170~227 克干意面

2 杯意大利红酱

6 个鹰嘴豆丸子

南瓜子帕尔玛干酪（280 页，可选）

三明治

1 杯意大利红酱

6 个鹰嘴豆丸

2 个潜水艇面包

制作方法

① 把烤箱预热至 232 摄氏度。给有边烤盘涂上少许油，或铺上烤盘纸备用。

② 将 ¼ 杯水和亚麻籽粉在碗中混合，等待它形成胶状。把鹰嘴豆和核桃放进食物加工机里，按下脉冲键，处理成非常碎的状态。

③ 把鹰嘴豆混合物从食物加工机里舀出来放在一个大碗里。加入亚麻籽混合物、面包屑、橄榄油、牛至、罗勒和欧芹，搅拌让它们混合到一起。它们应该是很容易黏在一起的。如果不够黏的话，可以加入更多面包屑。如果太干的话，可以再加橄榄油或水。用盐和黑胡椒调味。

④ 每次舀出 1 汤匙混合物，揉成球状，放在准备好的烤盘上。淋上更多橄榄油，这样做出来的丸子更脆。然后烤 20 分钟，或者烤到它呈现金黄色。

　　如果想搭配意面一起吃，请按照包装上的说明来烹饪意面。用中号炖锅热一下意大利红酱，然后跟丸子拌在一起。如果喜欢的话，还可以配上煮熟的意面和南瓜子帕尔玛干酪一起吃。

　　如果想要做成三明治的形式来吃，可以先加热酱料和丸子，把它们合在一起，然后塞进经烤制（或者没烤过的）的潜水艇面包里就能享用啦！

　　（植物积分 3 分）

低 FODMAPs 选项

　　如果你对低聚半乳糖敏感的话，记得把每份丸子的数量控制在一个半以内。2 个鹰嘴豆丸子属于低 FODMAPs 食物。

　　番茄酱可能含有洋葱和大蒜。如果你对果聚糖敏感的话，记得找那些低 FODMAPs 的番茄酱品牌。

快速大蒜拌西兰花

这其实不太像是一份食谱，更像是一种饮食建议。蒸过的西兰花搭配一点点橄榄油、蒜蓉、盐、黑胡椒和干芥末。虽然蒸的方式确实会使黑芥子酶失去活性，从而阻止萝卜硫素的形成，但是在煮熟的西兰花里加入的干芥末可以为这种酶提供天然的来源；煮熟或生吃，好处都一样。

我推荐你使用刨丝器或者压蒜器来精细处理大蒜，因为生吃大块的大蒜并不是什么太令人愉快的体验。如果你没有压蒜器或刨丝器，也可以用刀把大蒜切碎，然后用刀片压在切碎的蒜上，前后摩擦，让它变成蒜蓉。

材料 / 做 2 份用量 /

2 杯西兰花的花蕾

1 瓣大蒜，切成末

1~2 茶匙橄榄油

¼ 茶匙盐

¼ 茶匙现磨黑胡椒

半茶匙干芥末

制作方法

① 将装有蒸笼的一锅水烧开，放入西兰花的花蕾，蒸 5~7 分钟，蒸至刚好能用叉子杵进去的程度，注意不要蒸过头。

② 从锅里取出来，立马和大蒜、橄榄油、盐、黑胡椒和干芥末一起搅拌。西兰花的温度会慢慢加热大蒜和橄榄油。可以直接开吃，也可以等它恢复到室温再吃。

低 FODMAPs 选项

¾ 杯西兰花花蕾处于低 FODMAPs 的范畴，如果你对果聚糖敏感，可以把西兰花的总量控制在一杯半以内。

不想使用大蒜的话，可以用蒜香橄榄油代替（222 页）。

（植物积分 2 分）

扁豆酱三明治

这款三明治，专为你想吃一顿健康、丰盛、饱足晚餐的夜晚所设计。

材料 / 做 2 份用量 /

¼ 杯棕色扁豆或绿扁豆，清洗并沥干水

1 茶匙橄榄油

¼ 杯洋葱末

半根胡萝卜，切成小丁

半个红柿子椒，切成小丁

¼ 杯罐装番茄丁

2 茶匙烟熏辣椒粉

1 茶匙大蒜粉

1 汤匙番茄酱

1 茶匙 100% 枫糖浆

1 茶匙第戎芥末

1 茶匙苹果醋

¼ 茶匙盐

2 个全谷物小圆面包，搭配食用

凉薯薯条（314 页），搭配食用

制作方法

① 把扁豆放入中号炖锅里，加 ¾ 杯水，用中高火烧开，然后转至小火，盖上锅盖煨 25 分钟，或者煮到扁豆变软的程度。

② 开中高火，用大号平底煎锅加热橄榄油，加入洋葱、胡萝卜和柿子椒，炒 5 分钟，或者炒至食材变软。

③ 拌入煮好的扁豆、番茄、辣椒粉和大蒜粉，再炒 2~3 分钟，让食材熟透，其间偶尔搅拌一下。然后拌入番茄酱、100% 枫糖浆、第戎芥末、苹果醋和盐，再煨 5~10 分钟，让食材熟透、质地变厚重。

④ 配上烤过的小圆面包和凉薯薯条一起享用。

低 FODMAPs 选项

洋葱所含的果聚糖属于中等水平，如果不想用，可以用 ¼ 杯青葱段代替。

大蒜粉是高果聚糖食材。如果不想用大蒜粉，用 1 茶匙蒜香橄榄油代替（222 页）。

给它加点码！

给你的三明治加点德国酸菜、酸黄瓜、新鲜洋葱、青葱或牛油果。

――――――― 提前制作小贴士 ―――――――

提前煮好扁豆可以让这道菜更快做出来。

（植物积分 6 分）

凉薯薯条

凉薯是一种圆形根菜，里面含有淀粉，在墨西哥菜里很受欢迎。搭配一些经典调味品后，就完成了我们对烤薯条的有趣改造！

材料　/ 做 2 份用量 /

1 个小凉薯（2.5 杯），去皮，切成火柴棍的形状

1.5 茶匙橄榄油

¼ 茶匙盐

1 茶匙烟熏辣椒粉

半茶匙大蒜粉

¼ 茶匙现磨黑胡椒

制作方法

① 预热烤箱至 218 摄氏度。在有边烤盘上铺锡箔纸或烤盘纸，备用。

② 把切好的凉薯放进大碗里，倒入橄榄油，加入盐、烟熏辣椒粉、大蒜粉和黑胡椒搅拌，让凉薯充分挂上调味料，然后把它铺在准备好的烤盘里。

③ 烤 20 分钟，或者烤至微微焦脆。从烤箱中取出，开吃。

低 FODMAPs 选项

每份凉薯薯条使用半杯凉薯，尚可处在低 FODMAPs 范围。

如果对果聚糖或大蒜敏感的话，就别用大蒜粉了。

（植物积分 1 分）

鹰嘴豆牛油果三明治

这道灵感来源于熟食店的简易沙拉三明治，对于繁忙的工作日来说是绝配。晚上把它制作好，然后将切片酸面包分开包装，在吃之前再把它们组合到一起。

材料 /做 2 份用量/

1 杯鹰嘴豆，清洗并沥干

1 个大牛油果，去核，粗略切一下

¼ 杯香菜碎

2 汤匙红洋葱碎

1 茶匙橄榄油

1 个青柠（榨成汁）

¼ 茶匙盐（想要味道浓可以多加一点）

¼ 茶匙现磨黑胡椒（想要味道浓可以多加一点）

4 片切片酸面包，需要的话可以烤一下

制作方法

① 把鹰嘴豆和牛油果放在中号碗里，用叉子或捣土豆器把它们捣成糊状。加入香菜、洋葱、橄榄油、青柠汁、盐和黑胡椒。根据需要进行调味，然后夹在烤过的酸面包片中间吃，也可以再搭配一些你喜欢的配料。

给它加点码！

加入菠菜或芝麻菜，微型菜苗或西兰花苗，或番茄片。

低 FODMAPs 选项

1 杯鹰嘴豆含有中等程度的低聚半乳糖，可以把用量控制在半杯。

1 整个牛油果属于高山梨醇食材。把用量控制在 ¼ 个牛油果，然后加入 2 汤匙第戎芥末。

红洋葱的果聚糖含量很高。可以用 1 汤匙青葱或香葱代替。

（植物积分 4 分）

恐龙羽衣甘蓝汤

这一锅汤很浓，令人满足，非常适合工作日的晚上吃。

材料 /做 2 份用量/

1.5 汤匙的橄榄油或蒜香橄榄油（222 页）

半个小号白洋葱，切碎

2 根芹菜梗，切小丁

1 根胡萝卜，切丁

半茶匙盐（想要味道浓可以多加一点）

1 茶匙干牛至

半茶匙干罗勒

半茶匙干百里香

一撮干辣椒碎（根据你对辣的喜好度调整）

1 罐 411 克的番茄丁

2 杯生物群系蔬菜汤（226 页）

半杯生藜麦

1 片月桂叶

2 大把切好、洗净的羽衣甘蓝

半罐 411 克的白豆，比如白腰豆、大北豆或棉豆，清洗并沥干

¼ 茶匙现磨黑胡椒（想要味道浓可以多加一点）

制作方法

① 开中火，用中号或大号锅或荷兰锅加热橄榄油，加入洋葱、芹菜、胡萝卜和盐，炒 3~5 分钟，偶尔搅拌一下，让洋葱变成透明状，蔬菜也开始变软。

② 加入牛至、罗勒、百里香、干辣椒碎、番茄及它们的汁，炒 1~2 分钟，偶尔搅拌一下，让食材充分混合。

③ 再加入蔬菜汤、1 杯水、藜麦和月桂叶，调至中高火，把这锅食材煮开。然后调至小火，盖上锅盖，煨 20~25 分钟，让味道充分散发出来。

④ 揭盖，拌入羽衣甘蓝和白豆，煮大约 5 分钟，煮至绿色蔬菜略略蔫掉。挑出月桂叶，用黑胡椒和盐调味，开吃。

低 FODMAPs 选项

洋葱的果聚糖含量很高。你可以选择不用洋葱，以半杯青葱代替。

白豆的低聚半乳糖含量高。如果不想用，可以用半罐鹰嘴豆代替。

给它加点码！

放上些新鲜的草本植物。我们觉得罗勒和欧芹的味道最好！

—— 提前制作小贴士 ——

记得提前制作好你的生物群系蔬菜汤（226 页）。想要备餐速度再快一些，可以提前把蔬菜都切好，装在密封容器里放冰箱储存。

（植物积分 8 分）

星期天意面

在意大利家庭长大的亚历克斯，总是把"周日晚上"与家人及热乎乎的意大利面联系到一起。这道周日的晚餐把我们最喜欢的一些由膳食纤维驱动的食材，结合到了一起，如丹贝香肠、芝麻菜柠檬意大利青酱、烤番茄和腰果奶油。这道食谱虽然比起其他食谱来说更费时间，但是值得的。

腰果奶油不是必选，但是它能造就一道更加美味的晚餐。腰果奶油一旦变凉的话，质地就会变厚，所以再度加热的时候，你可以往里面加几汤匙水使其变稀。

材料 　/ 做 4 份，若还有剩下的部分可以随意享用 /

烤番茄

550 毫升圣女果

1 茶匙橄榄油

盐

现磨黑胡椒

丹贝香肠

1 汤匙橄榄油

227 克丹贝，弄碎

1 茶匙干茴香

半茶匙干罗勒

半茶匙干牛至

¼ 茶匙干辣椒碎

半茶匙干鼠尾草

1 瓣大蒜，切成末

1 汤匙日本酱油

1 汤匙 100% 枫糖浆

1 汤匙鲜榨柠檬汁

芝麻菜柠檬意大利青酱

3 杯盒装芝麻菜

半杯核桃

2 汤匙营养酵母

2 瓣大蒜，切成末

2 汤匙鲜榨柠檬汁

¼ 杯蔬菜汤或水

⅛ 茶匙盐（需要的话可以多准备一些）

⅛ 茶匙现磨黑胡椒（需要的话可以多准备一些）

1 汤匙橄榄油（可选）

腰果奶油（288 页，可选），搭配食用

227 克全谷物意大利面

制作方法

① **制作烤番茄：** 预热烤箱至 204 摄氏度。

把圣女果与橄榄油、少许盐、黑胡椒一起搅拌，放在有边烤盘里，烤 25 分钟，直到食材变小、变软，放一旁备用。

开中高火，把一大锅盐水煮沸，然后放入意大利面。煮至弹牙，保留 1 杯煮过意面的水，然后沥干面条，放一旁备用。

② **制作丹贝香肠：** 开中火，用一个大号平底煎锅加热橄榄油。加入丹贝，炒 5 分钟，并频繁搅拌，让丹贝呈现出褐色，且变得酥脆。

加入干茴香、干罗勒、干牛至、干辣椒碎、鼠尾草、蒜末、日本酱油、100% 枫糖浆和柠檬汁，炒 2~3 分钟，偶尔搅拌一下，放一旁备用。

③ **制作意大利青酱：** 把芝麻菜、核桃和营养酵母放入食物加工机里，打至非常碎的状态。让食物加工机一边工作，一边往里加入柠檬汁、蔬菜汤，并加入盐和黑胡椒调味。如果需要的话，还可以淋一些橄榄油。

④ 组合食材的时候，你需要把煮熟的意大利面与烤番茄、丹贝香肠、意大利青酱和腰果奶油（如果用的话）拌在一起。如果想要稀释一下这碗面，可以用上之前预留的意面水，一次加 1 汤匙，让面条和酱呈现奶油般顺滑的状态。马上开吃。

低 FODMAPs 选项

每份意面 5 颗圣女果的这一用量尚属于低果聚糖的范畴。如果你对果聚糖敏感的话，可以把圣女果的总用量控制在 20 颗，或者直接不用。

全谷物意大利面是高果聚糖食材。将每份星期天意面里的全谷物意大利面用量调整至半杯，或者使用其他类型的意大利面替代，比如用藜麦意大利面。

大蒜是一种高果聚糖食材。在做素香肠的时候，可以用 1 茶匙蒜香橄榄油代替大蒜；在做意大利青酱的时候，可以用 2 茶匙蒜香橄榄油代替大蒜。

腰果奶油里的腰果中低聚半乳糖和果聚糖偏高。如果你对其敏感的话，可以省略掉腰果奶油的制作步骤。

给它加点码！

撒上南瓜子帕尔玛干酪（280 页）、罗勒碎或欧芹碎。

（植物积分 6 分）

饮品、加餐小吃和甜品

姜黄拿铁

新鲜的姜黄通常会用在姜黄拿铁里，但这个版本里用到的，是你厨房里可能已经有的干粉末。拿铁里放黑胡椒可能听起来奇怪，但正如我们第 4 章里提过的那样，把黑胡椒与姜黄里的姜黄素结合在一起，其姜黄素的吸收率是未结合时的 20 倍。随着计划一周一周地推进，我们终于可以用罐装椰奶来做一杯口感更加丰富、顺滑而且能饱腹的饮料了。

材料 /做 2 份用量/

2 杯无糖杏仁奶

1 茶匙香草精

1 汤匙 100% 枫糖浆

1 茶匙姜黄粉

¼ 茶匙肉桂粉

一撮肉豆蔻粉

一撮小豆蔻粉

一撮现磨黑胡椒

制作方法

① 开中火，在小锅里放入杏仁奶、香草精、100% 枫糖浆、姜黄粉、肉桂粉、肉豆蔻粉、小豆蔻粉和黑胡椒，搅拌并煮至微开。然后把火调小，煨 5 分钟，偶尔搅拌一下。

② 分成 2 杯，就能喝了。

③ 想要做成冰拿铁的话，可以把杏仁奶、香草精、100% 枫糖浆、姜黄粉、肉桂粉、肉豆蔻粉、小豆蔻粉和黑胡椒放在有盖的玻璃罐里，使劲晃匀。加冰块饮用，也可以根据需要再添加一些 100% 枫糖浆。

低 FODMAPs 选项

第二周后，就可以用 1 杯罐装椰奶代替杏仁奶，来制作一杯更细腻、绵密的拿铁了。

（植物积分 1 分）

白豆泥

用蛋白质满满的豆酱做成意大利青酱风味，再配上脆脆的生蔬菜棒、种子饼干或者烤酸面包一起吃。

材料 / 做 4 份用量 /

半罐 411 克的白豆（菜豆、白腰豆、大北豆），清洗干净并沥干水

半杯新鲜罗勒

1 瓣大蒜

2 汤匙橄榄油

1 汤匙日本酱油

¼ 茶匙盐

半个大柠檬（榨汁）

制作方法

1 把白豆、罗勒、大蒜、橄榄油、日本酱油、盐和柠檬汁放进食物加工机里，处理成非常顺滑的奶油状态。

低 FODMAPs 选项

白豆具有很高含量的低聚半乳糖。如果想要在低 FODMAPs 的范围内进食，可以用鹰嘴豆代替白豆，并且把每份餐食里鹰嘴豆泥的用量控制在 ¼ 杯以内。

大蒜是高果聚糖食材。如果你对其过敏，可以省去大蒜，用 1 茶匙蒜香橄榄油（见 222 页）来代替。

给它加点码！

加 2 汤匙大麻籽来获取更多植物蛋白和健康脂肪。

───────── **提前制作小贴士** ─────────

这是一份适合在周末制作，然后留给整周享用的食谱。

（植物积分 6 分）

ω-3 丸子

这些小丸子富含植物性 ω-3 脂肪酸，因此而得名。

材料 / 做 12 个丸子用量 /

半杯燕麦片

半杯大麻籽的芯（需要的话也可以准备多一些，用于撒在食物顶部）

7 个去核海枣[①]

半杯核桃

3 汤匙杏仁酱

半茶匙香草精

半茶匙肉桂粉

制作方法

① 把燕麦、大麻籽芯、海枣、核桃、杏仁酱、香草精和肉桂粉放在食物加工机里，打至充分混合，记得把机器内壁上的部分也刮下来。如果混合物太干了，可以一次加 1 汤匙水，让它变成一个面团。

② 每次取 1 汤匙大小的面团，揉成团子。如果面团太黏了，可以加一点点燕麦粉或者放在冰箱里让它变硬。

③ 重复这个步骤，或者也可以在揉丸子的时候把大麻籽、椰丝或切得很碎的核桃揉进去，以增加更多口感。

低 FODMAPs 选项

海枣含有中度果聚糖。把它的数量控制在 4 颗，也就是说，1 个丸子里海枣的用量为⅓ 个。你可能需要用到 1~2 茶匙 100% 枫糖浆来增加甜味。

――― 小贴士 ―――

提前做好后，可以把它们放冰箱冷藏层保存 2~3 周，或者放冰冻层里，最长可放置 4 个月。吃之前解冻就好。

――――――――

① 如果海枣太硬了，可以把它们先泡在水里 10 分钟，然后沥干水。

（植物积分 5 分）

草莓芝士蛋糕 ....

　　这道餐点多年来一直是我们家的主要食物。它不仅很快就能做好，还能放在冰箱里储存，任何你想马上吃到美味甜点的时候就可以把它拿出来。坚果是"营养发电站"，我们还同时用上了杏仁和腰果来制作这道美味、无乳制品的芝士蛋糕。由于许多主要的食材配料都是高 FODMAPs 食材，如果你对低聚半乳糖或果聚糖敏感的话，我建议你制作椰子燕麦球（220 页）来替代它。

材料 ╱做 9 份用量╱

生海枣外皮

1 杯（大约 13 颗）去核海枣（红灯，果聚糖）

1 杯杏仁（红灯，低聚半乳糖）

1 汤匙无糖可可粉

一撮盐

奶油草莓馅料

1 杯生腰果，浸在温水里至少 20 分钟，然后沥干水（红灯，低聚半乳糖，果聚糖）

1 杯草莓，切丁

半杯全脂罐装椰奶

⅓ 杯 100% 枫糖浆

1 个大号柠檬，榨汁

制作方法

❶　制作海枣外皮：把海枣放进食物加工机里，打成非常厚重的糊状物。舀出来，放一旁备用。把杏仁、可可粉和盐放进食物加工机里，加工直至

坚果变成非常细碎的碎屑。再把海枣糊放回加工机里，让二者混合。这混合物的黏稠度应该是那种你一捏，它就能粘到一起的程度。在 12 孔的玛芬模具上轻轻喷洒烹饪喷雾，铺上玛芬纸托，或者在每个玛芬杯的底部留一长条薄薄的烤盘纸，并且留出足够长的"小尾巴"，方便我们在食材冰冻后也能轻松把玛芬从孔里拿出来。在每孔玛芬模具的底部，都放上大约 1 汤匙的海枣外皮，压紧，放一旁备用。

② 制作馅料：清理食物加工机。在食物加工机里放入腰果、草莓、椰奶、100% 枫糖浆和柠檬汁，打成非常顺滑的奶油状态。这个过程可能需要几分钟才能把腰果打成奶油状，而不是沙砾状，当然，具体时长取决于你所用到的食物加工机。把馅料平均倒入准备好的外皮里，然后放在冰箱里冻 3~4 小时，让它变硬。用黄油刀轻轻划一下芝士蛋糕的边缘，或者拉一下悬吊出来的烤盘纸条，就能把芝士蛋糕从模具里取出来了。

因为它们没有经过烤制，还是生的，所以在未冷藏的情况下它们保存不了太久。你可以从冰箱里取出之前没吃完的继续吃，或者解冻几分钟后再享用。

低 FODMAPs 选项

海枣的果聚糖含量较高。1/3 颗海枣尚属低 FODMAPs 范围。如果你对它敏感的话，可以做姜黄能量小吃（291 页）来替代！

杏仁的低聚半乳糖含量较高。10 颗杏仁的量（也就是 1 份蛋糕里的量）则处在低 FODMAPs 范围内。

腰果的低聚半乳糖、果聚糖含量较高。10 颗腰果（1 份蛋糕里的用量）低聚半乳糖和果聚糖含量就偏高。

（植物积分 5 分）

花生巧克力小零食

我们设计出了这道海枣"炸弹",任何时刻当你想要吃点甜的、咸的、令人满足的小零食,你就可以选择它。我将它称为"花生巧克力小零食",是因为它吃起来与花生巧克力有些类似!

材料 /做 1 份用量 /

1 个海枣,去核,对半切开

1 茶匙花生酱

4~5 颗巧克力碎

半茶匙芝麻

制作方法

① 把花生酱和巧克力碎填到海枣中,撒上芝麻。

低 FODMAPs 选项

海枣含有较多果聚糖。如果你对其敏感的话,可以制作姜黄能量小吃(291 页)来代替!

(植物积分 3 分)

Acknowledgments
致谢

这是一段不可思议且意想不到的旅程，它开阔了我的眼界与思维，让我看到了我在医学教育中所学知识之外的可能性。这一路上，我离不开许许多多人的支持、鼓励、启发和激励。

想感谢的人太多了，所以我无法一一提及，但如果你是我生命中的一部分，那么毫无疑问，你也是其中之一。有几位我想特别提到的人，因为如果没有你们，这本书就不可能完成。

致我的妻子瓦莱丽（Valarie）：宝贝，如果没有你的话，我不能完成这本书。就像你建设我们的家园、养育我们的孩子一样，你再一次向我证明了，我们在一起就是 1+1 > 2。每次当我需要帮助，无论是需要编辑、需要支持的话语、需要一起讨论事情、需要时间把事情做完，还是面对一个艰难的选择需要明智的指导时，你都永远在我左右，每一次都是如此。我无法用言语形容这些对我来说有多重要，但很明确的一点是，这让我更加爱你了。

致我的家人，诺琳·约翰逊（Noreen Johnson）、已故的比尔·布尔西维奇（Bill Bulsiewicz）、苏珊·科布罗夫斯基（Susan Kobrovsky）和拉里·科布罗夫斯基（Larry kobrovsky）：你们永远都在我身边，把我塑造成我今日的模样。非常感激你们所给予我的爱与支持。能拥有这样一个美好的家庭，我真是太幸运了。

致我的编辑露西娅·沃森（Lucia Waston）：从我们相遇的那一刻起，你的每一句话、每一个行动都体现着你对这个项目的信念。你帮我把我的想法写进了这本书。无论发生什么，我都知道，我们一起创造出了能帮助许多人的东西。

致我的经纪人斯蒂芬妮·泰德（Stephanie Tade）：每一天，我都在感谢那命中注定的第一次相遇，感谢你决定给我一个机会。感谢你从一开始就相信这个项目，并一直为之奋斗到终点。你就是最棒的。

致我的合作伙伴科琳·马爹利（Colleen Martell）：科琳，我怀念我们之间的通话！感谢你耐心听取我所有疯狂的想法，然后帮助我完成它们，并将它们塑造成今天的样子。我为我们的工作成果感到骄傲，也迫不及待想看看大家会有什么想法了。

致我的食谱编制人亚历珊德拉·卡斯佩罗（Alexandra Caspero）：我觉得你就是这本书里的秘密武器。许多书都附有食谱，但你做出来的是更高层级的东西。谢谢你愿意采纳我的想法和复杂的请求，来帮我搭建起纤维饮食4周计划。这是非常不可思议的一件事。

致我无与伦比的"植物喂养肠道"小组（Plant Fed Gut team），灵魂营地（Soul Camp）的米歇尔（Michelle）和阿里（Ali），数字原生代（Digital Natives）的乔纳森（Jonathan）和所有人，我的课程编制人拉丽塔·巴列斯特罗（Lalita Ballesteros），我的实习生莎拉·尤斯蒂斯（Sarah Eustis）：如果可以的话，我真想给每个人都写上一整页感谢的话。我知道你们懂我的感受……我拥有一支最棒的团队来支持我和这个项目。你们竭尽所能帮助我的样子，我已深深记在脑海，无比感激你们。

致出版和市场团队，艾利公司（Avery）的安妮（Anne）和法林（Farin），斯坦顿公司（Staton）的丽纳（Rena）和娜塔莉（Natalie）：谢谢你们不知疲倦地付出。我发自内心地感激你们为了帮助我完成这本书所做的一切。

艾利公司（Avery）的梅根·纽曼（Megan Newman）和苏西·斯沃茨（Suzy Swartz）：谢谢你们对这个项目的信任和贡献。

播客"植物证据"（The Plant Proof Podcast）的西蒙·希尔（Simon Hill）：谢谢你鼓励我试一试，而且你总是这么支持我。做出写这本书的决定其实是因为那次和你的碰面，我的朋友。

《掌握糖尿病》（*Mastering Diabetes*）的作者罗比（Robby）和塞勒斯（Cyrus）：你们就是最棒的，总是为我奔走。谢谢你们。

尼克·沙辛（Nick Shaheen）、约翰·潘多尔菲诺（John Pandolfino）、贝尔福·萨尔托尔（Balfour Sartor）、道格·德罗斯曼（Doug Drossman）和皮特·卡里拉斯（Peter Kahrilas）教授们：谢谢你们花时间指导我。我崇敬你们每一位，是你们把我塑造成了一个医生，一个科学家，一个男人。

致社交媒体上我所有的朋友：我多希望能叫出你们每个人的名字。你们应该知道你们对我有多重要。我很珍视我们之间的友谊，以及你们对这本书、对我的平台的支持。能跟你们一起把这项工作完成，真是一件很疯狂的事情。谢谢你们激励我。

最后同样重要的是……

致我的孩子：爸爸爱你们！我会永远爱你们！你们是我最好的礼物，是我最引以为豪的成就。

索引